3D巨匠

3ds Max 2009

3ds Max 2009 Complete Guideline

完全手册 中文版升级篇

王瑶 编著

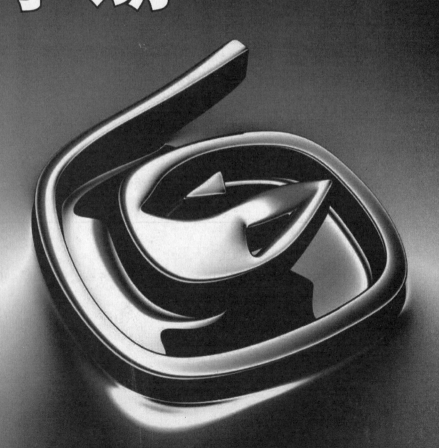

北京科海电子出版社
www.khp.com.cn

内 容 提 要

　　本书是《3D 巨匠 3ds Max 2008 完全手册》的升级篇，围绕 3ds Max 2009 的新增命令与功能，对相关的知识点进行了详细的介绍。3ds Max 2009 分为两个独立的版本：Autodesk 3ds Max 2009 和 3ds Max Design 2009，分别面向娱乐与建筑可视化设计两个不同的领域，而 Autodesk 3ds Max 2009 在功能上更加完整。本书就是以 Autodesk 3ds Max 2009 为平台，向读者详细讲解新版本在各个模块中的所有新增功能，并对每个功能都设计了示例，帮助读者更好、更快地掌握新功能的应用方法。本书可以与《3D 巨匠 3ds Max 2008 完全手册》合并为 3ds Max 2009 的完全手册。

　　本书配套光盘中提供了 65 个视频教程，总长度超过了 14 小时，与图书内容相辅相成，是图书内容的扩充和升华，方便读者学习，极大地提高了学习效率。

　　本书特别适合作为动画学院、影视传媒、游戏学院和社会培训机构的教材，同时也适合那些想要学习或正在学习三维动画制作的新手和希望深入学习 3ds Max 的读者，以及购买了《3D 巨匠 3ds Max2008 完全手册》的读者，升级为 3ds Max 2009 的完全手册，另外，还可以作为三维制作公司或三维制作专业人员的速查手册。

声 明

3D 巨匠 3ds Max 2009 完全手册·中文版升级篇

王瑶　编著

责任编辑	刘志燕		**封面设计**	洪文婕
出版发行	北京科海电子出版社			
社　　址	北京市海淀区上地七街国际创业园 2 号楼 14 层		**邮政编码**	100085
电　　话	（010）82896594　62630320			
网　　址	http://www.khp.com.cn（科海出版服务网站）			
经　　销	新华书店			
印　　刷	北京市科普瑞印刷有限责任公司			
规　　格	185 mm×260 mm　16 开本		**版　　次**	2009 年 6 月第 1 版
印　　张	28.25		**印　　次**	2009 年 6 月第 1 次印刷
字　　数	687 000		**印　　数**	1 - 3000
定　　价	68.00 元（含 2 多媒体教学 DVD+1 配套手册）			

如何更好地**使用**
本书配套的教学资源进行**学习**……

▌ 专家视频讲解，14小时高清晰视频教程全程详解
▌ 实例丰富全面，根据动画专业真实需求讲解知识点
▌ 训练循序渐进，从基础入门到专项提高直至全精通
▌ 重视动画训练，抓住核心为动漫产业培养专业人才

① 阅读图书

您将掌握…

- 核心概念和术语
- 软件操作快速上手
- 界面命令参数详解
- 重要操作分步图解
- 视频教程课程索引

② 观看视频

以练带学…

实例全部以"多媒体视频教程"的形式放置在DVD光盘中，读者可以边看边学，自行安排学习进度，对重点内容还可以反复观看加深印象，巩固学习成果。

③ 访问网站

增值服务…

精心编辑了与本书教程内容相关的"艺用常识大百科"，用来丰富读者的知识层次，提升相关专业技能。对注册读者提供免费网页浏览和资料下载服务，更有大量可在线观看的免费技术视频教程。

④ 登录论坛

**提交问题
互动交流**

本书售后服务网站
http://www.magicfox.cc

多媒体视频教程DVD
和素材光盘的使用说明……

将光盘内容
复制到硬盘上
播放视频
会更加流畅

■ 为了让读者更加直观地掌握软件应用知识和实际操作技能，作者还精心录制了14小时多媒体视频教程。视频中还会对关键知识和重要概念做出标注，以提醒读者注意。真正做到让读者"读得越来越少，看得越来越多，学得越来越好"！

1 放入光盘，自动运行

2 播放视频教程

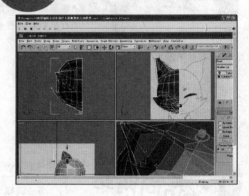

播放说明

1. 在光驱中放入光盘，稍后会自动出现多媒体光盘导航主界面。如果光盘没有自动运行，则需要在资源管理器中进入光盘根目录，双击AutoRun.exe文件，手动启动该界面。

2. 本多媒体视频教程自带播放器CamPlay和视频解码程序，强烈建议读者使用自带播放器来观看视频，以获得更好的视频效果。

提供完整
范例文件

范例练习
场景文件

范例练习
贴图素材

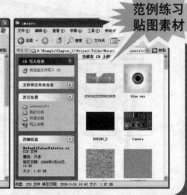

前　言

本书特点

Preface

《3D 巨匠 3ds Max 2009 完全手册》是《3D 巨匠 3ds Max 2008 完全手册》丛书的升级篇，沿用了原有丛书"模块化的分册形式和流程化的编排顺序"的特点，围绕 3ds Max 2009 的新增命令与功能，对相关知识点进行了详细的介绍，同时对《3D 巨匠 3ds Max 2008 完全手册》丛书中的遗漏部分进行了补充。

3ds Max 2009 有一个非常引人瞩目的变化，这就是 3ds Max 软件被分为两个独立的版本：一个是面向娱乐专业人士的 Autodesk 3ds Max 2009，另一个是专门为建筑师、设计师以及可视化设计而量身定制的 3ds Max Design 2009。而 3ds Max Design 2009 除了不具备软件开发工具包（SDK）之外，拥有 Autodesk 3ds Max 2009 的所有功能，两种截然不同的风格，可以更好地满足娱乐和视觉可视化客户的特定需求。这两个版本均提供了新的渲染功能，增强了与包括 Revit 软件在内的行业标准产品之间的互通性，并提供了更多的节省大量时间的动画工具、制图工作流工具，此外，3ds Max Design 2009 还提供了灯光模拟和分析技术。2009 年 2 月，3ds Max 2009 的中文版也已经推出，这对于广大的初学者来说，无疑又是一个好消息，没有言语障碍后，3ds Max 看上去就更容易接触了。具体说来，3ds Max 2009 包含以下众多的特色和改进：

* 改进的界面和全新的视图导航工具，使操纵视图更加自如。

* 改进了可编辑多边形和软选择的方式，让建模流程更加简化。

* 全新的样条线映射和改进的毛皮映射，可以轻松地展开复杂对象的 UV。

* 全新的 ProMaterials 材质，让建筑效果表现更加真实。

* 新增的颜色校正纹理，让色彩表达更加准确。

* 强大的 reactor 和 character studio 系统，简化了对象运动和角色动画的设置。

* 全面改进的光度学系统，产生真实的物理性照明效果。

* 改进的渲染帧缓存视窗界面，使渲染测试的过程更加有效。

* 多项改进的 mental ray 渲染特性，让图像品质和渲染速度全面提升。

现在的 3ds Max 已经发展成为一个非常成熟的软件，每次版本升级时，并不会带来太多的新功能以及改进，而且在 3ds Max 的使用者中，也存在大量不追求新版本的用户。基于这些原因，编者在编写本书时，只对 3ds Max 的新增功能进行了介绍。同时，由于新功能的增加以及改进在整个软件中较为分散，为了保持内容的相对完整性以及图书的可读性，本书对与新功能联系较紧的命令也同时进行了讲解。另外，书中还针对 3ds Max 2009 的新增功能，提供了大量的实例练习，帮助读者理解功能的含义，更快地掌握这些新功能的应用。将本书与《3D 巨匠 3ds Max 2008 完全手册》丛书结合使用，可以作为 3ds Max 2009 的参考手册。

本套手册视频教程侧重于流程介绍和操作指导，与图书相辅相成，相得益彰，使图书和视频的各自优势得以充分发挥，而各自的不足则被相互弥补，从而一步一步带领读者全面掌握 3ds Max 2009 的所有功能。

图书内容与适合读者

全书共分为 11 章，详细介绍了 3ds Max 2009 中新添加的功能命令以及对其他功能的一些改进，另外还提供了《3D 巨匠 3ds Max 2008 完全手册》中不够详细的放样复合对象的内容。本书配有两张 DVD 光盘，提供了 65 个视频，播放时长共 14 小时 16 分钟，介绍了 3ds Max 2009 中所有的新增功能，包括 3ds Max 2009 的界面改进、文件管理、视图与对象的操作、UV 纹理的编辑、多边形建模的改进、灯光属性、新添的材质类型以及渲染和骨骼系统的详细讲解。

本书适用于购买了《3D 巨匠 3ds Max 2008 完全手册》丛书的读者，加入本书，即可得到一套完整的 3ds Max 2009 的完全手册。书中丰富翔实的示例，可以为不同学习阶段的读者提供教学参考。

真诚致谢

感谢大家对"韩涌技术团队"的支持和帮助，并无私地与我们分享宝贵的经验和成果，感谢众多辛勤工作在编辑、出版、印刷、发行方面的幕后英雄们，更要感谢广大热心的读者，因为正是你们的存在，才使得本书的出版变得有意义！我们将更加努力地把握最新动态，提升专业水平，策划和编写出更多适合读者需求和工作实践的好书，让"分享动画，传播快乐"不仅仅是一句口号！

在本书的编写和视频教程的制作过程中，难免会有所疏漏，希望读者朋友对不足之处给予批评指正，并将您的意见反馈给我们，以帮助我们不断完善和提高。在学习过程中，如有任何疑问与建议，可以访问 www.magicfox.cc 网站，在论坛上与我们互动交流，或发邮件到 teacher@magicfox.cc。

多媒体视频教学DVD学习导读

本书配套视频教学光盘包含3ds Max 2009中所有新功能的应用方法
所有演练实例操作翔实易懂，可以显著提高学习效率

Example01

光盘：**DVD01**

时间：00:11:49

名称：快速开始

Example02

光盘：**DVD01**

时间：00:31:26

名称：认识3ds Max的界面

Example03

光盘：**DVD01**

时间：00:09:50

名称：界面布局的介绍

Example04

光盘：**DVD01**

时间：00:04:14

名称：用户界面的介绍

Example05

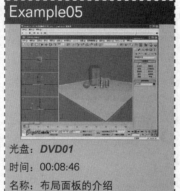

光盘：**DVD01**

时间：00:08:46

名称：布局面板的介绍

Example06

光盘：**DVD01**

时间：00:02:19

名称：安全框面板的操作

Example07

光盘：**DVD01**

时间：00:02:23

名称：自适应降级的设置

Example08

光盘：**DVD01**

时间：00:40:15

名称：对象的视图显示的操作

Example09

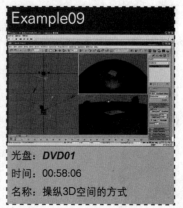

光盘：**DVD01**

时间：00:58:06

名称：操纵3D空间的方式

Example10

光盘：*DVD01*

时间：00:04:10

名称：操纵轮面板的方式

Example11

光盘：*DVD01*

时间：00:02:36

名称：方体导航面板使用

Example12

光盘：*DVD01*

时间：00:08:23

名称：视口预览的操作

Example13

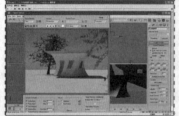

光盘：*DVD01*

时间：00:55:12

名称：3D动画制作流程

Example14

光盘：*DVD01*

时间：00:05:34

名称：选择功能的使用方法

Example15

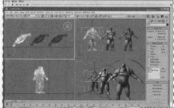

光盘：*DVD01*

时间：00:55:57

名称：选择和变换对象的操作

Example16

光盘：*DVD01*

时间：00:22:53

名称：使用克隆对象工具创建模型

Example17

光盘：*DVD01*

时间：00:04:31

名称：使用阵列工具创建楼梯的模型

Example18

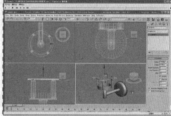

光盘：*DVD01*

时间：00:21:17

名称：使用基本几何体组成的灯具的模型

Example19

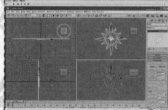

光盘：*DVD01*

时间：00:28:45

名称：使用样条线创建挂钟的模型

Example20

光盘：*DVD01*

时间：00:10:06

名称：使用编辑多边形制作啤酒杯模型

Example21

光盘：*DVD01*

时间：00:04:09

名称：使用door工具创建枢轴门的模型

Example22

光盘：*DVD01*

时间：00:04:22

名称：使用AEC扩展对象创建……

Example23

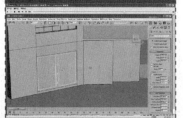

光盘：*DVD01*

时间：00:03:11

名称：使用door工具创建推拉门的模型

Example24

光盘：*DVD01*

时间：00:09:08

名称：使用Stairs工具创建L型……

Example25

光盘：*DVD01*

时间：00:02:57

名称：使用door工具创建折叠门的模型

Example26

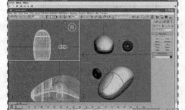

光盘：*DVD01*

时间：00:35:21

名称：使用Loft工具制作鼠标模型

Example27

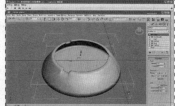

光盘：*DVD01*

时间：00:11:42

名称：使用修改器工具创建模型

Example28

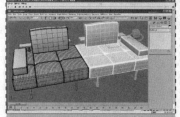

光盘：*DVD01*

时间：00:16:07

名称：使用多边形工具创建意大利……

Example29

光盘：*DVD01*

时间：00:14:11

名称：使用多边形工具创建法国式……

Example30

光盘：*DVD01*

时间：00:11:10

名称：使用放样工具创建洗脸台立柱

Example31

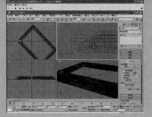

光盘：*DVD01*

时间：00:06:38

名称：Loft工具的使用方法

Example32

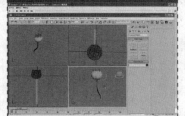

光盘：*DVD01*

时间：00:14:17

名称：使用Loft工具制作花的模型

Example33

光盘：*DVD01*

时间：00:24:26

名称：使用编辑多边形制作卡通……

Example34

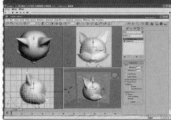

光盘：**DVD02**

时间：00:41:46

名称：使用编辑多边形制作卡通……

Example35

光盘：**DVD02**

时间：00:04:19

名称：灯光的属性与设置

Example36

光盘：**DVD02**

时间：00:07:02

名称：使用mental ray渲染器……

Example37

光盘：**DVD02**

时间：00:05:53

名称：使用合成贴图创建背景

Example38

光盘：**DVD02**

时间：00:07:20

名称：使用mental ray材质编辑……

Example39

光盘：**DVD02**

时间：00:11:49

名称：使用光线跟踪材质类型……

Example40

光盘：**DVD02**

时间：00:03:07

名称：使用建筑与设计材质类型……

Example41

光盘：**DVD02**

时间：00:03:47

名称：使用汽车颜料材质类型……

Example42

光盘：**DVD02**

时间：00:03:46

名称：使用mental ray快速SSS……

Example43

光盘：**DVD02**

时间：00:05:49

名称：使用噪波纹理编辑火球……

Example44

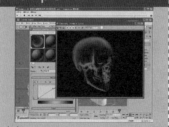

光盘：**DVD02**

时间：00:05:17

名称：使用衰减贴图制作X射线……

Example45

光盘：**DVD02**

时间：00:04:05

名称：使用法线贴技术在低精度……

Example46

光盘：*DVD02*

时间：00:04:21

名称：使用每像素摄影机贴图……

Example47

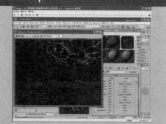

光盘：*DVD02*

时间：00:04:16

名称：使用细胞纹理贴图来制作……

Example48

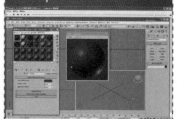

光盘：*DVD02*

时间：00:07:45

名称：Pro材质的属性与设置

Example49

光盘：*DVD02*

时间：00:22:53

名称：使用Pro材质创建草坪材质

Example50

光盘：*DVD02*

时间：00:07:40

名称：渲染帧窗口的应用方法

Example51

光盘：*DVD02*

时间：00:06:32

名称：渲染设置中采样精度……

Example52

光盘：*DVD02*

时间：00:03:57

名称：使用折射深度的控制……

Example53

光盘：*DVD02*

时间：00:06:09

名称：使用HDRI贴图为环境添加……

Example54

光盘：*DVD02*

时间：00:10:24

名称：使用mental ray器中的焦散……

Example55

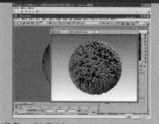

光盘：*DVD02*

时间：00:04:33

名称：使用mental ray的置换……

Example56

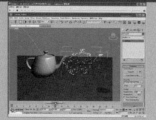

光盘：*DVD02*

时间：00:03:41

名称：mental ray代理对象的使用

Example57

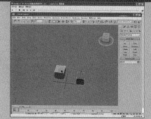

光盘：*DVD02*

时间：00:05:06

名称：Pivot面板的基础知识

Example58

光盘：**DVD02**

时间：00:12:26

名称：使用LookAt Constraint制作……

Example59

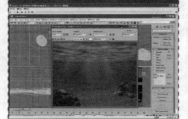

光盘：**DVD02**

时间：00:27:09

名称：使用灯光工具制作出海底效果

Example60

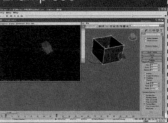

光盘：**DVD02**

时间：00:23:46

名称：使用刚体动力学制作……

Example61

光盘：**DVD02**

时间：00:12:29

名称：使用Biped工具创建骨骼……

Example62

光盘：**DVD02**

时间：00:02:57

名称：使用Physique为角色进行……

Example63

光盘：**DVD02**

时间：00:08:15

名称：使用Biped工具创建骨骼

Example64

光盘：**DVD02**

时间：00:11:25

名称：使用Mirror In Place调整……

Example65

光盘：**DVD02**

时间：00:20:09

名称：使用working坐标制作……

DVD02
包含书中所有实例的
场景文件和纹理素材

更多精彩实例尽在本书……

Contents 目录

Chapter 01 全新的3ds Max 2009

Chapter 03 视图操作

Chapter 04 对象管理与操作

Chapter 06 UVW展开的改进

Chapter 07 灯光的重要改进

Chapter 08 材质效果

Chapter 09 ProMaterials材质

Chapter 10 渲染

Chapter 11 骨骼系统

Chapter 01　全新的 3ds Max 2009

　　2008 年 2 月 12 日，Autodesk 公司宣布推出 3ds Max 软件的两个新版本：一个是面向娱乐专业人士的 Autodesk 3ds Max 2009 软件，另一个是专门为建筑师、设计师以及可视化设计而量身定制的 3ds Max Design 2009 软件。图 1-1 和图 1-2 分别为这两个版本的安装界面。Autodesk 用如此惊人的速度推出了这个全新的版本，距前一个版本 3ds Max 2008 仅半年的时间，这在 3ds Max 开发史上还是首次。这个特殊的举动引起了业内人士的高度关注，那么，这次升级会给我们带来什么样的惊喜呢？

图 1-1

图 1-2

> Autodesk 3ds Max 现在形成了两种截然不同的风格，这是为了更好地满足客户的娱乐和视觉可视化等特定需求。3ds Max 2009 和 3ds Max Design 2009 为用户带来了定制的在线体验、用户界面和应用默认设置、教学教程、范例以及其他功能。这简化了学习的过程，让用户更容易找到与它们最密切关联的信息。
>
> ——Autodesk 传媒娱乐部高级副总裁 Marc Petit

1.1　新版本的特色

　　新版本在功能上虽然经过了大幅度改善，但笔者认为，最具革命性的改变就是 3ds Max 根据应用的不同拆分成了完全独立的两个产品。从表面上看，这两个产品在功能上的区别不大，但是，如果结合 Maya 以及 MotionBuilder 软件，再来看 3ds Max 的变化，不难体会 Autodesk 在产品及市场方面的布局。到现在，笔者似乎明白了 Autodesk 当初收购 Alias 的真实意图。

Autodesk 3ds Max 2009 的新增功能主要包括：简化复杂工作流的 Reveal 渲染工具包以及模拟现实中表面质感的 ProMaterials 材质库，还有多项 Biped 的改进以及新型 UV 编辑工具。经过改进的 OBJ 和 Autodesk FBX 文件格式，大幅提高了与 Autodesk MudBox、Autodesk Maya、Autodesk MotionBuilder 软件和其他第三方应用软件之间的互通性。另外，新的场景设置技术——Recognize，改善了与 Revit Architecture 2009 软件协作的工作流程。

而另一个版本 3ds Max Design 2009 除了不具备软件开发工具包（SDK）之外，拥有与 Autodesk 3ds Max 2009 相同的功能，只是在一些预设值上，更加突出了可视化设计的特点。3ds Max Design 还拥有用于模拟和分析阳光、天空光以及人工照明的 Exposure 技术。

> 提示：SDK 是一套用在娱乐市场上的开发工具，主要用于把 3ds Max 软件整合到现有制作的流程以及开发与之协作的工具。

■ 全新的视图导航工具

新增的 ViewCube 和 SteeringWheels 视图导航工具，使得对视图的控制更加自如。其中，ViewCube 是从 Autodesk Maya 中移植过来的，可以提高在最大化视图中快速切换视角和旋转视图的效率。SteeringWheels 提供的高度集成导航工具，可以让视图导航像玩 CS 游戏一样自如。并且，返回原来的视角就像更换幻灯片一样容易。详细内容参见本书第 3 章的相关介绍。

■ Reveal 渲染

新的 Reveal 渲染系统为渲染效果的精确调节提供了快速灵活的控制。用户可以选择在渲染的整个场景中减去某个特定物体，或者渲染单个物体甚至是帧缓冲区的特定区域。渲染图像帧缓冲区包含一套简化的工具，通过任意的过滤物体、区域和进程、平衡质量、速度和完整性，可以快速有效地反馈渲染设置的变化。

■ Biped 改进

新增的 Biped 工作流程可以处理 Biped 角色的手部动作，就像处理足部动作与地面的关系一样。这个新功能大大简化了制作四足动画所需的步骤。3ds Max 2009

还支持 Biped 物体以工作轴心点和选取轴心点为轴心进行旋转，这加速了对角色表演动作的创建，比如一个角色摔在地面上。

■ 改进的 OBJ 和 FBX 文件支持

在新版本中，OBJ 格式拥有更高的转换保真度以及更多的导出选项，使得在 3ds Max 和 MudBox 以及其他数字雕刻软件之间传递数据更加便利。现在可以利用全新的导出预置、额外的几何体选项（包括隐藏样条线或直线），以及新的优化选项来减少文件大小和改进性能。游戏制作人员可以体验到增强的纹理贴图处理以及在物体面数方面得到改进的 MudBox 导入信息。3ds Max 2009 还提供了改进的 FBX 内存管理，以及支持 3ds Max 与其他产品（如 Maya、MotionBuilder）协同工作的新导入选项。

■ 改进的 UV 纹理编辑

在智能、易用的贴图工具方面，3ds Max 继续引领业界潮流。现在，用户可以使用新的样条线贴图功能来对管状和样条状物体进行贴图，例如把道路贴图到一个区域中。此外，改进的 Relax 和 Pelt 简化了 UVW 展开的工作流程，能够以更少的步骤创作出需要的效果。

■ SDK 中的 .NET 支持

支持 .NET，可通过使用 Microsoft 的高级应用程序编程接口扩展 3ds Max 程序的功能。3ds Max 2009 软件开发工具包配有 .NET 的示例代码和文档，可帮助开发人员利用这个强大的工具包。

■ ProMaterials

新的材质库提供了易用、基于物理特性的 mental ray 材质，能够快速创建常用的建筑材质和表面设计，例如固态玻璃、混凝土和专业的有光或无光墙壁涂料，极大地提高了可视化设计的工作流程。

■ 光度学灯光改进

3ds Max 2009 支持新型的区域灯光（圆形、圆柱形）、浏览对话框和灯光用户界面中的光域网预览、改进的近距离光度学计算质量和光斑分布。另外，分布类型现在能够支持任何发光形状，而且灯光的照明形状显示和渲染图像中的结果高度一致。

1.2 系统配置与安装

对于初学者来说，在使用 3ds Max 2009 时，应该选择怎样的设置与系统支持，以及如何正确地将 3ds Max 2009 安装到自己的计算机上，一直都是一个让人比较困惑的问题，在本章中特别安排了一节内容，来对这两个问题进行讨论。

1.2.1 硬件和系统配置

3ds Max 2009 对于硬件和系统是有一定要求的，如果你的系统或硬件设置不能符合它的基本运行要求，软件是无法正常运行的。

1.2.1.1 软件要求

Autodesk 3ds Max 2009 软件需要以下 32 位操作系统之一：

（1）Microsoft Windows XP 专业版（Service Pack 2 或更高版本）。

（2）Windows 2000 专业版 (Service Pack 4)。

Autodesk 3ds Max 2009 软件需要以下浏览器：

Microsoft Internet Explorer 6 或更高版本。

Autodesk 3ds Max 2009 软件需要以下补充软件：

（1）DirectX 9.0c（必须）。

（2）OpenGL（可选）。

1.2.1.2 硬件要求

Autodesk 3ds Max 2009 32 位软件最低需要以下配置的系统：

（1）Intel Pentium IV 或 AMD Athlon XP 或更快的处理器。

（2）512 MB 内存（推荐使用 1GB）。

（3）500 MB 交换空间（推荐使用 2 GB）。

（4）支持硬件加速的 OpenGL 和 Direct3D。

（5）Microsoft Windows 兼容的定点设备。

（6）DVD-ROM 光驱。

Autodesk 3ds Max 2009 64 位软件最低需要以下配置的系统：

（1）Intel EM64T、AMD Athlon 64 或更高版本、AMD Opteron 处理器。

（2）1 GB 内存（推荐使用 4 GB）。

（3）500 MB 交换空间（推荐使用 2 GB）。

（4）支持硬件加速的 OpenGL 和 Direct3D。

（5）Microsoft Windows 兼容的定点设备。

（6）DVD-ROM 光驱。

1.2.2　安装方法

在 Autodesk 的官方网站上，提供了 3ds Max 2009 试用版的下载，只要在官方网站上注册后，就可以得到下载的链接了。3ds Max 2009 试用版的下载地址如下：

http://usa.autodesk.com/adsk/servlet/oc/offer/form?siteID=123112 & id=12047373

试用版的功能与正式版完全相同，而且还包含 3ds Max 2009 的帮助文件，下载完成之后，就可以开始安装 3ds Max 2009 了，具体的流程如下：

Step1：　双击运行安装文件，进入安装界面，如图 1-3 所示，单击最下方的 Install Tools and Utilities 按钮，进入安装流程。

Step2：　在弹出的界面中，选择需要安装的组件，如图 1-4 所示。

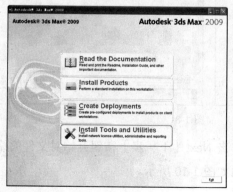

图 1-3

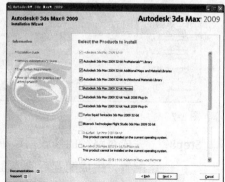

图 1-4

Step3: 单击 Next [下一步] 按钮，进入 Accept the License Agreement [接受许可协议] 界面，选择 I Accept [我同意] 选项，如图 1-5 所示。

Step4: 单击 Next [下一步] 按钮，进入 Product and User Information [产品和用户信息] 界面，填写相关的产品和用户信息，如图 1-6 所示。

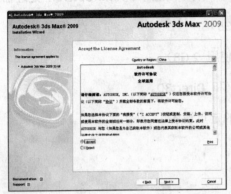

图 1-5

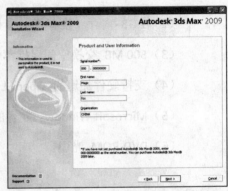

图 1-6

Step5: 单击 Next [下一步] 按钮，在 Select a product to configure [选择产品] 下拉列表框中，选择 Autodesk 3ds Max 2009 32-bit 选项，如图 1-7 所示。

Step6: 单击 Configure [配置] 按钮，打开配置面板，该面板中包括两个标签，分别用来对 3ds Max 2009 的主程序和网络渲染服务器进行设置，如图 1-8 所示。

Step7: 单击 Next [下一步] 按钮后，可以分别对两个组件进行配置，主要修改安装路径，如图 1-9 所示。

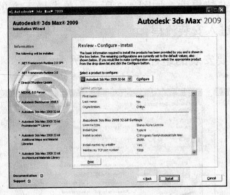

图 1-7

图 1-8

Step8: 完成对路径的修改后，单击 Next [下一步] 按钮开始对文件的路径进行配置，完成配置后的界面如图 1-10 所示。

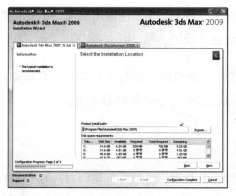

图 1-9

Step9: 单击 Configuration Complete［配置完成］按钮，回到选择产品的界面，在下面的列表框中可以看到，安装路径已经成为用户自定义的路径了，如图 1-11 所示。

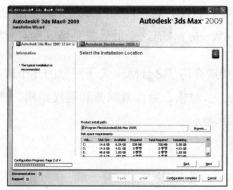

图 1-10   图 1-11

Step10：单击 Next［下一步］按钮，就可以开始 3ds Max 2009 的自动安装了，完成后的界面如图 1-12 所示，单击 Finish［完成］按钮，退出安装程序。

图 1-12

Step11： 在桌面上双击 3ds Max 2009 的图标之后，在弹出的对话框中选择试用选项，就可以开始 30 天的免费体验了。

3ds Max 2009 的试用版与正式版完全相同，拥有正式版的所有功能，用户可以使用这个试用版充分体验 3ds Max 2009 所创建的奇妙世界。

1.3　3ds Max 的核心概念

3ds Max 是一个面向对象的数字动画软件，因此只有那些对选择对象有效的操作才是可用的，其他操作都不能被激活，或者并不显示在界面中。只有弄清楚"对象"这一概念，才算是掌握了 3ds Max 的基础。而 3ds Max 的核心概念，始终都没有离开"对象"这个关键词。

在 3ds Max 中，对象的概念非常宽泛，并非单指几何体。在场景中一切可以被创建的事物都是对象；包括修改器、材质。这些对象被 3ds Max 用层级关系组织起来，形成一个虚拟的三维世界（World），而这个世界就是场景所有对象的根。

本节的内容非常重要，在这里详细介绍了 3ds Max 关于对象的几个核心概念，其中重点阐述了对象行为、主对象、子对象、对象数据流和层级结构。理解这些概念，对完全掌握 3ds Max 的帮助非常大。

1.3.1　了解 3ds Max 的对象

熟悉 3ds Max 的人都知道，在 3ds Max 中经常会用到"对象"这一术语。3ds Max 是一个面向对象的软件，因而从编程的角度来讲，我们在 3ds Max 中创建的任何物体都是对象，比如场景中的几何体、摄像机和灯光，甚至连编辑修改器、动画控制器、位图和材质等也属于对象的范畴。用户还可以在子对象层级操纵多边形、样条曲线、编辑修改器等许多对象。

对象这一术语，是指可以在 3ds Max 中选定并对其进行操纵的任何物体。当需要做特别说明时，我们用"场景对象"这一术语把几何体、用 Create［创建］面板创建的对象与其他类型的对象加以区分。同时，场景对象又包括灯光、摄像机、空间扭曲和辅助等多个对象，除此之外的，如编辑修改器、贴图、关键帧和控制器等对象均被称为"特定类型对象"。下面将对 3ds Max 中面向对象的行为作较为详尽的介绍。

1.3.1.1　面向对象的行为

　　3ds Max 是一种面向对象的软件。但对于使用者来说，最重要的是了解面向对象这一特性对他们的工作有什么影响和作用。面向对象编程(OOP)是一种复杂的编写软件的方法，早已广泛地应用于商用软件。对于使用 3ds Max 的用户来说，用户界面随所做工作的不同而变化，则成了他们面向对象编程的重要影响之一。

　　当在 3ds Max 中创建对象时，所建对象便知道可以对自己进行哪些操作，且哪些操作行为是合法的。这种自我感应能力将会影响到 3ds Max 的界面显示，但只有那些合法的操作才能处于可用状态，其他操作则是不可用的，它们要么从界面中隐藏掉，要么显示成灰色。

　　下面通过两个示例来解释面向对象的行为。

　　（1）创建一个球体。单击 Modifiers［修改器］菜单，准备应用一个编辑修改器（比如某个选择修改器）于该球体。在图 1-13 右侧的展开菜单中可以看到，FFD Select［FFD 选择］和 Spline Select［样条线选择］为灰色，即不可选状态。也就是说，对于"球体"而言，FFD Select［FFD 选择］和 Spline Select［样条线选择］是非法操作。而当选择了图形 Circle［圆］后，在同样的菜单中，可以发现 Spline Select［样条线选择］会变为合法的可选择状态。

图 1-13

　　（2）假如我们正在创建一个放样对象，需要选定一个用于放样的图形。这时可以单击 Get Shape［获取图形］按钮，再在场景中移动光标靠近某些对象，当光标位于某些对象上时它会改变形状，表明了这些对象是放样图形的有效选择。图 1-14 显示了位于有效路径上时 Get Shape［获取图形］光标的外观。

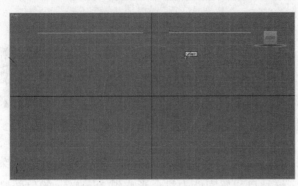

图 1-14

看了前面的两个示例，用户应该知道 3ds Max 首先会查询对象，并根据查询结果决定在当前程序状态下哪一个选择和操作是有效的，然后只显示那些有效的选择。

这一概念看似简单，却极大地提高了工作效率，因为它可以在很大程度上降低无效和错误的操作。面向对象的行为还有一个优点，即用户不用为创建和编辑对象记忆太多的命令，因为 3ds Max 程序会"过滤"一些非法操作，可以选择的都是那些有效操作。

1.3.1.2　参数化对象

3ds Max 中的大多数对象都是参数化对象。参数化对象是指通过数学方法，利用一组设置（即参数或选项）来定义对象，而不是通过对其形状的描述来定义的。下面以"球体"为例对这两种方法加以说明。

（1）参数化球体。用这种方法定义球体时需要用到半径、分段数等参数，并根据当前参数设置显示一个示例球体。球体的参数化定义以半径和分段数的形式进行保存，用户可以在任何时候对这些参数进行修改，甚至能够把它们设置为动画。

（2）非参数化球体（可编辑多边形）。这种方法开始定义球体时与"参数化球体"相同，也需要用到半径、分段数等参数，一旦成型后，将根据这些信息使用顶点和多边形创建表面。球体的定义仅以一组连续面的形式保存，以后只能通过缩放球体的方法来修改半径，若需要修改分段数，可以使用连接工具或者删除球体后再重新创建一个。

图 1-15 显示了参数化球体和非参数化球体的区别，虽然它们外观看起来一样，

但是在右侧的两个修改命令面板的显示上却体现了它们的区别。参数化球体有着极其简单直观的控制参数，而可编辑多边形的 5 个子对象层级和复杂的卷展栏，都似乎让初学者望而却步。

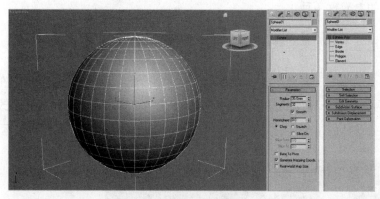

图 1-15

由此可以看出，参数化对象极大地增强了 3ds Max 的建模和动画能力。在实际操作中，只要条件允许，应尽可能长时间地保存对象的参数化定义。但还是有一些 3ds Max 操作要求把参数化对象转换成可编辑对象，比如要使用的建模技术是以面拉伸和顶点操作为主，就需要用到非参数化的可编辑对象。对于生物模型来说，这也是很必要的。

当把参数化对象转换为可编辑对象时，其创建参数就会被丢弃。实际上，3ds Max 的很多操作都会导致参数丢弃，比如：

- 用编辑修改器把各个对象附加在一起。

- 塌陷对象的编辑修改器堆栈。

- 把一个对象转换成 NURBS 表面。

- 把对象导出成其他格式的文件。

创建参数一旦丢失就是不可逆转的，因此只有确保以后再也不用调整对象的参数属性时才能进行以上操作，或者在进行以上操作之前，用 Save Selected［保存选定的对象］命令保存对象，在以后需要的时候，可以使用 Merge［合并］命令把参数化对象调入到场景中。

1.3.1.3 复合对象

在 Create［创建］面板中，可以把两个或两个以上的对象结合在一起，从而形成新的参数化对象，3ds Max 称之为 Compound Objects [复合对象]。需要注意的是，此时用户仍然可以编辑和修改组成复合对象的各个对象的参数。复合对象是另一种形式的参数化对象，它的参数包括各成员对象的参数及描述成员对象结合方式的参数这两种。

下面用一个示例来解释 3ds Max 复合对象中的布尔运算。

在这个示例中，需要用球体减去长方体的一个角，如图 1-16 所示。在其他一些 3D 程序中，这个操作的结果是一个非参数化的可编辑对象，如果需要改变长方体的位置或球体的半径，必须重新创建这两个几何体，并重新进行布尔运算。

 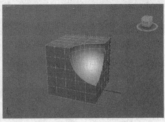

图 1-16

在 3ds Max 的复合对象中，长方体和球体仍然是参数化复合布尔对象的一部分，仍然能够随意访问它们的创建参数，并可以把这些参数设置成动画，甚至可以对它们的相对位置进行动画设置。在图 1-17 中，展示了前面的布尔对象增加球体半径参数后的结果。

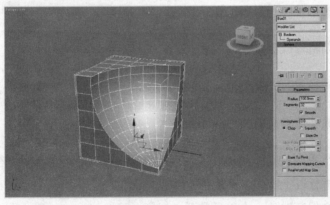

图 1-17

1.3.1.4 子对象

子对象是指构成一个独立对象的组件，这些组件可以被选择和操纵。最常见的例子是一个样条线对象，它是由多个线段构成的，而线段又是由两个顶点构成的，因此，对于样条线这个对象来说，顶点、线段就是它的子对象。操纵顶点则可以改变样条线的形状。同样的，多边形对象也是如此，要编辑一个多边形，可以先选定一个子对象，比如面，然后对它进行移动、塌陷、旋转或删除操作。

对于大多数几何模型而言，几乎都遵循一定的几何学原理。例如，定义一个多边形，最基础的子对象就是"顶点"，两个顶点决定一条"边"，三条边决定一个"三角面"，两个共边的三角面决定一个"多边形"，连续共边的多边形构成"元素"。在图 1-18 中，就显示了一个可编辑多边形对象和它的子对象组件。

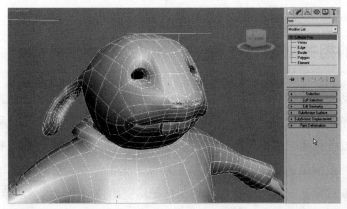

图 1-18

通常我们很容易理解如顶点和面之类的子对象，但是 3ds Max 的子对象这一概念的内涵远远超出了场景对象的范畴，在 3ds Max 中可以操纵的子对象类型如下：

• 图形对象的顶点、线段及样条曲线。

• 网格对象的顶点、边、面、多边形和元素。

• 多边形对象的顶点、边、边界、多边形和元素。

• 面片对象的顶点、边、面片、元素和控制柄。

• NURBS 对象的 CV 点、曲线、曲面。

• 放样对象的图形和路径。

• 布尔对象的运算。

• 变形对象的目标。

- 编辑修改器的 Gizmos、中心点、控制点和网格。

- 运动轨迹上的关键点。

　　以上列出的子对象还可以拥有自己的子对象，形成更为复杂的多层级结构，因而在实际工作中有可能遇到对多层级对象进行编辑的情况。比如，一个网格对象，它原本是布尔对象的运算对象，现在又可以对它的顶点子对象应用一个编辑修改器，而且还能够把编辑修改器的参数设置成动画。由此可见，3ds Max 对子对象的层级数没做任何限制，用户可以在实际操作中尽情地发挥想象空间。

1.3.2　创建场景的相关概念

　　创建用于动画和渲染的场景对象是用户在 3ds Max 中工作时需要做的第一件事。在创建场景对象时，首先要定义基本对象的参数，然后对它进行一系列的编辑修改，这一过程称为数据流。数据流对于 3ds Max 的行为特征是至关重要的。下面将分别介绍数据流的各个组件，包括主对象、编辑修改、空间扭曲和属性，最后在"1.3.2.6 对象数据流"一节中介绍如何把这些组件应用到场景对象中。

1.3.2.1　主对象

　　主对象是指用 Create [创建] 面板中的各项功能创建的原始对象，它可以是几何体、图形、光源、摄像机或者虚拟对象。用户可以把主对象假设成是一个抽象对象，该对象要在计算完所有数据流后才能在场景中出现。而创建主对象只是在动画制作过程中迈出的第一步。在 3ds Max 中，主对象为对象提供以下信息：

- 对象类型，比如球体、摄像机、放样、面片等。在编辑修改器堆栈列表中，对象类型大多位于最底层；在 Track View [轨迹视图] 中，对象类型则大多位于对象包容器的旁边。

- 对象参数，比如长方体的长、宽、高等数值。在编辑修改器堆栈中选定主对象，或在轨迹视图中展开对象包容器之后，可看见对象参数。

- 局部坐标系的坐标原点和方向。局部坐标系用来定义对象的原点和方向，用其坐标空间可在对象中定位子对象。这种定义原点、方向和空间的方法称为对象空间。

在图 1-19 中给出了一个标有主对象属性的对象，其中对象类型、对象参数和对象的局部坐标系是主对象的 3 个重要信息。

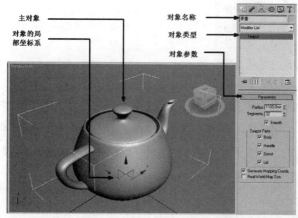

图 1-19

1.3.2.2　对象编辑修改器

创建完主对象后，可以对它应用任意数目的对象编辑修改器，例如 Bend［弯曲］和 Stretch［拉伸］编辑修改器。编辑修改器会根据对象的局部坐标原点和坐标系对如顶点之类的子对象进行操纵，换言之，编辑修改器是在对象空间中改变对象的结构。在图 1-20 中，主对象 Torus01 在应用了 Bend［弯曲］和 Stretch［拉伸］编辑修改器后，对象结构发生了很大的变化。

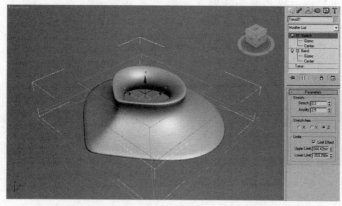

图 1-20

由于编辑修改器在对象空间中对子对象进行操作，因此它具备以下的特点：

（1）编辑修改器与对象在场景中的位置和方向无关。从图 1-21 可以看出，Bend［弯曲］编辑修改器的作用效果不随着对象在场景中移动和旋转而变化。无论对象处于场景中的什么位置，它们都以相同的方式弯曲，而且弯曲程度相同。

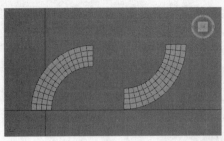

图 1-21

（2）编辑修改器的作用效果和其他编辑修改器的应用顺序与应用时对象所处的结构状态有关。从图 1-22 可以看出，这两个对象应用的都是 Bend［弯曲］和 Stretch［拉伸］两个编辑修改器，唯一的差别就在于编辑修改器的应用顺序不同。左侧的长方体是先拉伸后弯曲，右侧的长方体是先弯曲后拉伸。

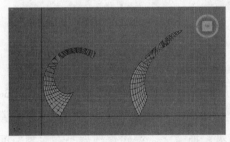

图 1-22

（3）编辑修改器可应用于整个对象和部分对象选择集。在图 1-23 中，左侧是对整个对象应用 Twist［扭曲］编辑修改器的结果，而右侧是仅对对象的下半部分应用 Twist［扭曲］编辑修改器的结果。

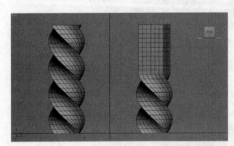

图 1-23

1.3.2.3 对象变换

对象一旦创建，如果想改变对象的位置和方向，一般采用变换工具来改变。变换一个对象，即改变它在场景中的位置、方向和大小。大空间一般指描述全部场景的坐标系统，即世界坐标系统，世界空间坐标系统定义场景的全局原点和全局坐标轴。

对象变换定义的信息如下所示。

- 位置：即定义对象的局部原点与世界空间原点的距离。例如，对象的原点位置可能定义在距世界空间原点右 80(X=80)、上 75(Z=75)、后 35(Y=35)的位置。

- 旋转：即定义对象的局部坐标轴与世界坐标轴之间的夹角。例如，旋转可能定义对象的局部坐标轴与世界坐标轴的角度关系为：X 轴不变，Y 轴旋转 45°，Z 轴旋转 15°。

- 缩放：即定义对象局部坐标轴与世界坐标轴之间的相对大小。例如，当用缩放定义对象在局部空间中的测量值为其在世界空间中的一半时，一个在对象空间中边长参数为 40 的立方体，在世界空间中的边长测量值就等于 80，这是因为立方体在世界空间中被放大了一倍。

位置、旋转和缩放的组合被称为对象的变换矩阵。当变换一个对象时，实际上是在改变整个矩阵。图 1-24 表示了变换是如何在世界空间中定义对象位置的。

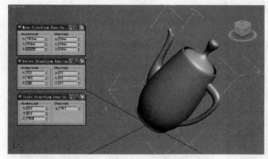

图 1-24

对象变换具有以下特点。

- 定义对象在场景中的位置和方向。

- 对整个对象产生影响。

- 在计算完所有编辑修改器后才计算变换。

最后一点特别重要，无论是应用编辑修改器后再应用变换，还是变换后再应用编辑修改器，变换计算总是在编辑修改器计算后进行。

提示：如果需要在计算编辑修改器前计算变换，请使用 XForm 编辑修改器，因为它是一种优先执行的方法。

1.3.2.4 空间扭曲

在 3ds Max 中，"空间扭曲"是一种对象，它能根据其他对象在世界空间中的位置而影响这些对象的形状，因此可以认为，空间扭曲是编辑修改器和变换共同作用的结果。虽然空间扭曲能够像编辑修改器一样改变对象的结构，但对象在场景中的变换同样对它的结构起着决定作用。

在大多数情况下，编辑修改器和空间扭曲的作用效果是一样的。下面用一个示例来说明 Ripple［涟漪］编辑修改器和 Ripple［涟漪］空间扭曲的区别。

图 1-25 显示了 Ripple［涟漪］编辑修改器和 Ripple［涟漪］空间扭曲应用于同一对象上的效果。在场景中的两个茶壶，左侧的茶壶应用了 Ripple［涟漪］编辑修改器，右侧的茶壶应用了 Ripple［涟漪］空间扭曲。Ripple［涟漪］编辑修改器和 Ripple［涟漪］空间扭曲的参数是相似的，其主要区别在于它们作用于对象的方式不一样。Ripple［涟漪］编辑修改器直接作用于左侧的茶壶对象，它的作用效果不会随着对象在场景中移动而改变；而绑定了 Ripple［涟漪］空间扭曲的茶壶，在场景中移动时，外形也会随之发生改变。

图 1-25

> 提示：移动对象对 Ripple［涟漪］编辑修改器的作用效果没有影响，但移动被绑定在 Ripple［涟漪］空间扭曲上的对象时，却对 Ripple［涟漪］空间扭曲的作用效果产生了很大的影响。

用户可以使用编辑修改器使对象发生局部变化，且该变化依赖于数据流中的其他编辑修改器。一般来说，编辑修改器多用于建模操作。如果想使许多对象产生全局效果，且该效果与对象在场景中的位置有关，则应用空间扭曲。使用空间扭曲，可以模拟环境效果和外力作用。

1.3.2.5 对象属性

在 3ds Max 中所有对象都有唯一的属性。属性既不依赖于基本对象参数，也不依赖于编辑修改器或变换的结果。属性包括线框颜色、对象名、分配的材质和阴影投射等。对象的属性大多可以在 Object Properties［对象属性］对话框中显示或设置，如果想要显示该对话框，那么首先选定一个对象，然后在它上面单击鼠标右键，并在弹出的快捷菜单中选择对象属性，就会弹出如图 1-26 所示的 Object Properties［对象属性］对话框。

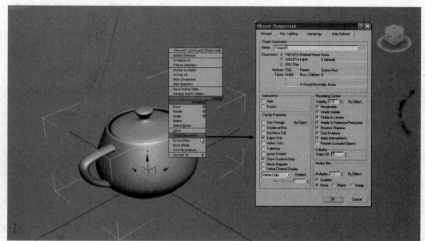

图 1-26

对象属性不是用来控制对象的外形的，它主要用来定义对象在视口的显示和渲染效果，包括渲染时特殊效果的控制，如运动模糊、高级照明和 mentalray 的一些设置。

1.3.2.6 对象数据流

在了解了主对象、编辑修改器、变换、空间扭曲和对象属性后，再来了解对象数据流就比较简单了。对象数据流就是由编辑修改器、变换、空间扭曲和对象属性共同作用，以定义和显示场景中的对象的过程。对象数据流的工作方式与汇编指令集类似，每一步会在下一步开始前按照正确的顺序完成。对象数据流的工作过程如下：

（1）主对象用来定义对象类型，并保持对象参数的设定值。

（2）编辑修改器在对象空间中改变对象，并按被应用的先后顺序进行计算。

（3）变换，即在场景中定位对象。

（4）空间扭曲，即基于对象在空间的变换来改变对象。

（5）对象属性标明对象的基本信息和其他特征。

（6）对象通过视口显示在场景中。

图1-27给出了对象数据流的工作过程及其对球体的作用效果。从左侧的 Track View［轨迹视图］中可以看出，3ds Max 的对象数据流是从下往上的，对象会在视口中通过交互式着色的方式显示出来。而最终渲染的图像和动画中的对象效果由灯光、摄像机、材质和合成效果共同决定。灯光、摄像机和材质等对象不属于几何体的范畴，它们中的大多数都能够在视口中显示，也有特别的不能在视口中显示。

 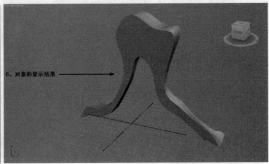

图 1-27

3ds Max 提供了多种创建对象和设置动画的方法，把对象的创建参数、编辑修改器的 Gizmos、空间扭曲，甚至对象本身的变换设置成动画，这些都为实现丰富的动画效果提供了多种途径。

1.3.3　改变对象的概念

从创建一个对象开始，经编辑修改器、变换，再到空间扭曲、对象属性，这是一个定义完好的流程。通常可以用改变对象的创建参数、应用编辑修改器、变换，甚至通过使用空间扭曲来得到相似的结果。那么，在具体工作中应该使用哪一种方法呢？改变对象的恰当方法与对象的数据流、创建方式、计划以后如何操作等许多因素息息相关。成功的选择来源于实践和经验。关于在改变对象时究竟采用哪一种方法更为合适这个问题，下面将会给出一些一般性的指导原则。

1.3.3.1 改变创建参数与变换

在数据流中，一般要尽早修改对象的创建参数，改变越早，那么这种改变对以后呈现的对象影响就越大。在对象数据流中最重要的信息就是对象创建参数的设定，若要考虑修改对象参数，就必须对对象的基本尺寸、外形或表面特征做根本性的改变。

以创建圆柱体为例，首先考虑一下改变圆柱体的高度参数与沿圆柱局部 Z 轴做非均匀比例缩放有什么区别。假设现在需要把 40 个单位高的圆柱改成 80 个单位高，如果对圆柱体的创建参数不熟悉，那么首先想到的可能是使用非均匀比例缩放工具。因为沿圆柱高度方向放大 200%就可以得到一个 80 个单位高的圆柱。但这种方法是不对的。检查一下被缩放圆柱体的对象参数，可以看到其高度仍然是 40 个单位。如果要真正使圆柱的高度变成 80 个单位，则必须通过改变其高度参数来完成，而不是使用缩放，虽然它们的视觉外观完全相同。

如果要对圆柱体应用编辑修改器，这两个看似没有差别的操作将会产生明显的区别。图 1-28 显示了这种差别，左边的圆柱体高度参数由 40 改为 80，然后用 Bend［弯曲］修改器沿 Z 轴弯曲 180°；右边的圆柱体沿局部 Z 轴缩放 200%后，高度与 80 个单位相同，然后用 Bend［弯曲］修改器沿 Z 轴弯曲 180°。虽然使用了同样的修改器，但结果完全不同。这是因为尽管缩放操作是在应用 Bend［弯曲］修改器前就执行了，但在数据流中却是在用 Bend［弯曲］修改器后才计算，所以导致了图 1-28 右侧弯曲圆柱体的非均匀缩放。它与先弯曲一个高度为 40 的圆柱体，然后再沿局部 Z 轴缩放 200%的结果是一样的。因此需要牢记的是：在 3ds Max 的数据流中，像缩放这样的变换是在使用编辑修改器后才计算的。

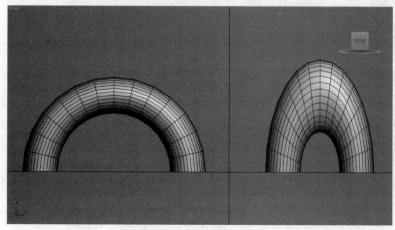

图 1-28

当改变对象的创建参数产生的效果与变换对象的效果相似时，可以尝试用下面的指导思想，来决定使用哪一种方法。

- 不论改变模型还是改变任何编辑修改器的作用效果，都要优先考虑改变对象参数。

- 当变换效果是用于对象的最后一次改变，或改变是用来影响对象在场景中的位置时，可以应用变换操作。

1.3.3.2 编辑修改对象

使用编辑修改器可以改变对象结构并非常容易地控制这种改变。3ds Max 中的许多建模和动画能力，是通过编辑修改器及在编辑修改器堆栈列表中的组织方式来得到的。

对象参数和对象变换只是在数据流开始和结束时影响整个对象，因此可以应用编辑修改器来改变对象的任何部分，其效果与堆栈列表中的其他编辑修改器的先后顺序有关。例如，利用 Bend［弯曲］和 Twist［扭曲］编辑修改器对一个长方体进行编辑修改，但应用时的先后顺序不同，其结果如图 1-29 所示。

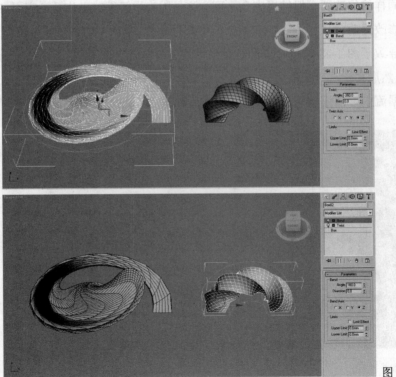

图 1-29

场景中左侧的长方体先弯曲、后扭曲，而右侧的长方体是先扭曲、后弯曲。虽然对象的创建参数和修改器参数完全相同，但结果差别非常大。

由于编辑修改器的效果与它的应用顺序有关，因此计划建模策略是非常重要的，也就是说要考虑如何完成建模工作，以及如何最佳地组合编辑修改器。不过，我们也没有必要把它看得过于严谨，因为使用 3ds Max 可以非常方便地返回到修改前的状态。因此，规划建模策略是为了避免因不必要的试验和错误而引起的频繁修改，以节省制作时间。但不要因此而束缚自己的创意。

1.3.3.3　结合修改器应用变换

有的时候，还需要在编辑修改器堆栈列表中的一个特殊位置应用变换。例如，在应用 Bend［弯曲］编辑修改器前，可能要对一个非参数化对象沿某个轴进行缩放。另外，有时只需要对对象的一部分进行移动或旋转。

这时，可以在编辑修改器堆栈列表中的某一位置应用变换，也可以通过使用 XForm 编辑修改器来对对象的某一部分进行变换，这样将会得到需要的结果。下面是结合编辑修改器应用变换的 3 条途径：

* 使用一种编辑修改器来变换子对象。编辑修改器可以对构成各种对象类型的顶点、边和面进行处理。图 1-30 显示的是用"编辑多边形"修改器对选择的面进行缩放的结果。左侧是原始对象，右侧是缩放子对象后的结果。

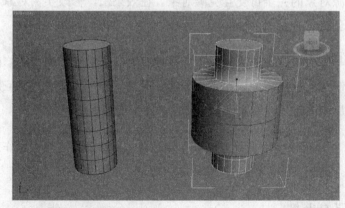

图 1-30

* 变换编辑修改器的 Gizmo 或 Center。编辑修改器通常都包含有自己的子对象（称为 Gizmo），它的子对象可以与它的 Center［中心］一起被变换。用户可以通过变换编辑修改器子对象来改变结果。图 1-31 所示是移动 Bend［弯曲］编辑修改器中心的结果。

- 使用 XForm［变换］编辑修改器。这个修改器的作用是提供可以用来在编辑修改器堆栈中变换对象和子对象的 Gizmo。方便之处是可以随时使用它来变换堆栈中需要变换的子对象。图 1-32 所示是用 XForm［变换］编辑修改器移动文字中的顶点的结果。

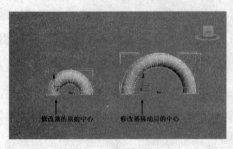

图 1-31   图 1-32

1.3.3.4　克隆对象

在 3ds Max 中，几乎可以对所有对象进行克隆。克隆包括复制、实例和参考 3 个操作选项。许多对象，如几何体、编辑修改器和控制器都能够被克隆。下面给出 3ds Max 中复制、实例和参考的区别。

- 复制：创建一个与源对象毫不相干的克隆对象。当修改一个对象时，不会对另外一个对象产生影响。

- 实例：创建源对象的完全可交互克隆对象。在效果上，修改实例对象与修改源对象是完全相同的。

- 参考：创建与源对象有关的克隆对象。在没有为参考对象应用新的修改器之前，参考复制与实例复制的效果是相同的。但是，一旦为参考对象应用了新的修改器，那修改器只能影响到参考对象，而不能影响源对象。

在 3ds Max 中，可以使用多种方法来克隆对象，所选的方法随被操作对象类型的不同而变化。这些方法包括：

- 在移动时按下 Shift 键。

- 从 Edit［编辑］菜单中选择 Clone［克隆］。

- 在 Track View［轨迹视图］中使用 Copy［复制］和 Paste［粘贴］。

- 拖放鼠标可以在 Material Editor［材质编辑器］中复制材质和贴图。

1.3.4　层级的概念

在 3ds Max 的应用中，几乎所有对象都可以由层级结构来组织，其方便之处在于层级结构使得被组织的事物更易于理解，它的作用就像组织素材的大纲一样。

3ds Max 中所有的层级结构都遵循同样的规则。层级结构中的较高层代表的是一般的信息，具有最大的影响力；较低层则代表了信息的细节，具有较小的影响力。在 Track View［轨迹视图］中显示了整个场景的层级结构，如图 1-33 所示。

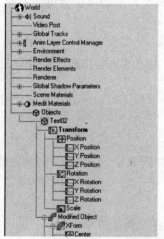

图 1-33

最上面一层是 World［世界］，用户可以通过改变轨迹视图中的世界轨迹来对场景中的所有事物做全局性的改变。World［世界］下面包括多个类别，用于组织场景中所有的对象，而每一类对象下又有许多层级，这些层级用来定义场景中每件事物的细节。

1.3.5　材质和贴图的层级结构

在 3ds Max 中，材质和贴图也是由多层级结构来组织定义的，材质定义的层级结构如图 1-34 所示。

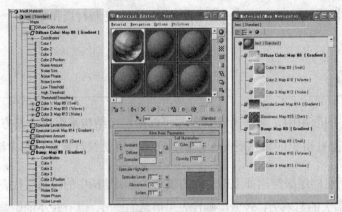

图 1-34

在 Track View［轨迹视图］中，可以浏览场景中材质的层级，但利用 Material/Map Browser［材质/贴图浏览器］来浏览材质的层级会更加方便。在 3ds Max 中，材质定义的层级结构如下：

- 在材质的层级中，最上一层是用来定义基本的材质名称和材质类型的。

- 有些材质可以拥有多个子材质，并且其子材质还可以再次拥有多个子材质，这与材质类型有关。

- 位于材质层级结构最底层的是 Standard 材质类型，它提供诸如颜色通道和贴图通道之类的材质的细节。

在 3ds Max 中，标准材质的贴图通道也可以是多层级结构：

- 标准材质是否拥有多层级结构与贴图类型息息相关，例如 Mask 和 Checker 可以有多个子贴图，而且这些子贴图仍然可以包含多个子贴图。

- 简单的位图在贴图层级结构的最底层，其作用是提供贴图输出和坐标的细节。

1.3.5.1 对象的层级结构

在 3ds Max 中使用链接对象工具，能够建立起一个层级结构，从而使作用于一个对象的变换能够被链接于这个对象之下的子对象。通过链接对象并建立对象的层级结构，可以建立联合结构的模型并把它设置成动画。图 1-35 所示为两足动物的对象层级结构。

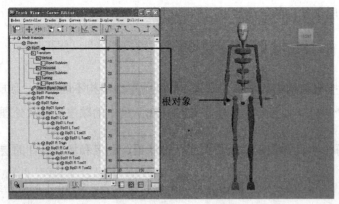

图 1-35

对象层级结构使用的术语如下所示：

- 层级结构的顶层称为根。在 3ds Max 中，唯一的根就是指 World［世界］，但更多的人习惯把自定义层级结构中的最高层作为根。

- 有其他对象链接其下的对象称为父对象，而父对象之下的所有对象都是它的子对象。

- 其上链接了对象的对象称为子对象，由一个子对象回溯到根所经历的全体对象统称为它的祖先对象。

1.3.5.2　视频后期处理的层级结构

如果想把多个摄像机视图、动画片段和图像合成到一个动画中，则可以使用视频后期处理 Video Post 来完成。合成 Video Post 源素材的方法也是由一个特殊的层级结构来组织的。如图 1-36 所示是一个 Video Post 层级结构，图中还标出了其组成要素。

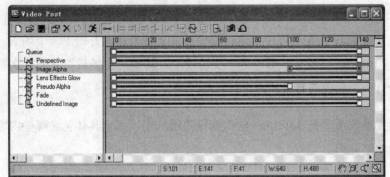

图 1-36

Video Post 层级结构的组织如下：

- 组成 Video Post 层级结构的要素称为事件。

- Video Post 层级结构的顶层称为队列。与其他层级结构不同的是，顶层的队列可以有多个事件，而且每一个事件都按其在队列中的顺序被依次处理。

- 队列中的每个事件都代表了一个图层、过滤器、图像和场景事件的层级。

- Video Post 事件层级结构的最底层是 Image［图像］、Scene［场景］或 Input［输出］事件。

- 队列中最后一个事件通常是 Image Output［图像输出］事件。

从本节内容可以看出，场景的层级结构即场景在 3ds Max 中的组织方式。层级结构用于对材质、轨迹视图、对象链接及视频后期处理效果进行组织和安排。

1.4　3ds Max 的创建流程

对于刚开始接触 3ds Max 的使用者来说，3ds Max 都是未知的、神秘的。下面将对 3ds Max 的创作流程做一下简单的介绍，让初学者在全面系统接触 3ds Max 之前，对该软件有一个初步的印象和认识。

1.4.1　设置场景

当运行 3ds Max 应用程序后就启动了一个未命名的新场景，也可以从 File［文件］菜单中选择 New［新建］或 Reset［重置］来开始一个新场景。所谓"场景"，是一个源于电影工业的术语，如果把 3D 模型比作电影中的道具，带有表演性质的 3D 模型比作电影中的角色（或者演员），那么场景就是供角色表演的舞台和环境。具体在 3ds Max 应用程序中，运行程序后就意味着已经开始了一个场景，即使场景中看起来什么都没有，那也是"空场景"。其实"空场景"并非什么都没有，它至少有一个黑色的背景和两个默认的光源。

设置场景通常是 3ds Max 创作流程的第一步，那它具体包含哪些内容呢？下面进行详细介绍。

1.4.1.1　选择单位显示系统

在 Units Setup［单位设置］对话框中选择正确的单位显示系统。通常从 Metric［公制］、US Standard［美国标准］、Generic Units［通用单位］中选择，也可以自己设计一个 Custom［自定义］度量系统，还可以在不同的单位显示系统之间切换。不过，根据国内的情况，建议使用 Metric［公制］系统，对于大的场景，可以使用 Meters［米］为具体的显示单位；而小的场景，则可以使用 Centimeters［厘米］为单位，如果是精确的产品建模；还可以把单位设置为 Millimeters［毫米］。

> 注意：为了获取最佳结果，建议在进行合并场景和对象、使用外部参照对象或外部参照场景时使用一致的单位。

1.4.1.2　设置系统单位

使用 System Units Setup［系统单位设置］对话框中的系统单位设置，可以更改系统单位比例。例如，用户在 3ds Max 中创建了一个长、宽、高都为 1 的立方体，如果不确定系统单位的话，那么这个立方体到底多大，我们是无从得知的。这时候，就需要在系统单位设置中，设定 1 个单位等于多少米，或者多少英寸。只有这样，我们才能明白 1 这个数值所代表的真实距离。

单位设置和单位显示不是同一个概念，单位设置是为了建立 3ds Max 场景的度量标准，而单位显示只是用于显示。例如，系统单位设置为"1 个单位=1.0 米"，显示单位为 Millimeters［毫米］，那么，要创建一个长、宽、高都为 1 米的立方体，在立方体的参数数值框中显示的数值不能为 1，而应该为 1000，因为在参数数值框中显示的数值，是换算为毫米后的结果。

> 注意：只能在导入或创建几何体前更改系统单位。不要在现有场景中更改系统单位，否则可能会出现一些无法恢复的错误，或者造成计算上的混乱。

1.4.1.3　设置栅格间距

栅格是 3ds Max 视口中基于世界坐标的网格元素，它给出了在三维空间中创建、放置、移动对象的参考。在栅格的中心有两条颜色较深的、相互垂直的线，两线的交点便是世界坐标的原点。设置栅格的间距，可以帮助用户更加直观地了解对象的大小或者位移的距离。3ds Max 中的栅格只是一个辅助元素，它不会被渲染。

1.4.1.4 设置视口显示

3ds Max 默认的视口显示为四视口平均分布，在大多数情况下，这是非常有效的屏幕布局方式。不过，这种布局并非不可更改，实际上 3ds Max 提供了非常灵活的布局方式，并内置了 14 种预设布局。之所以需要如此多的视口布局方式，是因为在创作流程中不同的环节对视口的大小和排列的要求是有很大差异的。

在正确设置场景后，就可以正式进入到场景中进行创作了，一般都会从创建对象模型开始。

1.4.2 创建对象模型

在 3ds Max 界面的视口中建立对象的模型，是 3D 动画制作的重要一步。所谓"视口"，可以理解为 3ds Max 虚拟的世界，用户将在这个虚拟的世界创建要动画的对象，这个创建对象的过程就叫做"建模"，被创建的对象就叫做"模型"，或者叫 3D 模型。

在 3ds Max 虚拟的世界中，可以从不同的 3D 几何基本体开始创建模型，也可以使用 2D 图形作为放样或挤出对象的基础。同时，还可以将对象转变成多种可编辑的曲面类型，然后通过拉伸顶点和使用其他工具进一步建模。另一个建模工具是将修改器应用于对象。修改器可以用来更改对象几何体，Bend［弯曲］和 Twist［扭曲］是修改器的两种基本类型。

对象模型的创建过程，与真实世界中创造物体的过程和方法有惊人的相似之处。比如，木工通过对木料加工，制作出一件家具。最初的原料几乎都是从圆柱体的木料开始的，一截树木的主干，最终被加工成家具，就是 3ds Max "从不同的 3D 几何基本体开始创建模型"最好的诠释。

当然，这种建模方法对于 CAD 和 CAM 类模型是合适的，但是对于生物、角色类模型并不适合。因此，3ds Max 也可以将对象转变成多种可编辑的曲面类型，然后通过拉伸顶点和使用其他工具进一步建模，这就好比雕塑大师把一团泥，最终捏制成一件艺术品一样。一旦习惯了 3ds Max 的虚拟世界，用户就会发现创建 3D 模型与创建真实的物体之间的相通之处。

总之，3ds Max 提供了多种建模方法来满足不同行业的需要和不同使用者的习惯。在图 1-37 中，就显示了一个立方体是如何被"挤出"成一架战斗机的过程。

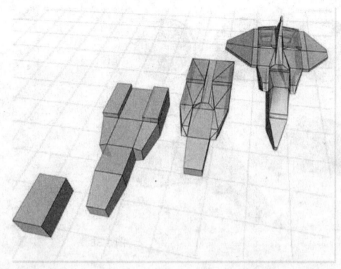

图 1-37

1.4.3 材质设计

一件精美的瓷器在上色、上釉之前，只是一件泥坯，如果把泥坯比作 3D 模型，那上色、上釉这道工序，就可以看成是材质设计。

其实，3D 模型的关键词是"形状"、"形体"，材质的关键词是"材料"、"质感"。用通俗话语来讲，就是"用什么材料做的"；从视觉角度来讲，就是"对象看起来是什么质感"。

在现在的工业产品中，为了节约成本，有很多"铬合金"质感的材料实际上是塑料制成的，之所以看起来是"铬合金"金属，是因为表面经过电镀处理后，形成了一层金属薄膜，掩盖了对象的塑料本质。在 3ds Max 中，材质设计可以看成是彻底的伪装技术，它的目的就是要观看者进一步相信，虚拟的 3D 模型的"真实存在"。同样的 3D 模型，可以赋予不同的颜色、质感。在图 1-38 中，显示了一个基本球体的材质编辑过程，并最终把这个材质赋予了战斗机。比较图 1-38 中的两个战斗机对象，它们具有相同的外形，但却呈现出不同的表面效果，这就是材质的作用。

在 3ds Max 中，材质设计的整个过程都是在 Material Editor［材质编辑器］中完成的，作为一个优秀的 3D 动画软件，3ds Max 的材质不仅可以呈现静态效果，也可以呈现运动的效果。例如，我们可以利用材质来展现，一件崭新的铁器逐渐生锈变旧的过程。

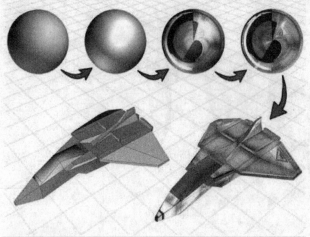

图 1-38

1.4.4　灯光和摄像机

前面曾经介绍过，可以把 3ds Max 的视口理解为一个虚拟的世界，在这个虚拟的世界中，很多特性与真实世界的情形是一样的。在真实世界中，即使我们拥有明亮的眼睛，如果没有光，世界还是漆黑一片。在 3ds Max 中也是如此，如果没有灯光照射对象，也是无法观察到对象的。

谈到"观察"，就不得不提到摄像机，在真实世界中，我们观察对象有多种途径，比如用眼睛看，通过照相机或者摄像机拍摄，甚至借助显微镜进入微观世界，或者借助天文望远镜把视线投向浩瀚星空。但在 3ds Max 中，要观察对象和场景，必须通过虚拟摄像机，虚拟摄像机把对象的正投影图（也称为正交视图）和透视图在视口中显示出来，作为重要的图像信息反馈，也就是说，在 3ds Max 中，我们必须通过虚拟摄像机来观察对象和场景，最终渲染的结果，实际上也是虚拟摄像机的成像结果，就像我们平时看到的照片一样。

在图 1-39 中，战斗机作为场景中主要的几何对象，它至少接受到黄色和红色两种颜色光源的照射，而且图像所呈现的战斗机视觉角度，也暗示了摄像机的存在和摄像机所处的位置。

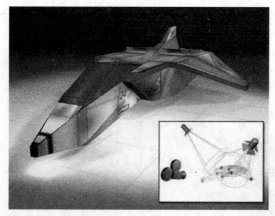

图 1-39

在 3ds Max 中，用户可以创建不同类型的灯光来为场景提供照明服务，灯光可以投射阴影、投影图像以及为大气环境创建体积雾效果。利用光能传递技术，还可以让灯光使用真实的照明数据，以创建非常精确的灯光模拟。

对于摄像机也是如此，用户可以像操纵真实的摄像机一样，在 3ds Max 虚拟的世界中，控制镜头长度、视野和运动（例如平移、推拉和摇移镜头）。借助业内顶级的渲染器 mental ray，还可以创建无比真实的摄像机景深效果和运动模糊效果。总之，在 3ds Max 中，无论操纵灯光还是摄像机，都像真实世界中的灯光和摄像机一样自由，一样专业。

之所以把灯光和摄像机联系在一起介绍，是因为在 3D 软件中，它们具备一个相同的特性，这就是对象和目标点。这是什么意思呢？就是说，灯光和摄像机除了本身是一个对象之外，它们还有一个目标点。对于灯光而言，这个目标点确定了的灯光的照射方向；对于摄像机而言，这个目标点确定了摄像机的观察方向。

1.4.5 动画设置

在前面的几道工序都完成后（指创建模型、设计材质、设置灯光和摄像机），通常就要进入 3D 动画中最关键的工序了，这就是动画。动画的目的简单地讲就是让对象运动起来，当然这种运动是基于时序的流动而发生的。

在 3ds Max 中，只要激活了 Auto Key［自动关键点］按钮，就可以把对象的变换或者变形记录为动画，关闭该按钮则可以返回到创建模型、修改编辑的状态。同时也可以对场景中对象的参数进行设置来实现动画建模效果。此外，还可以设置众多参数，任意做出灯光和摄像机的变化，并在 3ds Max 视口中直接预览动画。

在图 1-40 中，显示了典型的路径动画，战斗机沿着一条曲线做出了弧形的转弯动作。

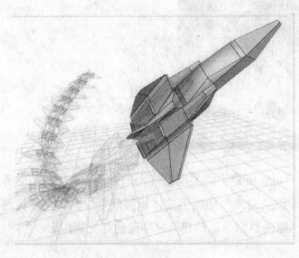

图 1-40

虽然很多人只利用 3ds Max 来创作静帧作品，但当了解到更多关于动画的技法后，你就会发现，它对创作动画作品也是有帮助的。一旦学习了 3ds Max，如果不用它来创作动画，那真的是一件很遗憾的事情。可能刚开始学习的时候，你会在建模、材质、渲染上花费大量的精力，以至于觉得自己没有精力再学习动画技术了。但事实上 3ds Max 的动画功能是无处不在的，作为一个优秀的 3D 动画软件，你没有理由对它的动画功能视而不见。当然，一开始把精力多花在建模、材质和渲染上的确是个好主意，但是一旦具备了一定的基础后，尽快地涉足动画，你一定会受益匪浅。

1.4.6 渲染输出

如果没有渲染输出，那么你在 3ds Max 中所做的任何事情，都只能显示在程序界面的视口中，而且视口中显示的效果是基于 GPU 计算的实时模型反馈，虽然也能反映出照明、材质和运动等信息，但就目前的技术而言，其真实感还无法达到软件渲染的程度。更何况，当你要跟其他人分享你的作品时，你必须把你的创作转换为其他媒体所能接受的通用格式，比如图像或者视频文件。这样，其他人就可以通过显示器、打印机、电视等媒体来欣赏你的作品了。图 1-41 显示了渲染输出的效果。

图 1-41

因此，渲染在整个创作流程中就是呈现最终结果的行为，也是把 3D 矢量数据转变为 2D 位图的行为，当把 2D 位图保存在硬盘上时，就是输出。输出主要分为两种情况：一种是静帧的图像，另一种是动态的视频。其实无论哪种输出，其核心是相同的。因为视频实际上也是由连续的图像序列，按一定的速率回放产生的。渲染输出就是呈现最终结果，并把结果保存下来。

3ds Max 的渲染能力非常强，它拥有优秀的光线跟踪、高级反锯齿、运动模糊、体积照明、光能传递和全局照明特性，利用内置的 mental ray 渲染器，还可以渲染出极具真实感的 CG 作品。

虽然 3ds Max 只是一个 3D 动画制作软件，但它提供了后期合成的运算能力，虽然跟专业的后期合成软件相比，它的实用性受到使用者的怀疑，但是在不增加预算的前提下，就能使用后期效果来为 3D 作品增色，的确是很难得的。在 3ds Max 中，后期合成的部分功能是靠 Video Post 来实现的。

经过这部分的介绍后，应该对 3ds Max 的创作流程有了初步的印象，从"创建对象模型"开始，到"设计材质"、"灯光和摄像机"、"动画设置"和最后的"渲染输出"，这是一个典型 3D 动画创作流程。这个流程不仅适用于 3ds Max，也同样适用于其他的 3D 动画软件，事实上，这个流程也是业内通用的标准。

经过对 3D 动画的创作流程进行梳理，3ds Max 的形象应该模模糊糊地呈现出来了。我们大概知道了 3ds Max 可以创建几何模型，并为模型设计材质使它具备应有的质感；像真实的摄影棚里一样，为模型提供照明，并放置摄像机以便我们观察它；设置动画让几何模型运动起来，最后把动画的结果渲染出来，保存为图像或者视频文件。一点没错，这就是 3ds Max 能做到的！

1.5 新手入门实例——创建一个完整场景及动画

本节是以实例的方式，从建模、材质、动画和渲染 4 个主要环节入手，对 3ds Max 2009 的工作流程进行综合的介绍，向读者展示 3ds Max 2009 的主要功能和基本操作方法。通过本节的学习，读者可以对 3ds Max 2009 的工作环境与基本操作有一个比较理性的认识，从而为后面的深入学习奠定基础。

1.5.1 创建对象

3ds Max 2009 是一个面向对象的三维动画软件，在 3ds Max 中可以被选择并进行操纵的任何物体都可以被称为对象。在整个工作流程中，创建用于动画和渲染的场景是我们在 3ds Max 2009 中工作时需要做的第一件事情。在下面的练习中，将学习基本几何体与建筑辅助对象的创建方法。

1.5.1.1 创建石头

石头的创建是从一个标准的圆柱体开始的，在创建圆球体时，会先对它的基本属性进行定义，比如高度、半径等，然后再对它进行一系列的编辑修改，才会得到最终的石头模型。

■ **创建圆球体对象**

Step1: 打开本书配套光盘中提供的"start.max"文件，用创建基本对象的方法，在场景中创建一个石头对象。

Step2: 在 Create ［创建］面板中，单击 Object Type［对象类型］卷展栏下的 Sphere［球体］按钮，如图 1-42 所示。

Step3: 在 Top［顶］视图中，创建一个"Sphere01"对象，如图 1-43 所示。

图 1-42

图 1-43

Step4： 在 Parameters ［参数］卷展栏下，修改 Radius ［半径］的值为 25，如图
1-44 所示。

图 1-44

Step5： 在 Top ［顶］视图中，右击视图，结束创建命令，这时圆球体对象就创
建好了。

■ **添加噪波修改器**

Step1： 确认"Sphere01"对象处于被选择状态，在命令面板中单击 按钮，
进入 Modify ［修改］面板。

Step2： 在 Modifier List ［修改器列表］中，选择 Noise ［噪波］修改器，如图 1-45
所示。

Step3： 在 Parameters ［参数］卷展栏下的 Noise ［噪波］选项组中，选中 Fractal
［分形］复选框，并在 Strength ［强度］选项组中，修改 X 轴、Y 轴和 Z
轴的值为 30，如图 1-46 所示。

图 1-45　　　　　图 1-46

Step4： 激活 Camera01 视图，在视图导航控制栏中单击 按钮，最大化显示当
前视图，可以看到石头的变化，如图 1-47 所示。

Step5: 在主工具栏中单击 ![按钮] 按钮，缩放圆球体对象，结果如图 1-48 所示。

图 1-47

图 1-48

从图 1-48 中可以看到，圆球体的表面出现了不规整的噪波现象，这时的圆球体就有了石头的属性。

Step6: 在 Modify［修改］面板的堆栈栏上面的文本框中，修改对象的名称为"rock"，如图 1-49 所示。

图 1-49

石头对象的创建比较简单，首先创建一个圆球体对象，然后为它指定一个噪波修改器，来模拟石头表面凹凸不平的效果。在创建标准的几何体时，所创建的对象便会知道可以对它自己进行哪些操作，所以在创建圆球体时，也可以在 Keyboard Entry［键盘输入］卷展栏中，指定它的基本属性后，使用创建按钮来完成创建。

1.5.1.2 创建植物

在 3ds Max 2009 中，提供了一系列建筑辅助对象的创建功能，包括墙体、门窗、楼梯和植物等。这些建筑辅助对象为高效快捷地创建室内外效果图提供了便利的条件。在本节中，要为场景添加一棵树，这会使用到 AEC 扩展对象的创建。

■ **创建植物对象**

Step1： 在视图导航控制栏中，单击 ![] 按钮，将当前的视图显示模式切换为四视图模式。

Step2： 在 Create ［创建］面板中，选择下拉列表中的 AEC Extended［AEC 扩展］类型。

Step3： 在 Object Type ［对象类型］卷展栏下，单击 Foliage ［植物］按钮，如图 1-50 所示。

Step4： 在 Favorite Plants ［收藏的植物库］中，选择 American Elm ［美洲榆树］类型，如图 1-51 所示。

Step5： 在 Top ［顶］视图中，单击鼠标，即可创建植物"Foliage01"对象，如图 1-52 所示。

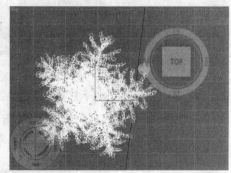

图 1-50　　　　图 1-51　　　　图 1-52

■ **修改树的属性**

Step1： 确认"Foliage01"对象处于被选择状态，在 Parameters ［参数］卷展栏下，修改 Height ［高度］的值为 150，如图 1-53 所示，然后右击视图，即可结束植物的创建。

Step2： 在主工具栏中，单击 ![] 按钮，在 Top ［顶］视图中，将"Foliage01"对象移至摄像机的可视范围之内，结果如图 1-54 所示。

Step3： 确认"Foliage01"对象处于被选择状态，在命令面板中单击 ![] 按钮，进入 Modify ［修改］面板。

Step4： 在 Parameters［参数］卷展栏下的 Show［显示］选项组中，取消选中 Leaves ［树叶］复选框，如图 1-55 所示。在 Camera01 视图中，可以看到树叶不存在了，结果如图 1-56 所示。

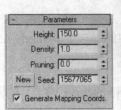

图 1-53   图 1-54

图 1-55   图 1-56

Step5：　在 Parameters［参数］卷展栏下，单击 New［新建］按钮，可改变 Seed ［种子］的数目，如图 1-57 所示，这样可以改变树的形态，如图 1-58 所示。

图 1-57   图 1-58

Step6：　在 Modify［修改］面板的堆栈栏上面的文本框中，修改对象的名称为 "tree"，如图 1-59 所示。

图 1-59

在创建植物时，只要在列表中选择需要的植物类型，然后在视图中单击鼠标就可以完成创建，完成创建后，可以利用它的参数设置来对植物的外观进行修改。

1.5.2　编辑材质

在 3ds Max 2009 中，材质的编辑都是在材质编辑器中完成的。材质详细地描述了对象的外观属性，比如颜色、粗糙度、反射度和透明度等。材质应用可以增强场景的真实感。在本节的练习中，将为前面练习中所使用的场景编辑材质。

1.5.2.1　编辑地面材质

首先来制作场景中地面的材质效果，在这一部分中，将会学习到为对象添加材质的基本流程。地面使用的是标准的材质类型，并为它添加了一个位图文件作为地面的贴图。

Step1：　在 Camera01 视图中，选择 "Field" 对象，然后在主工具栏中单击 按钮，打开 Material Editor［材质编辑器］窗口。

Step2：　在 Material Editor［材质编辑器］窗口的示例窗中，选择一个空白的材质样本球，并将该材质的名称修改为 "groud"，如图 1-60 所示。

图 1-60

提示：在日常工作中，要养成为材质重新命名的好习惯，这样当你的场景变得庞大而复杂时，可以根据你的命名，很快地对这些材质加以区分与查询。

Step3： 将示例窗中的"groud"材质样本球，拖动到地面对象上释放，这样就将该材质指定给了地面对象。

Step4： 在 Blinn Basic Parameters［Blinn 基本参数］卷展栏下，单击 Diffuse［漫反射］右侧的贴图通道按钮，打开 Material/Map Browser［材质/贴图浏览器］对话框。

Step5： 在 Material/Map Browser[材质/贴图浏览器]对话框中双击 Bitmap［位图］类型，调出 Select Bitmap Image File［选择位图文件］对话框，并选择本书配套光盘中提供的"groud01.jpg"文件，然后单击［打开］按钮，将该贴图指定给当前的材质。

Step6： 在 Material Editor［材质编辑器］窗口的工具栏中，单击 按钮，将贴图在视图中显示出来，结果如图 1-61 所示。

图 1-61

Step7： 在 Material Editor［材质编辑器］窗口的工具栏中，单击 按钮，回到材质的根层级。

Step8： 展开 Maps［贴图］卷展栏，将 Diffuse Color［漫反射颜色］右侧的贴图，拖动到 Bump［凹凸］右侧的贴图通道按钮上释放，将该贴图指定给凹凸通道。

Step9： 在 Maps［贴图］卷展栏中，修改 Bump［凹凸］的 Amount［数量］值为 150，如图 1-62 所示。

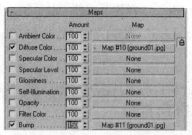

图 1-62

通过编辑地面材质练习，可以熟悉制作材质的基本流程，在对材质进行编辑的过程中，可以在材质球的示例窗口中实时地观察当前的材质效果。另外，必须将材质指定给所选择的对象，才能让该对象表现出当前材质的效果。

1.5.2.2　编辑石头材质

在这个练习中，要为场景中的石头来编辑材质。编辑石头材质的流程与编辑地面材质基本相同，也是使用标准材质类型，然后添加纹理贴图和凹凸贴图来完成的。

Step1：　在 Camera01 视图中，选择"rock"对象，然后在 Material Editor［材质编辑器］窗口的示例窗中，选择一个空白的材质样本球，并将该材质的名称修改为"rock"，如图 1-63 所示。

图 1-63

Step2：　在 Material Editor［材质编辑器］窗口的工具栏中，单击 按钮，将该材质指定给场景中所选择的对象。

Step3：　在 Blinn Basic Parameters［Blinn 基本参数］卷展栏下，单击 Diffuse［漫反射］右侧的贴图通道按钮，打开 Material/Map Browser［材质/贴图浏览器］对话框。

Step4：　在 Material/map Browser[材质/贴图浏览器]对话框中双击 Bitmap［位图］

类型，调出 Select Bitmap Image File [选择位图文件] 对话框，并选择本书配套光盘中提供的 "flaking paint.jpg" 文件，然后单击 [打开] 按钮，将该贴图指定给当前的材质。

Step5：　在 Material Editor [材质编辑器] 窗口的工具栏中，单击 按钮，将贴图在视图中显示出来，结果如图 1-64 所示。

图 1-64

Step6：　在 Material Editor [材质编辑器] 窗口的工具栏中，单击 按钮，回到材质的根层级。

Step7：　展开 Maps [贴图] 卷展栏，将 Diffuse Color [漫反射颜色] 右侧的贴图，拖动到 Bump [凹凸] 右侧的贴图通道按钮上释放，将该贴图指定给凹凸通道。

Step8：　在 Maps [贴图] 卷展栏中，修改 Bump [凹凸] 的 Amount [数量] 值为 80，如图 1-65 所示。

Step9：　在主工具栏中单击 按钮，渲染当前视图，结果如图 1-66 所示。

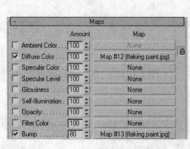

图 1-65

图 1-66

　　添加了凹凸效果后，石头表面凹凸不平的效果就得到了很好的表现。将纹理在视图显示出来后，可以在视图中方便地对纹理的尺寸进行观察。但是材质的最终效果，通常是要在渲染后才可以很好地表现出来，因为材质的效果与场景中灯光的属性是相辅相成的，所以在编辑材质的过程中，总是会不断地对场景进行渲染，以便观察材质的效果。

1.5.3　设置关键点动画

动画是以人类视觉暂留原理为基础的，当人们快速查看一系列相关的静态图像时，会感觉到这是一个连续的运动，这就是传统动画得到实现的基本原理，那在 3ds Max 2009 中，动画的实现原理与流程又是怎样的呢？下面就来为场景中的大炮设置简单的动画效果。这一动画效果是通过设置自动关键点来实现的。关键点动画是 3ds Max 2009 中最基本的动画设置方法。

Step1：　在视图导航控制栏中单击 ⊞ 按钮，将当前的视图显示模式切换为四视图模式。

Step2：　在主工具栏中单击 ✛ 按钮，然后在 Camera01 视图中选择炮筒"barrel"对象。

Step3：　在视图导航控制栏中单击 ⊞ 按钮，将所选择的对象在视图中最大化显示，并在 Top［顶］视图中框选大炮的所有组成部分，如图 1-67 所示。

Step4：　在关键点控制栏中单击 Auto Key［自动关键点］按钮，如图 1-68 所示，然后在轨迹栏中将时间滑块拖动到 100 帧的位置，如图 1-69 所示。

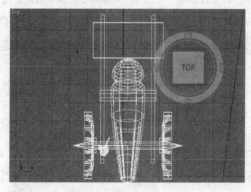

图 1-67

图 1-68

Step5：　在 Left［左］视图中，将大炮对象沿着 X 轴，拖动到石头的旁边，如图 1-70 所示的位置。

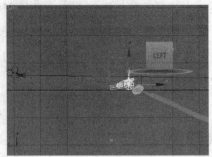

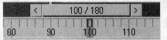

图 1-69   图 1-70

Step6: 在关键点控制栏中，再次单击 Auto Key［自动关键点］按钮，取消该命令。

Step7: 拖动时间滑块时，观察视图中大炮的运动，可以看到大炮会随着时间滑块的滑动而向前移动。

Step8: 在关键点控制栏中，再次单击 Auto Key［自动关键点］按钮，激活该按钮，然后在轨迹栏中将时间滑块拖动到 140 帧的位置上。

Step9: 在主工具栏中单击 ⟳ 按钮，然后在 Left［左］视图中选择 "barrel" 对象，将对象沿着 Z 轴方向旋转 15°。

Step10：滑动时间滑块，观察视图中大炮的运动，可以看到当大炮移动到石头附近时，炮筒会向上慢慢抬起。

　　以上就是 3ds Max 2009 中，对关键帧动画的基本设置方法。在本练习中，通过在一定的时间段内，设置对象的运动方式及范围来实现动画的创建，在这个过程中我们可以看到传统动画的影子。由此可知，三维计算机动画同样是遵循传统动画的概念，并在传统动画的基础上，采用计算机 3D 技术创建连续多帧的静止图像，然后按一定的速率连续播放。在 1.5.4 节中，将会介绍如何将当前的运动设置输出为最终的动画。

1.5.4 渲染输出

　　整个工作中所做的一切，都是在为最终的渲染输出做准备。只有将当前的场景渲染输出为可以记录的文件，你的作品才能与别人分享。在本节中，将对前面已经准备好的场景文件进行渲染输出，在这个过程里，你将学习到渲染的基本流程，以及动态视频文件的输出方法。

Step1: 打开本书配套光盘中提供的"Scense-M.max"文件，这是一个已经制作好材质的场景。

Step2: 在主工具栏中单击 按钮，调出 Render Setup 对话框，如图 1-71 所示。

Step3: 在 Common Parameters［公共参数］卷展栏下的 Time Output［时间输出］选项组中，选中 Active Time Segment［活动时间段］复选框。

Step4: 在 Output Size［输出大小］选项组中，单击 320×240 按钮，效果如图 1-72 所示。

Step5: 在 Render Output［渲染输出］选项组中，单击 Files［文件］按钮，调出 Render Output File［渲染输出文件］对话框。

Step6: 在 Render Output File[渲染输出文件]对话框中，为要输出的文件命名为"my file"，并将保存类型设置为"AVI File（*.avi）"格式，如图 1-73 所示。

图 1-71

图 1-72

Step7: 单击［保存］按钮，退出该对话框，这时可以看到整个路径和名称就会显示在下面的输出框中，如图 1-74 所示。

图 1-73

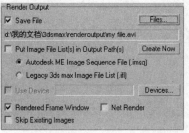

图 1-74

Step8:　在 Render Setup 对话框中，单击 Render［渲染］按钮，就可以渲染当前的视图了。

在完成整个渲染过程后，就可以在刚才指定的路径中找到这个 AVI 文件，并对它进行查看了。

完成对场景的渲染输出后，整个工作流程也就结束了。从创建模型、编辑材质到设置动画和渲染输出，这个练习介绍了 3ds Max 的整个制作流程。通过对工作流程的学习，可以对 3ds Max 2009 有一个整体的了解，并熟悉它的主要功能和实现方法，是对深入学习 3ds Max 的一个有效的准备。

Chapter 02　3ds Max 2009 界面概览

2.1　界面布局介绍

　　3ds Max 的每次升级，界面的变化并不大，这主要是为了尊重老用户的习惯，而且一个成熟的软件，界面布局很难做大的改变。3ds Max 默认的界面布局如图2-1 所示。下面将简单标注界面各控件的名称，然后对其中较重要的部分进行详细介绍。

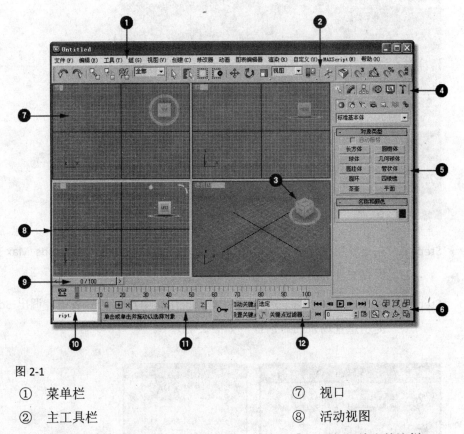

图 2-1

①	菜单栏	⑦	视口
②	主工具栏	⑧	活动视图
③	ViewCube 导航器	⑨	时间滑块和轨迹栏
④	命令面板	⑩	MaxScript 迷你侦听器
⑤	对象类型	⑪	提示行和状态栏
⑥	视图导航控件	⑫	动画和时间控件

　　在 3ds Max 2009 中，软件的操作界面并不是一成不变的，用户可以根据自己的喜好或习惯来对大多数的界面属性进行修改，并提供了保存和重新加载自定义

设置的方式，这种特性对于共享使用 3ds Max 副本的多个用户来说，十分有帮助。在这一节中，将重点介绍如何改变界面的布局，以及 UI 方案的加载方法。

2.1.1　重置场景

在这一节中，我们将学习如何重置 3ds Max 的场景。如图 2-2 所示，是已经进行过操作步骤的 3ds Max 的界面，下面就要重置它的场景。

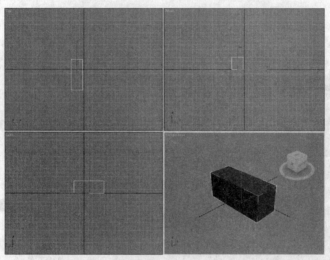

图 2-2

Step1:　在菜单栏中选择 File＞Reset［文件＞重置］命令，调出 3ds Max 提示的保存文件的对话框，如图 2-3 所示。

Step2:　在 3ds Max 提示的保存文件对话框中，单击［否］按钮，调出 3ds Max 提示重置场景的对话框，如图 2-4 所示。

图 2-3

图 2-4

Step3:　在 3ds Max 提示重置场景的对话框中单击 Yes［是］按钮，重置场景，这就将整个场景恢复到了初始状态，如图 2-5 所示。

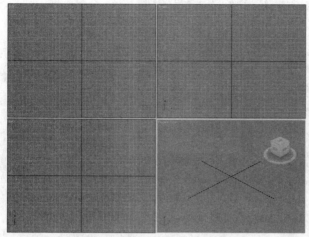

图 2-5

2.1.2　操纵 3ds Max 的界面

在本节中，通过具体的练习来熟悉 3ds Max 的操作界面。在 3ds Max 的操作界面中，最主要的就是中间的操作窗口，我们称其为视口。在默认设置下，它分为四个视图：Top［顶］视图、Front［前］视图、Left［左］视图和 Perspective［透视］视图。在 3ds Max 2009 中，视图上增加了两个导航工具：一个是视图右上角的立体导航工具，另一个是视图左下角的操纵轮，如图 2-6 所示。

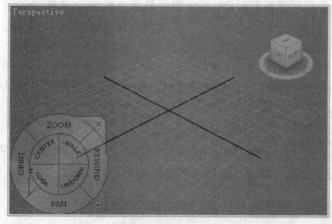

图 2-6

Step1:　在菜单栏中选择 File＞Open［文件＞打开］命令，调出 Open File［打开文件］对话框。

Step2:　在本书配套光盘中选择 "Interface.max" 文件，单击［打开］按钮打开该文件。Perspective［透视］视图如图 2-7 所示。

图 2-7

2.1.2.1 移动工具栏

在 3ds Max 2009 中，工具栏都是可以变为浮动工具栏的，操作步骤如下：

Step1: 在工具栏左侧拖动工具栏，则可以将工具栏变为浮动工具栏。

Step2: 单击浮动工具栏右上角的 ⊠ 按钮，可以关闭该工具栏。

2.1.2.2 专家界面

使用 Ctrl+X 组合键可以将当前的界面切换为专家界面。在专家界面中，菜单栏、工具栏、命令面板和状态栏都不会显示出来，只显示视口区域。在这种模式下，可以更清楚地观察所操纵的对象，适合那些熟悉 3ds Max 快捷键的用户使用。

2.1.2.3 恢复默认布局

在操作过程中，对界面进行过多次调整后，如果想返回到原始的默认布局，只需要进行以下操作。

Step1: 在菜单栏中选择 Customize＞Revert to Start up Layout ［自定义＞还原为启动布局］命令，调出 3ds Max 恢复默认布局对话框，如图 2-8 所示。

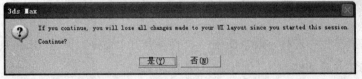

图 2-8

Step2: 在 3ds Max 恢复默认布局对话框中单击［是］按钮，退出该对话框，这时界面就会恢复到它本来的样子。

2.1.3 加载 UI 方案

在 3ds Max 中，记录界面布局信息的文件后缀名是 .ui，所以界面布局文件又被称为 "UI 方案"。3ds Max 为用户提供了几种预设的界面布局，用户可以通过加载 UI 方案的命令，来导入这些界面布局信息，从而快速地改变当前的界面布局效果。

2.1.3.1 ModularToolbarsUI 方案

Step1: 在菜单栏中选择 Customize＞Load Custom UI Scheme［自定义＞加载自定义 UI 方案］命令，调出 Load Custom UI Scheme［加载自定义 UI 方案］对话框。

Step2: 在 Load Custom UI Scheme［加载自定义 UI 方案］对话框中，选择 3ds Max 安装路径中已经为我们准备好的 "ModularToolbarsUI" 文件，如图 2-9 所示，然后单击［打开］按钮，打开该文件。

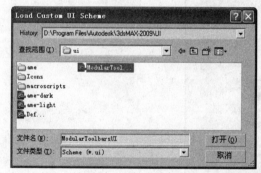

图 2-9

在加载了新的 UI 方案后，可以观察到软件的界面布局发生了比较明显的变化。同理，用户还可以用同样的方式尝试其他的 UI 方案。

2.1.3.2 ame-dark 方案

Step1: 在菜单栏中选择 Customize＞Load Custom UI Scheme［自定义＞加载自定义 UI 方案］命令，调出 Load Custom UI Scheme［加载自定义 UI 方案］对话框。

Step2: 在 Load Custom UI Scheme［加载自定义 UI 方案］对话框中，选择 3ds Max 安装路径中准备好的 "ame-dark" 文件，然后单击［打开］按钮，打开该文件。

这是一种深灰色风格的界面，与 Maya 的风格相似。如果你对自定义的风格感觉不习惯，想回到 3ds Max 默认的界面风格，还可以用同样的方法加载 3ds Max 的 "DefaultUI" 文件，这样就能恢复 3ds Max 默认的工作界面。

2.1.4　自定义布局

　　在 3ds Max 2009 中，用户可以根据自己的习惯来改变当前的界面布局，其中大多数操作都是通过 Customize User Interface［自定义用户界面］对话框来设置的。

Step1：　在菜单栏中选择 Customize＞Customize User Interface［自定义＞自定义用户界面］命令，调出 Customize User Interface［自定义用户界面］对话框，如图 2-10 所示。

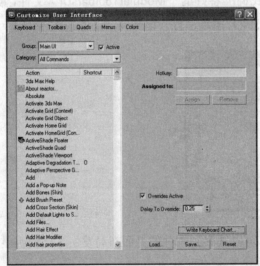

图 2-10

　　在该对话框中，用户可以对 3ds Max 界面的 Keyboard［键盘］、Toolbars［工具栏］、Quads［四元菜单］、Menus［菜单］和 Colors［颜色］等元素进行自定义控制，下面就来介绍自定义 3ds Max 界面颜色的操作方法。

Step2：　在 Customize User Interface［自定义用户界面］对话框中选择 Colors［颜色］面板。

Step3：　在 Colors［颜色］面板的 Scheme［方案］选项组中的列表框中，选择 Background［背景］选项。

Step4: 在 Scheme [方案] 选项组的右侧，单击 Colors [颜色] 右侧的颜色样本，调出 Color Selector [颜色选择器] 对话框。

Step5: 在 Color Selector [颜色选择器] 对话框中，修改 Background [背景] 的颜色为黑色，具体参数设置如图 2-11 所示。

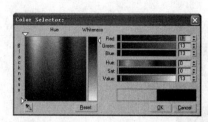

图 2-11

Step6: 在 Colors [颜色] 面板中，单击 Save [保存] 按钮，调出 Save Color File As [保存颜色文件为] 对话框。

Step7: 在 Save Color File As [保存颜色文件为] 对话框中，将修改的背景颜色方案保存为 "MayUI" 文件。

Step8: 单击 Customize User Interface [自定义用户界面] 对话框右上角的 ⊠ 按钮，关闭该对话框。

这时可以看到 3ds Max 界面的背景颜色变为黑色。如果要将这种风格固定下来，作为启动界面，只需要在菜单栏中选择 Customize＞Lock UI Layout [自定义＞锁定 UI 布局] 命令就可以了。这些就是最基本的界面布局的知识。

2.2 视口介绍

3ds Max 界面上最大的区域就是 Viewports [视口]，如图 2-12 所示，用户可以在视口中查看和编辑场景。视口默认被分成 4 个称为 "视图" 的矩形区域，这 4 个视图的标签分别是 Top [顶]、Front [前]、Left [左] 和 Perspective [透视] 视图，利用这些视图可以让用户以不同的视点观察场景对象。在这些视图中，以下概念必须了解。

● **主栅格**：每一个视图里都有一个由水平线和垂直线形成的网格，这个网格被称为 "栅格"。在栅格的中间有两条相互垂直的黑色直线，这就是 "坐标轴"，而它们的交点就是 "坐标原点"。我们把基于世界坐标轴的三个平面形成的栅格称为 "主栅格"，它也是 3D 世界中的基本参考坐标系。

● **正交视图**：Top [顶] 视图、Front [前] 视图和 Left [左] 视图都是正投影视图,显示的对象和场景没有近大远小的透视变形效果,也被称为正交视图。

● **透视视图**：透视视图相对于正交视图而言,视图中的显示更接近人眼或相机"看"到的效果,有近大远小的透视变形。3ds Max 的 Perspective［透视］视图和 Camera［摄像机］视图属于这个类型。

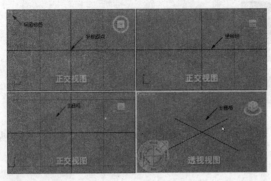

图 2-12

注意：在图 2-12 中可以看到 3ds Max 视口中包含的多个元素,了解这些概念对正确地使用 3ds Max 的视口有着非常重要的作用。

2.2.1 视图的切换

在 3D 动画的创作过程中,经常需要切换不同的视角,这时只要改变视图的类型,就可以非常方便地在各个视图中切换。3ds Max 提供了以下 4 种方法来切换视图。

● 在多视图的模式下,单击任意视图,就可以把它激活为活动视口。

● 按下快捷键,即可切换到快捷键所代表的视图。切换视图的快捷键设置如表 2-1 所示。

表 2-1 切换视图的快捷键设置

视图类型	快捷键	视图类型	快捷键
Top［顶］视图	T	Button［底］视图	B
Front［前］视图	F	Left［左］视图	L
User［用户］视图	U	Perspective［透视］视图	P
Camera［摄像机］视图	C	Spot［灯光］视图	S

- 右击视图名称，移动鼠标指针到 Views［视图］项目上，在级联菜单中选择需要切换的视图名称，如图 2-13 所示。

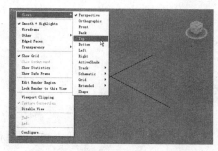

图 2-13

- 利用 3ds Max 2009 新增的 ViewCube［方体导航］控件（它是一个如图 2-14 所示的 3D 导航工具），可以快捷、直观地切换标准视图，不仅如此，该控件还能够完成视图旋转的操作。

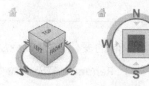

图 2-14

2.2.2 调节视图大小

3ds Max 默认设置 4 个视图的大小是相等的，如图 2-15 所示。这种绝对的"平均主义"显得很不人性化。因为很多时候需要放大某一视图以看清更多的细节，但又希望同时保持多视图的显示方式（即不使用最大化视图），如图 2-16 所示。这时候就可以把鼠标指针移动到视图之间的分隔线上，当鼠标指针的形状变成双向箭头或者十字箭头时，就可以拖动鼠标来改变视图的大小。虽然这种改变并不会影响视口的总面积，但是却可以放大某个视图，在使用中还是非常方便的。

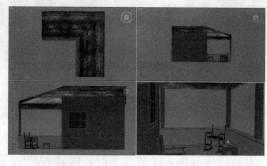

图 2-15

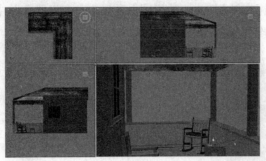

图 2-16

如果需要把视图恢复为默认的大小，可以在视图的分隔线上单击鼠标右键，在弹出的快捷菜单中选择 Reset Layout［重置布局］命令（也是唯一的选项），就可恢复默认的大小。

2.2.3 视口渲染

视口用来显示场景和对象，并交互显示编辑对象时的变化。3ds Max 为对象提供了多种类型的显示方法，也称为视口渲染。不同于 Render［渲染］命令的是，这里所指的"渲染"是指通过显卡把对象的明暗着色效果显示出来。

通常都使用最好的显示效果来进行操作，但是受到场景复杂程度和硬件设备的限制，就可能需要降低显示效果。通常会在 Smooth+Highlights［平滑+高光］和 Wireframe［线框］类型之间进行切换，前者可以直观地显示照明、形态、明暗、纹理、材质的效果；而后者有助于了解对象的结构、编辑点、面等子对象组件。在图 2-17 中，显示了利用视图右键菜单切换视口渲染模式的方法。

图 2-17

❖ Smooth + Highlights［平滑+高光］：显示对象的平滑度和高光，如果对象材质使用了纹理，还能够在表面上显示纹理贴图。

❖ Wireframe［线框］：只显示对象的结构线框，如多边形的边或者 NURBS 表面的等参线，并不对表面进行着色处理。

❖ Other［其他］：提供如下几种特殊的着色模式。

• Smooth［平滑］：平滑显示对象，但不显示高光。

• Facets+Highlights［面状+高光］：对面进行有高光效果的明暗处理，但不平滑表面。

• Facets［面状］：对面进行着色，但是不平滑表面，也不显示高光。

• Flat［平面］：用对象颜色或者材质颜色来显示表面，而不考虑灯光对表面的影响。

• Hidden Line［隐藏线］：以线框方式显示对象的结构，但是不显示对象背后的结构线，或者被遮挡部分的结构线。

• Lit Wireframes［亮线框］：显示有明暗效果的结构线框。

• Bounding Box［边界框］：以边界盒子的形式显示对象，常用来显示场景中不太重要的对象，或者用于优化场景的显示。

❖ Edged Faces［边面］：对象表面处于明暗着色显示时，同时显示对象的结构线框。

❖ Transparency［透明］：设置视图中透明度的显示品质，有 Best［最佳］、Simple［简单］、None［无］3 种选择。

2.2.4 导航工具

在 3ds Max 2009 中，最明显的变化就是在视口内增加了两个新的导航工具：一个是 3ds Max 的导航工具，另外一个是它的控制操纵轮。利用它们可以完成导航面板中的各项操作。

2.2.4.1 立体导航器

使用 ViewCube［方体导航］工具，首先要确定该工具出现在视图中。在 Views［视图］菜单中选择 Show For Active View［在活动视图显示］命令，或者选择 Show For All Views［在全部视图显示］命令，也可以使用快捷键 Alt+Ctrl+V 来切换该工具的显示状态。Viewport Configuration［视口配置］对话框中的 ViewCube［方体导航］面板，也能控制是否显示 ViewCube［方体导航］工具。

ViewCube［方体导航］工具在透视图和正交视图中的显示是有区别的，主要的区别在于正交视图中的 ViewCube［方体导航］工具多了沿 XYZ 轴旋转 90°的按钮。罗盘主要用来指示方向，也可以让视图沿世界坐标 Z 轴旋转。

下面来看一下立体导航器的具体使用方法。

■ 切换视图

在立体导航工具上单击它的面，就可以切换到相应的视图；单击它周围的三角形，就可以对当前的视图进行旋转；选择立体导航器的边缘，还可以对其不同的角度进行切换。

■ 旋转视图

拖动立体导航器上的圆环，可以对当前的视图进行旋转；单击立方体的某一点，拖动鼠标，也可以对视图进行旋转与观察。

■ 返回主视图模式

在完成了视图角度修改后，如果想返回到最初的视图角度，单击视图右上角的■按钮即可，也就是返回到了主视图模式。

■ 切换正交视图

在改变了当前的视图角度后，还可以将它设置为正交视图，也就是以前版本中的正交后视图，具体操作步骤如下：

Step1： 在导航器上单击鼠标右键，打开快捷菜单。

Step2： 在快捷菜单中选择 Orthographic［正交］命令。

■ 设置主视图

如果想将当前的视图设置为默认的主视图模式，可进行如下操作：

Step1： 在导航器上单击鼠标右键，打开快捷菜单。

Step2： 在快捷菜单中选择 Set Current View as Home 命令。

这样，不管对视图进行了怎样的修改，只要单击视图右上角的■按钮，就可以回到所设置的主视图中来。

■ 自定义设置导航工具

在 3ds Max 2009 中，还可以自定义设置导航工具，具体操作步骤如下：

Step1: 右击导航器，在弹出的快捷菜单中选择 Configure［配置］命令，调出 Viewport Configuration［视口配置］对话框。

Step2: 选择 ViewCube 面板，取消选中 Display Options［显示选项］选项组中的 Show the ViewCube 复选框，单击 OK［确定］按钮。

在 ViewCube 面板中，如果取消选中 Display Options［显示选项］选项组中的 Show the ViewCube 复选框，那么视图的显示模式就跟以前版本的视图模式一样，不会出现立体导航工具。

如果想重新调出导航工具，可按以下步骤操作：

Step1: 在视图名称上右击鼠标，在弹出的快捷菜单中选择 Configure［配置］命令，调出 Viewport Configuration［视口配置］对话框。

Step2: 选择 ViewCube 面板，并选中 Display Options［显示选项］选项组中的 Show the ViewCube 复选框，单击 OK［确定］按钮，调出立体导航器。

另外，选中 Display Options［显示选项］选项组中的 In All Views 或者 Only in Active View 复选框，可以指定导航工具是显示在所有的视图中，还是只显示在已激活的视图中。同时，我们还可以利用 Display Options［显示选项］选项组中的 ViewCube Size 选项，设置导航器的尺寸。在 ViewCube Size 下拉列表框中，有 Large［大］、Normal［标准］、Small［小］和 Tiny 4 个选项，其中，可用的选项只有 Large［大］和 Small［小］。

2.2.4.2 操纵轮

跟使用 ViewCube［方体导航］工具一样，使用 Steering Wheels［操纵轮］首先要确定该工具出现在视图中。按 3ds Max 的默认设置，每次启动程序，该工具会自动显示出来。如果关闭了该工具，也可以在主菜单栏中选择 View > Steering Wheels > Toggle Steering Wheels［视图>操纵轮>切换操纵轮］命令，或者使用快捷键 Alt+Ctrl+V，调出 Steering Wheels［操纵轮］工具。

无论是用哪种形式的操纵轮，都可以把它看成一个分成多个区域的圆盘，光标移动到哪个区域，该区域就会以彩色显示。单击鼠标即激活该区域对应的导航工具，滑动鼠标就可以操纵视图，非常方便。由于操纵轮会自动跟随光标，因此，在使用导航工具的时候不用在界面不同的位置切换，降低了鼠标操作的频率，也减少了按快捷键的频率。

■ **操纵轮的基本操作方法**

将鼠标指针放在操纵轮上后，会出现一个简单的介绍，并可以在上面选择操纵轮的模式。用鼠标单击操纵轮上的某一个区域，并按住不放，就可以显示该区域所做的操作了。

在操纵轮上共有 8 个操作区域，分别是 ZOOM、PAN、REWIND、ORBIT、LOOK、WALK、CENTER、UP/DOWN。其中，我们可以选择 Rewind Tool 这种直观的方式撤销对视图的操作。

■ **操纵轮的显示与隐藏**

在操纵轮上单击 █ 按钮，关闭该操纵轮。

使用快捷键"Shift+W"，调出操纵轮，再次使用该快捷键，即可隐藏操纵轮。

■ **修改操纵轮的外观**

修改操作轮的外观的具体操作步骤如下：

Step1: 单击操纵轮右下角的三角形按钮，打开快捷菜单。

Step2: 在快捷菜单中选择 Mini Full Navigation Wheel 命令，最小化操纵轮，如图 2-18 所示。

图 2-18

■ **操纵轮的设置面板**

Step1: 在视图标签上单击鼠标右键，打开快捷菜单。

Step2: 在快捷菜单中选择 Configure［配置］命令，调出 Viewport Configuration［视口配置］对话框。

Step3: 在 Viewport Configuration［视口配置］对话框中选择 SteeringWheels 面板。

在 SteeringWheels 面板中，我们可以对操纵轮的大小以及其他相关属性进行设置。

2.3　菜单栏介绍

菜单栏是 3ds Max 用户界面（简称 UI）最重要的组成部分之一，与以前版本不同的是，3ds Max 2009 把 reactor［反应器］菜单项移动到 Animation［动画］菜单下了，这使得菜单栏更加简洁，结构也更清楚。

2.4　工具栏介绍

菜单栏的下面是 Main Toolbar［主工具栏］，上面集中了 3ds Max 的常用工具。主工具栏除了按默认的设置显示在菜单栏下外，还可以改变为浮动工具栏的形式，如图 2-19 所示。一旦改变成了浮动工具栏，就可以把它移动到界面的其他位置，也可以在浮动工具栏空白处右击，在弹出的快捷菜单的 Dock［定位］级联菜单中，选择新的停靠位置。

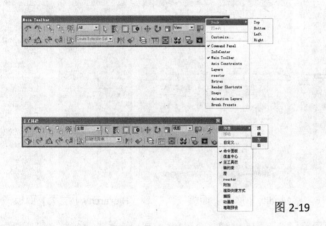

图 2-19

在 3ds Max 2009 中还增添了一个重要的工具栏——信息中心，如图 2-20 所示。

图 2-20

在 InfoCenter 工具栏的文本框中输入所要查询的内容，操作步骤如下。

Step1:　在 InfoCenter 工具栏的文本框中输入"render"，单击文本框右侧的查询按钮。

Step2:　在 InfoCenter 工具栏中单击查询工具右侧的三角形，调出下拉列表。

Step3:　选择 Search Settings［搜索设置］命令，调出 InfoCenter Settings［信息中心设置］对话框，如图 2-21 所示。

图 2-21

2.5　面板介绍

　　在 3ds Max 的用户界面中，除了视口之外，就属右侧 Command Panels [命令面板] 的面积最大了，由此可见该区域的重要性。命令面板由 6 个面板组成，分别是创建面板、修改面板、层次面板、运动面板、显示面板和工具面板，如图 2-22 所示。

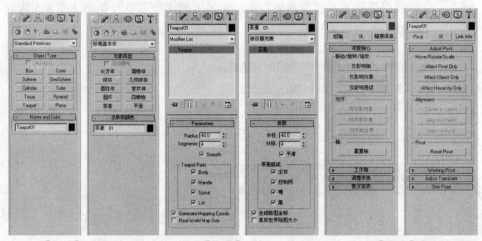

Create [创建] 面板　　　Modify [修改] 面板　　　Hierarchy [层次] 面板

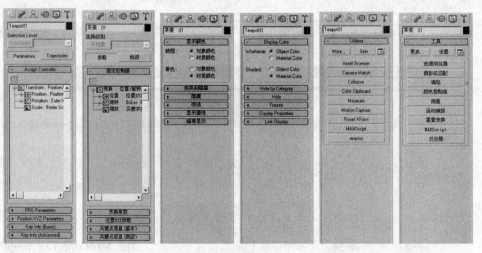

Motion [运动] 面板　　　Display [显示] 面板　　　Utilities [工具] 面板

图 2-22

> 提示：3ds Max 的命令参数和选项都是根据其关联性，集合为选项组，然后整合到卷展栏下的。卷展栏可以收起以节省界面空间，也可以展开。卷展栏名称中带有 "-" 号，表示该卷展栏处于展开状态；如果带有 "+" 号，则表示该卷展栏处于收起状态。单击卷展栏的标题可以在两种状态间切换。

■ Create［创建］面板

Create[创建]面板是 3ds Max 默认打开的面板，用来创建各种类型的对象，并不只用于 3D 模型的创建，还可以用来创建图形、灯光、摄像机和辅助对象等。如果命令面板没有显示为 Create［创建］面板的内容，只需要单击 ⬛ 按钮，即可打开 Create［创建］命令面板。在该面板最上面有一行按钮，可以切换为不同的对象类别。

■ Modify［修改］面板

创建完基本的对象后，还可以利用对象的创建参数进一步对对象进行修改，或者添加编辑修改器产生更加复杂的结果。使用修改器可以改变对象结构，并且可以非常容易地控制这种改变。3ds Max 中的许多建模和动画功能是通过修改器，以及修改器堆栈列表中的组织方式来得到的。

■ Hierarchy［层次］面板

Hierarchy［层次］面板主要用于调整对象之间的层次链接关系。通过将一个对象与另一个对象相链接，可以创建父子关系，应用到父对象的变换将同时传递给子对象。Hierarchy［层次］面板主要控制 3 个方面的内容：轴、IK 和链接信息。

■ Motion［运动］面板

Motion［运动］面板主要用来调整选定对象的运动，除了动画编辑中一般性的调整关键点时间，以及设置缓入和缓出之外，Motion［运动］面板还用来指定和编辑动画控制器。它是动画编辑中非常重要的命令面板。

■ Display［显示］面板

Display［显示］面板用于控制场景中对象的显示。它可以用来隐藏和冻结对象，也可以控制对象的显示颜色和其他显示属性。

■ **Utilities [工具] 面板**

Utilities [工具] 面板提供了大量的工具程序，这些工具程序主要用于完成一些特殊的操作。在该面板中默认只提供了 9 个工具程序按钮，但实际上 3ds Max 内置的工具程序多达 39 个，单击 More [更多] 按钮，则可以打开"Utilities [工具]"对话框，在里面将显示另外 30 个没有显示在 Utilities [工具] 面板中的工具程序。

2.6 状态栏介绍

在 3ds Max 用户界面的底部，就是状态栏控制区，它集中了大量控制工具和信息提示，如图 2-23 所示。虽然所占 3ds Max 界面的比例不大，但是非常重要，使用率也很高。在这里提供了设置关键帧的控件、动画播放和视图导航控件。

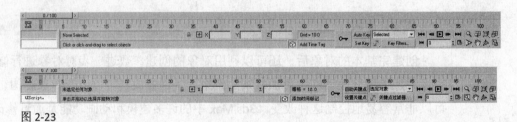

图 2-23

经过本章简单的介绍，读者应该对 3ds Max 用户界面有了基本的了解。可以说 3ds Max 的用户界面并没有看到的那么复杂，只要理解了 5 大区域（视口、菜单栏、主工具栏、命令面板和状态栏）所包含的主要功能，再面对 3ds Max 的用户界面就不会感到陌生了。

Chapter 03　视图操作

　　用户在 3ds Max 中创建的所有对象都是处在一个虚拟的三维世界中，视图就是我们用来查看这个世界的窗口，熟悉视图的控制与设置，可以帮助用户更方便地查看场景中的所有对象，包括微小的细节与整个场景的全部。在本章中，将针对视图的显示和导航控制进行介绍。首先介绍 Viewport Configuration［视口配置］对话框。

3.1　视口配置

　　Viewport Configuration［视口配置］对话框里集中了 3ds Max 非常重要的设置选项，所有的选项都跟视图的显示密切相关。而且，从 3ds Max 2008 开始，逐步增加了多个新的特性，例如 Lighting and Shadows［照明和阴影］、ViewCube［方体导航］、SteeringWheels［操纵轮］等，极大程度地强化和丰富了 3ds Max 的视图显示和导航能力。在 3ds Max 中要调出 Viewport Configuration［视口配置］对话框有两个方法：

- 在主菜单栏中，选择 Views > Viewport Configuration［视图>视口配置］命令。

- 右击任意视图标签，在弹出的快捷菜单中选择 Configure［配置］命令。

> 注意：在以前版本的 3ds Max 中，Viewport Configuration［视口配置］命令在主菜单栏的 Customize［自定义］菜单下，3ds Max 2009 版把它移动到 Views［视图］菜单下了。

　　打开后的 Viewport Configuration［视口配置］对话框如图 3-1 所示，包括 Rendering Method［渲染方法］、Layout［布局］、Safe Frames［安全框］、Adaptive Degradation［自适应降级切换］、Regions［区域］、Statistics［统计数据］、Lighting And Shadows［照明和阴影］、ViewCube［方体导航］、SteeringWheels［操纵轮］9 个面板，用来实现对视口的配置。需要注意的是，视口配置里的设置选项，只对视口显示产生影响，并不会影响到渲染结果。下面就对视口配置的设置进行详细的介绍。

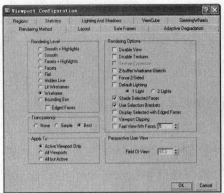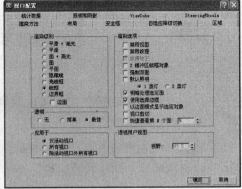

图 3-1

3.1.1 Rendering Method［渲染方法］面板

■ Rendering Level［渲染级别］选项组

❖ Smooth+Highlights［平滑+高光］：此项表示以平滑渲染方式显示对象，并且显示反射高光。

❖ Smooth［平滑］：此项表示仅以平滑渲染方式显示对象。

❖ Facets+Highlights［面+高光］：此项表示以分形面渲染方式显示对象，并且显示反射高光。

❖ Facets［面］：此项表示仅以分形面渲染方式显示对象。

❖ Flat［平面］：此项表示以原始方式渲染每个多边形，不考虑环境光或光源，渲染出的效果类似平面，无光泽。

❖ Lit Wireframes［亮线框］：此项表示以明暗线框方式显示对象。

❖ Wireframe［线框］：此项表示以线框方式显示对象。

❖ Bounding Box［连界框］：此项表示将对象绘制作为边界框，并不应用着色。边界框的定义是将对象完全封闭的最小框。

❖ Edged Faces［边面］：此项表示在实体着色模式显示时，附加纯色线框显示，有利于网格对象的编辑。

■ Transparency［透明］选项组

❖ None［无］：对象表现为完全的不透明，忽视对象的透明设置。

❖ Simple［简单］：此项用于以点绘交叉分割方式显示透明对象。

❖ Best［最佳］：此项用于以平滑外观方式显示透明对象。

■ Apply To［应用于］选项组

❖ Active Viewport Only［仅活动视口］：设置只应用于当前激活的视口。

❖ All Viewports［所有视口］：设置应用于所有视口。

❖ All but Active［除活动视口外的所有视口］：设置应用于除当前被激活的视口之外的所有视口。这只适用于当前活动的视口，它不具有动态功能。

■ Rendering Options［渲染选项］选项组

❖ Disable View［禁用视图］：此项用于将当前激活视图指定为失效视图，任何视图控制都对失效视图不起作用，只有将此选项关闭才能将它恢复。

❖ Disable Textures［禁用纹理］：此项用于将当前激活视图中的纹理显示全部取消，直到将此选项关闭才能将它恢复。

❖ Texture Correction［纹理校正］：此项用于对视图上显示的纹理图像以另一种更精确的算法进行处理。

❖ Z-Buffer Wireframe Objects［Z 缓冲区线框对象］：为视图选择引导一个 Z 形缓冲通道，根据对象在场景中的景深距离简化显示网格对象，以加快更新显示的速度。

❖ Force 2-Sided［强制双面］：此项用于强制对象以双面计算方式显示，这样可以将法线方向不正确的面纠正，不过显示速度会下降。

❖ Default Lighting［默认照明］：若自己架设的灯光效果不理想，那么开启这个选项可以强制将灯光照明暂时关闭，还原为系统默认的灯光照明。这里包含 1 Light［1 盏灯］和 2 Lights ［2 盏灯］两种照明方式，1 Light 速度最快，可以提升 20％。

❖ Shade Selected Faces［着色选定面］：选中该复选框时，在实体显示状态下，选择的面将以红色显示。

❖ Use Selection Brackets［使用选择边框］：选中该复选框，被选对象四角出现白色的线框。

❖ Display Selected with Edged Faces［以边面方式显示选定对象］：当选中该复选框时，将以实体加线框的方式显示当前选择的对象。

❖ Viewport Clipping［视口剪切］：用于交互地控制视图剪切的范围，但不会对最终渲染导出产生影响。

❖ Fast View Nth Faces［快速查看第 N 个面］：用于根据指定的间隔数值，只显示对象的部分面，加快屏幕刷新速度。

■ Perspective User View ［透视用户视图］组

Field Of View ［视野］：用于设置系统默认透视视图的镜头(FOV)值。若使用视图操作工具更改了 Perspective ［透视］视图的焦距，可以在这里恢复系统默认的设置 45°。

3.1.2 Layout ［布局］面板

虽然 3ds Max 的视图大小是可以随意改变的，但是它并不能满足所有的需要。3ds Max 已经内置了多种形式的布局，可以让用户根据需要灵活地选择。在 Layout ［布局］面板中，就可以轻松地进行这样的设置。Layout 面板如图 3-2 所示。

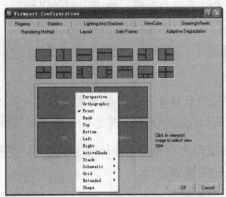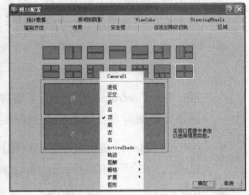

图 3-2

Layout ［布局］面板中总共预设了 14 种布局方式，任选其中一种后，还可以在下面较大的界面示意图中，单击视图区域，在弹出的菜单中修改视图的类型。

［示例 1］修改视图的布局

Step1：　打开本书配套光盘提供的"Layouts.max"文件，可以看到当前的场景，如图 3-3 所示。

Step2：　在 Perspective ［透视］视图的视图标签上，右击鼠标，在弹出的快捷菜单中选择 Configure ［配置］命令，如图 3-4 所示，打开 Viewport Configuration ［视口配置］对话框。

图 3-3

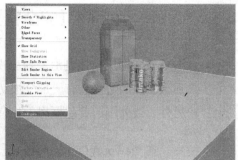

图 3-4

Step3： 在 Viewport Configuration［视口配置］对话框中，单击 Layout［布局］标签，进入该面板，如图 3-5 所示。

Step4： 选择第二行第三个布局方式，如图 3-6 所示，然后单击 OK［确定］按钮，退出 Viewport Configuration［视口配置］对话框。

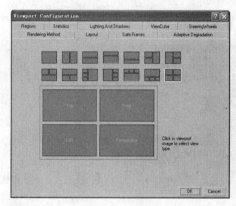

图 3-5

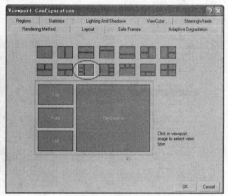

图 3-6

Step5： 在视图导航控件中，单击 按钮，切换为四视图显示模式，可以看到当前的视口，如图 3-7 所示。

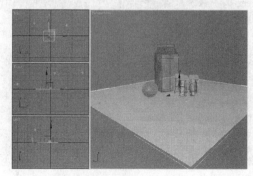

图 3-7

3.1.3　Safe Frames［安全框］面板

　　安全框用来控制渲染导出视图的纵横比。如果要将动画渲染并导出到视频，那么图像的边缘会有一部分被切掉，安全框中的绿色框就是控制视频裁口的尺度。另外，最外围的黄色框用于将背景图像与场景对齐。

　　在 Viewport Configuration［视口配置］对话框中，单击 Safe Frames［安全框］标签就可以显示 Safe Frames［安全框］面板。在该面板中对视图中的安全框进行设置，但是默认设置下，安全框是没有显示在视图中的，需要在视图右键菜单中选择 Show Safe Frames［显示安全框］命令，如图 3-8 所示。在视图中显示安全框的样子如图 3-9 所示，在安全框内的部分能被渲染输出，而安全框以外的场景不会被渲染输出。当要渲染输出的场景与当前视口比例不匹配时，显示安全框是很重要的。

图 3-8　　　　　　　　　　图 3-9

　　Safe Frames［安全框］面板如图 3-10 所示。

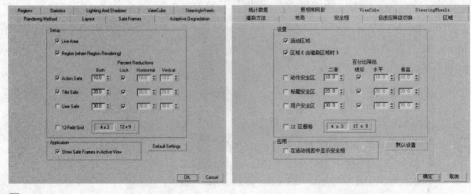

图 3-10

■　Setup［设置］选项组

　　Setup［设置］选项组下的参数用来设置安全框的大小。

❖　Live Area［活动区域］：它是黄色的框，指要渲染的区域，显示出渲染场景的纵横比。

❖　Region (when Region Rendering)［区域（当渲染区域时）］：它是浅灰色的框，是主要渲染的区域。该类型安全框只有在渲染模式为 Region（区域），且不处于偏轴区域的状态时，才能在视图中看到。

❖　Action Safe［动作安全区］：它是绿色的框，在最后的渲染输出时这个区域中的场景一定会被渲染。

❖　Title Safe［标题安全区］：它是淡蓝色的框，在这个区域中的场景可以渲染输出，而且不会变形。

❖　User Safe［用户安全区］：用户自己定义的安全区域，用于特定的目的。

❖　12-Field Grid［12 区栅格］：在视图中显示设置的栅格。

■　Application［应用］选项组

❖　Show Safe Frames in Active View［在活动视图中显示安全框］：选中该复选框时，在活动视图中显示安全框。

❖　Default Settings［默认设置］按钮：单击此按钮，将恢复安全框的默认设置。

［示例 2］使用安全框

Step1：　打开本书配套光盘提供的"Sampling Quality.max"文件，可以看到当前的场景，如图 3-11 所示。

图 3-11

Step2：　在 Camera01 视图的视图标签上右击鼠标，在弹出的快捷菜单中选择 Show Safe Frame［显示安全框］命令，显示安全框的范围，如图 3-12 所示。

图 3-12

Step3: 在 Camera01 视图的视图标签上右击鼠标，在弹出的快捷菜单中选择 Configure [配置] 命令，打开 Viewport Configuration [视口配置] 对话框。

Step4: 在 Viewport Configuration [视口配置] 对话框中，单击 Safe Frames [安全框] 标签，进入该面板，如图 3-13 所示。

Step5: 在 Safe Frames [安全框] 面板中，取消选中 User Safe [用户安全区] 复选框，并选中 12-Field Grid [12 区栅格] 复选框，如图 3-14 所示。

修改安全框的显示后，可以看到 Camera01 视图中的安全框范围被平均地分成了 12 等份，这样有助于在构图的时候形成参考，如图 3-15 所示。

图 3-13   图 3-14

图 3-15

Step6: 再次打开 Viewport Configuration [视口配置] 对话框，单击 Default Setting

[默认设置] 按钮，如图 3-16 所示，就可以撤销之前所做的安全框设置，恢复 3ds Max 的默认设置。

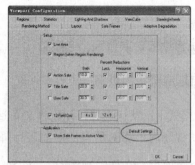

图 3-16

3.1.4　Adaptive Degradation ［自适应降级切换］面板

Adaptive Degradation ［自适应降级切换］面板中的参数主要用来设置自适应降级的方式与条件，当满足了这些条件后，在对视图进行操作时，系统会对场景中的对象自动进行自适应降级处理。Adaptive Degradation 面板如图 3-17 所示。

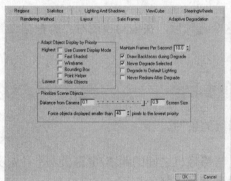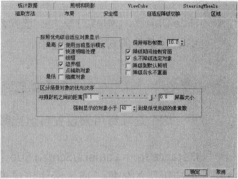

图 3-17

❖ Maintain Frames Per Second ［保持每秒帧数］：采用每秒帧数来设置自适应显示保持的帧速率。

❖ Draw Backfaces during Degrade ［降级期间绘制背面］：选中该复选框后，将使用背面降级模式，这样可以使背面消隐的对象在降级时显示出背面结构，这要在线框显示模式下才有效。

❖ Never Degrade Selected ［永不降级选定对象］：选中该复选框后，在对视图进行拖动时，不会对被选择的对象进行降级处理。

❖ Degrade to Default Lighting ［降级到默认照明］：选中该复选框后，在拖动视图时会对场景中违规的灯光信息进行降级处理。

❖ Never Redraw After Degrade［降级后永不重画］：选中该复选框后，视口保持自动降级的状态不恢复。

■ **Adapt Object Display by Priority** **［按照优先级自适应对象显示］选项组**

这个选项组用来设置视口中对象的自适应降级的级别。

❖ Use Current Display Mode［使用当前显示模式］：默认选择，使用当前自适应降级的设置，如果取消选中该复选框，在拖动视图时，将对所有的对象进行降级。

❖ Fast Shaded［快速明暗处理］：选择这个选项后，在拖动视图时，会根据设置将场景中对象的材质信息取消，进行快速着色处理。

❖ Wireframe［线框］：选择这个选项后，在拖动视图时，会根据设置将场景中的对象显示为线框模式。

❖ Bounding Box［边界框］：选择这个选项后，在拖动视图时，会根据设置将场景中的对象显示为边界盒，默认为选择状态。

❖ Point Helper［点辅助对象］：选择这个选项后，在拖动视图时，会根据设置将场景中的对象显示为辅助点。

❖ Hide Objects［隐藏对象］：选择这个选项后，在拖动视图时，会根据设置将场景中适合条件的对象隐藏起来。

■ **Prioritize Scene Objects** **［对象优先级］选项组**

这个选项组用来设置自适应降级的条件。

❖ Distance from Camera/Screen Size［与摄像机之间的距离/屏幕大小］：定义视口自适应降级的依据，通过滑块可以设置两种选择的权重。

❖ Force objects displayed smaller than…pixels to the lowest priority［低于优先级时强制对象显示小于…像素］：当场景对象小于指定的大小时，在进行自动降级时始终使用这里设置的大小来显示它。

> 提示：⊞ Adaptive Degradation［自适应降级］按钮位于视口下方的状态栏中，单击这个按钮，将它更改为 ⊞ 状态后，将打开视图中的自适应降级功能，再次单击该按钮便会将其关闭。

[示例 3] 使用自适应降级

Step1: 打开本书配套光盘提供的"Adaptive Degradation.max"文件,可以看到
当前的场景,如图 3-18 所示。

图 3-18

> 提示:当前场景中存在大量的多边形,在对视图进行拖动操作时,会出现不
> 流畅的现象,为了解决这个问题,需要开启 3ds Max 的自适应降级功能。

Step2: 在状态栏中单击 ⊕ 按钮,开启自适应降级功能,并在该按钮上右击鼠
标,打开 Viewport Configuration[视口配置]对话框的 Adaptive Degradation
[自适应降级] 面板,如图 3-19 所示。

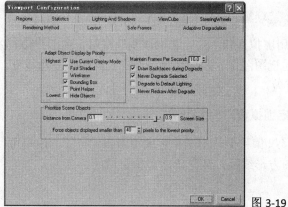

图 3-19

Step3: 根据需要设置完成后,单击 OK [确定] 按钮,退出 Viewport Configuration
[视口配置] 对话框。

3.1.5 Regions [区域] 面板

　　Regions [区域] 面板如图 3-20 所示。使用它可以定义一个范围,把渲染定位
到更小的区域中。渲染复杂场景往往需要消耗很多的时间和计算机资源,而当只

需要渲染视图中的一部分场景，或需要放大渲染场景时，可通过自定义渲染范围实现。当在工具栏上的渲染类型中选择 Blowup 或 Region Selected 选项时，会显示渲染的矩形选择框，用户可以通过拖动手柄来改变框的大小。

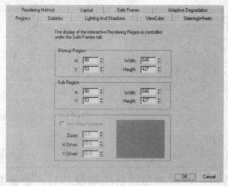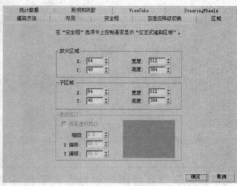

图 3-20

■ **Blowup Region [放大区域] /Sub Region [子区域] 选项组**

❖ X/Y：指定区域的位置。

❖ Width/Height [宽度/高度]：指定区域的宽度和高度。

■ **Virtual Viewport [虚拟视口] 选项组**

❖ Use Virtual Viewport [使用虚拟视口]：当选中该复选框时，虚拟视口有效，在虚拟视口中显示一个缩小的视图图像，四周环绕一个白色的缩放方形线框，该选项只对 OpenGL 显示驱动有效。

❖ Zoom [缩放]：用于指定虚拟窗口的大小。

❖ X Offset / Y Offset [X 偏移/Y 偏移]：用于指定虚拟窗口的位置。用户可以直接用鼠标拖动白色的虚拟视图方形线框，从而确定虚拟窗口的位置。

3.1.6 Statistics [统计数据] 面板

Statistics[统计数据]面板如图 3-21 所示。使用这些控件，可以显示视口中与顶点和多边形等有关的统计信息，还有场景或选定对象的统计信息，以及每秒显示的实时帧数。若要随时切换统计信息在视口中的显示，需要在视图右键菜单中选择 Show Statistics [显示统计信息] 命令。

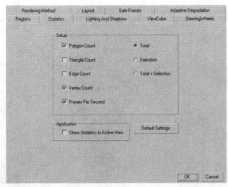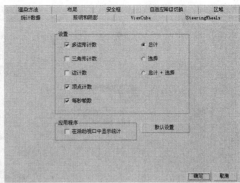

图 3-21

■ **Setup〔设置〕选项组**

❖ Polygon Count〔多边形计数〕：允许显示多边形数。

❖ Triangle Count〔三角形计数〕：允许显示三角形数。

❖ Edge Count〔边计数〕：允许显示边数。

❖ Vertex Count〔顶点计数〕：允许显示顶点数。

❖ Frames Per Second〔每秒帧数〕：允许显示 FPS 计数。

❖ Total〔总计〕：显示整个场景的统计信息。

❖ Selection〔选择〕：只显示当前选定场景的统计信息。

❖ Total+Selection〔总计+选择〕：显示整个场景和当前选定场景的统计信息。

■ **Application〔应用程序〕选项组**

❖ Show Statistics In Active View〔在活动视口中显示统计〕：允许显示统计信息。

❖ Default Settings〔默认设置〕：使所有选项恢复原始设置。

3.1.7 Lighting And Shadows〔照明和阴影〕面板

Lighting And Shadows〔照明和阴影〕面板主要用来控制视图中照明和阴影的实时显示，但需要良好的硬件支持，如图 3-22 所示。另外，这些命令在视图中的四元菜单中，基本上都可以找到。

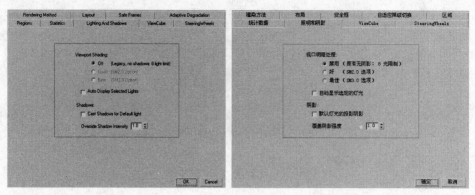

图 3-22

　　Viewport Shading［视口明暗处理］：通过下面的选项来控制视图阴影的开关及级别。

❖ Off［禁用］：选择这个选项，将关闭视口中的视图阴影效果。

❖ Good［好］：选择这个选项，将打开视口中的视图阴影效果，但这时的阴影边缘会有比较明显的锯齿。

❖ Best［最佳］：选择这个选项，会打开视口中的视图阴影效果，可以得到平滑的阴影边缘，但这个选项对显卡有要求。

❖ Auto Display Selected Lights［自动显示选定的灯光］：选中该复选框，视图中会自动显示所选灯光的阴影效果。

❖ Cast Shadows for Default light［默认灯光的投影阴影］：选中该复选框后，在拖动灯光时也会显示阴影。

❖ Override Shadow Intensity［覆盖阴影强度］：通过这个选项可以设定视图中阴影的显示强度，最大值为 1.0。

> 提示：3ds Max 一直致力于改善硬件显示水平，从 3ds Max 9 后发布的版本看，确实有了长足的进步。以目前 3ds Max 2009 的情况看来，在良好的硬件（显卡）支持下，视图中的照明和阴影效果已经非常接近最终的渲染水平了。

［示例 4］预览灯光的照明和阴影效果

Step1：　打开本书配套光盘提供的"Viewport Rendering.max"文件，可以看到当前的场景，如图 3-23 所示。

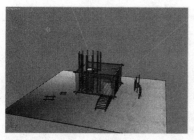

图 3-23

图 3-23 所示的是默认的 Perspective［透视］视图的预览效果，在场景中已经包含了两个灯光，一盏聚光灯和一盏泛光灯。

Step2：　在场景中右击鼠标，在弹出的快捷菜单中选择 Viewport Lighting and Shadows＞Viewport Shading＞Good［视口灯光和阴影＞视口着色＞好］命令，如图 3-24 所示，打开视口预览效果。

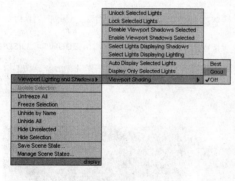

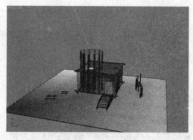

图 3-24

Step3：　在场景中选择泛光灯"Omni01"对象，并右击鼠标，在弹出的快捷菜单中选择 Viewport Shadows［视口阴影］命令，如图 3-25 所示，显示泛光灯的阴影效果。

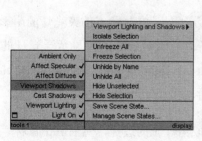

图 3-25

打开泛光灯的阴影效果后，使用移动工具修改泛光灯的位置，可以清楚地看到阴影位置的变化，如图 3-26 所示。图 3-27 所示的为打开聚光灯阴影效果后，不同位置的聚光灯产生的不同阴影效果。

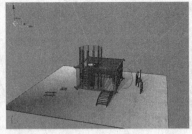

图 3-26

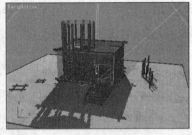

图 3-27

Step4: 保持聚光灯处于被选择的状态，在 Perspective［透视］视图中右击鼠标，在弹出的四元菜单中选择 Viewport Lighting and Shadows＞Display Only Selected Lights［视口灯光和阴影＞仅显示选定灯光］命令，如图 3-28 所示。

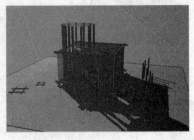

图 3-28

在图 3-28 中可以看到，场景中只显示了处于选择状态的聚光灯的阴影效果，此时，即使选择泛光灯，也不会改变当前的照明效果，要显示泛光灯的阴影效果，就需要先选择泛光灯，再选择 Viewport Lighting and Shadows＞Display Only Selected Lights［视口灯光和阴影＞仅显示选定灯光］命令。

Step5: 在场景中的空白处单击鼠标，取消灯光的选择，然后右击鼠标，在弹出的四元菜单中选择 Viewport Lighting and Shadows＞ Auto Display Selected Lights［视口灯光和阴影＞自动显示选定灯光］命令，如图 3-29 所示。

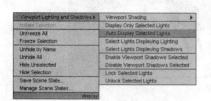

图 3-29

在图 3-29 中可以看到，场景中几乎没有任何照明效果和阴影效果，这是因为没有选择灯光，因而没有可以显示的照明效果。当选择场景中的灯光时，就会自动显示所选灯光的照明和阴影效果了。

［示例 5］预览背景

■ **激活太阳光**

Step1： 继续前面的练习，选择"Omni01"对象，在 Modify［修改］面板＞General Parameters［常规参数］卷展栏中，取消选中 Light Type 选项组中的 On ［开启］复选框，如图 3-30 所示，关闭该灯光。

图 3-30

Step2： 同样的，关闭聚光灯"Spot01"对象的灯光效果。

Step3： 在场景中选择已经创建好的日光系统"Daylight01"对象，并在 Modify［修改］面板＞Daylight Parameters［日光参数］卷展栏，选中 Sunlight［太阳光］右侧的 Active［活动］复选框，激活太阳光照，如图 3-31 所示。

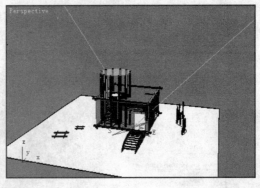

图 3-31

■ 修改渲染器

Step1: 在主工具栏中单击 按钮，打开 Render Setup [渲染设置] 窗口。

Step2: 在 Common [公用] 面板＞Assign Renderer [指定渲染器] 卷展栏下，单击 Production [产品] 右侧的 按钮，打开 Choose Renderer [选择渲染器] 对话框。

Step3: 在 Choose Renderer [选择渲染器] 对话框中，选择 mental ray Renderer [mental ray 渲染器]，如图 3-32 所示，然后单击 OK [确定] 按钮。

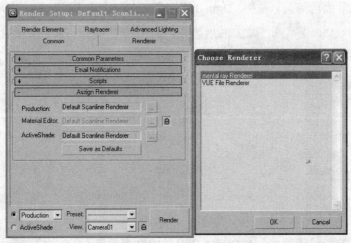

图 3-32

■ 添加环境贴图

Step1: 在菜单栏中选择 Rendering [渲染] ＞Environment [环境] 命令，打开 Environment and Effects [环境和效果] 窗口。

Step2: 在 Common Parameters [公用参数] 卷展栏＞Background [背景] 选项组中，单击 Environment Map [环境贴图] 的通道按钮。

Step3: 在打开的 Material/Map Browser［材质/贴图浏览器］对话框中，双击 mr
Physical Sky［mr 物理天空］贴图，如图 3-33 所示。

图 3-33

■ 显示背景

Step1: 在菜单栏中选择 Views＞Viewport Background＞Viewport Background［视
图＞视口背景＞视口背景］命令，调出 Viewport Background［视口背景］
对话框。

Step2: 在 Background Source［背景源］选项组中，选中 Use Environment
Background［使用环境背景］复选框，并选中下方的 Display Background
［显示背景］复选框，如图 3-34 所示，然后单击 OK［确定］按钮，退出
该对话框。

Step3: 右击 Perspective［透视］视图的视图标签，在弹出的快捷菜单中选择 Show
Background［显示背景］命令，如图 3-35 所示。

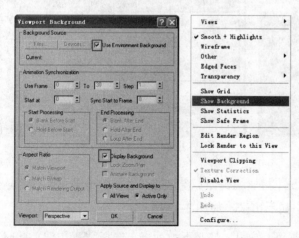

图 3-34   图 3-35

Step4: 旋转视图就可以看到视图的背景显示出来了，而且可以看到太阳和阳光，
如图 3-36 所示。

图 3-36

[示例 6] 预览材质

Step1: 继续前面的练习，如有必要可以关闭背景的显示。

Step2: 在场景中选择地板对象，如图 3-37 所示，然后按下键盘上的 M 键，打开
Material Editor [材质编辑器] 窗口。

Step3: 在 Material Editor [材质编辑器] 窗口的示例窗中，选择地板的材质，如
图 3-38 所示。

图 3-37   图 3-38

Step4: 在 Material Editor [材质编辑器] 窗口的工具栏中单击 ⬚ 按钮，使材质
的纹理在场景中显示出来，如图 3-39 所示。

Step5: 在工具栏中按住 ⬚ 按钮，打开下拉列表，选择 ⬚ 按钮，此时可以看
到场景中地板的效果非常清晰，如图 3-40 所示。

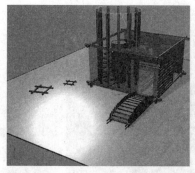

图 3-39

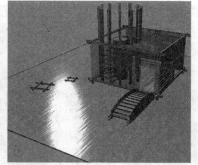

图 3-40

提示: 虽然在图 3-39 中可以看到一定的纹理效果, 但地板的整体效果并不明显。但是在图 3-40 中, 使用了 ⬚ 按钮, 可以显示硬件贴图, 而且对材质的任何修改, 都可以更直观地显示在视图中, 为最终的渲染带来方便。图 3-41 就是不同高光和凹凸效果下视口中的显示。

图 3-41

3.1.8 ViewCube [方体导航] 面板

这是 3ds Max 2009 新增的视图导航工具, 其实是从 Maya 2008 移植过来的, 不过, 在 3ds Max 中还是增加了一点新的特色, 例如罗盘。在图 3-42 中, 每个视图的右上角都显示一个白色的立方体, 立方体的每个面上标有视图的名称, 立方体的底面还放置一个环形的工具, 这些就共同构成了 ViewCube [方体导航] 工具。

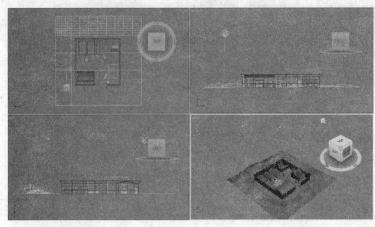

图 3-42

ViewCube［方体导航］面板主要用来对 ViewCube［方体导航］工具进行设置，例如在哪个视图中显示，显示为多大，非活动状态时的透明度等。ViewCube［方体导航］面板如图 3-43 所示。

 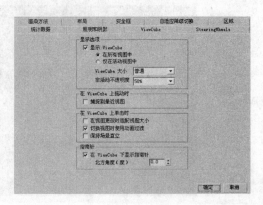

图 3-43

■ **Display Options ［显示选项］选项组**

❖ Show the ViewCube［显示 ViewCube］：控制是否在视图中显示 ViewCube［方体导航］工具，其下还有两个选项，In All Views［在所有视图中］表示在所有的视图中都显示该工具；Only in Active View［仅在活动视图中］表示仅在活动视图中显示该工具。

❖ ViewCube Size［ViewCube 大小］：在下拉列表中选择方体导航工具的大小，有 Tiny［微小］、Small［小］、Normal ［正常］（这是默认设置）和 Large［大］，如果选择 Tiny［微小］，方体上将不会显示标签。

❖ Inactive Opacity［非活动不透明度］：在下拉列表中选择 ViewCube［方体导航］工具在非活动时的透明度。如果设置为 0%，只要鼠标不移动到该工具的活动范围，ViewCube［方体导航］工具不会在视图中显示出来。反之，如果设置为 100%，则无论什么条件下，ViewCube［方体导航］工具都非常清楚地显示在视图中。默认设置是 50%。

■ **When Dragging on the ViewCube［在 ViewCube 上拖动时］选项组**

　　Snap to closest view［捕捉到靠近视图］：当在 ViewCube［方体导航］工具上拖动以旋转视图的时候，视图将捕捉到一个比较靠近的固定角度。

■ **When Clicking on the ViewCube［在 ViewCube 上单击时］选项组**

❖ Fit-to-View on View Change［在视图更改时适配视图的大小］：打开后，当单击方体的面、角和边改变视图时，将同时执行视图缩放的操作，使当前被选择的对象适应改变后视图的大小。如果关闭，则在改变视图时不会执行视图缩放的操作。

❖ Use Animated Transitions when Switching Views［切换视图时使用动画过渡］：打开后，在进行视图转换的过程中，将显示缓慢的动画过渡效果。如果关闭，则视图的转换是立即切换的方式。

❖ Keep Scene Upright［保持场景直立］：该选项可以用来防止场景在旋转的过程中发生意外的翻转。打开它，可以尽量保持场景的 Z 方向朝上。不过，如果确定要将场景翻转过来观察，只要拖动更大的角度还是可以实现的。

■ **Compass［指南针］选项组**

❖ Show the Compass below the ViewCube［在 ViewCube 的下面显示罗盘］：该选项控制是否在方体导航工具的下面显示环形的罗盘标志，它可以用来标识东南西北。

❖ Angle of North (degrees)［北方角度（度）］：通过设置罗盘北方向的角度，来调整罗盘的正方向，以适应场景的需要。

> 提示：必须先让 ViewCube［方体导航］工具在视图中显示，才能看到该面板设置的效果。

［示例 7］方体导航面板的显示

Step1：　在视图中，右击视图标签，弹出视图标签菜单。

Step2：　在视图标签菜单中选择 Configure［配置］命令，打开 Viewport Configuration ［视口配置］对话框。

Step3：　单击 ViewCube［方体导航］标签，进入该面板。

　　另外，直接在方体导航的图标上右击鼠标，在弹出的快捷菜单中选择 Configure

［配置］命令，也可以直接进入 ViewCube［方体导航］面板。

3.1.9　Steering Wheels［操纵轮］面板

Steering Wheels［操纵轮］工具也是 3ds Max 2009 的新增特性，它主要用于透视图和摄像机视图的导航。该工具的界面非常炫！但功能并不新鲜，就是把以前的视图导航工具整合到一起，可以以更加便捷的方式进行操作。与 ViewCube［方体导航］工具一样，要对 Steering Wheels［操纵轮］工具进行设置，需要先在视图中显示该工具，以观察设置后的变化效果。在图 3-44 的左上角，显示了 Steering Wheels［操纵轮］工具。Steering Wheels［操纵轮］面板如图 3-45 所示。

图 3-44

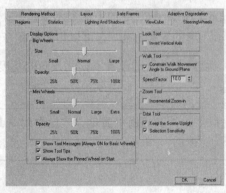 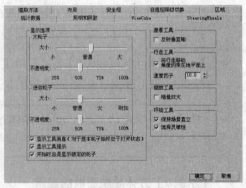

图 3-45

■　**Display Options［显示选项］选项组**

该选项组中的选项主要用来控制操纵轮的外观效果，例如操纵轮的大小和透明度，以及是否需要信息提示等。

❖　Big Wheels［大轮子］：使用滑杆工具调节操纵轮图标的大小和透明度，有 Size［大小］和 Opacity［不透明度］两个滑杆可以调节。

❖ Mini Wheels［迷你轮子］：与上面的设置相同，只是操纵轮 Size［大小］设置更小。

❖ Show Tool Messages［显示工具消息］：在使用操纵轮工具时，显示选择工具的提示消息，例如在使用 Look Tool［注视工具］时，会显示"按住箭头键移动"的消息。默认为打开。但不是所有的工具都有提示消息。

❖ Show Tool Tips［显示工具提示］：在使用操纵轮工具时，在鼠标指针处显示提示。

❖ Always Show the Pinned Wheel on Start［开始时总是显示锁定的轮子］：打开后，总是在第一次启动 3ds Max 程序时，在鼠标指针的位置自动显示操纵轮工具。如果关闭，则需要手动设置才能显示操纵轮。

■ Look Tool **[注视工具] 选项组**

Invert Vertical Axis［反向垂直轴］：在使用 Look Tool［注视工具］的时候，上下移动鼠标将会产生向上看和向下看的动作，默认往上移动鼠标表示向上方看。选中该复选框后，将反转垂直的轴向，向上移动鼠标时，观察方向却往下看。这主要是为了照顾不同的使用习惯。

■ Walk Tool **[步行工具] 选项组**

❖ Constrain Walk Movement Angle to Ground Plane［将行走移动角度约束到地平面上］：打开时，将约束行走移动时注视方向是相对于世界坐标的 XY 平面的，而忽视行走前的初始角度。如果关闭，注视方向则是以垂直于视图平面为参照的。

❖ Speed Factor［速度因子］：设置相对于行走运动的速率，参数范围为 0.1～10。

■ Zoom Tool **[缩放工具] 选项组**

Incremental Zoom-in［增量放大］：打开时，在操纵轮上单击放大工具，即可产生 25%的放大操作。如果关闭，则必须拖曳才能实现放大操作。

■ Orbit Tool **[环游工具] 选项组**

❖ Keep the Scene Upright［保持场景直立］：打开时，在环游的过程中保持场景的垂直方向，避免发生意外的翻转。

❖ Selection Sensitivity［选择灵敏性］：打开时，在环游的过程中优先以被选对象为轴心旋转视图，如果关闭，则以设定的轴心点旋转视图。

> 提示：3ds Max 提供了多种形式的 Steering Wheels［操纵轮］工具，关于如何在视图中使用 Steering Wheels［操纵轮］工具，参见本章 3.2.3 节相关的内容。

[示例 8] 操纵轮的显示和隐藏

（1）运行 3ds Max 后，界面上会自动出现操纵轮，此时右击鼠标即可隐藏该图标。

（2）要显示操纵轮可以使用键盘上的 Shift+W 组合键。

（3）在操纵轮的右上角单击关闭按钮，如图 3-46 所示，也可以隐藏操纵轮。

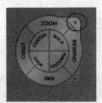
图 3-46

3.2 视图菜单

使用鼠标右键，在视图名称上单击，就可以调出视图菜单了。视图菜单中提供的命令主要是针对视口设置的。

3.2.1 Set Active Viewport [设置活动视口]

该菜单项是 3ds Max 2009 的新增功能，用来设置活动视图的类型。例如，活动视图是透视图，用户可以把它改变成顶视图或者其他视图，如图 3-47 所示。该菜单项虽然是新增的，但是其功能并不新鲜，实际上是把视图标签菜单中 Views [视图] 菜单下的标准视图项目复制了一份。

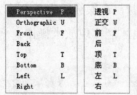
图 3-47

3.2.2 ViewCube [方体导航]

ViewCube [方体导航] 菜单项是 3ds Max 2009 的新增功能，在 Viewport Configuration [视口配置] 对话框中，已经介绍了设置 ViewCube [方体导航] 各选项的作用，现在将介绍如何在视图中使用 ViewCube［方体导航］。

3.2.2.1　使用 ViewCube［方体导航］工具　　　　　　快捷键：Alt+Ctrl+V

　　使用 ViewCube［方体导航］工具，首先要确定该工具出现在视图中，在 Views>ViewCube［视图>方体导航］级联菜单中选择 Show For Active View［显示活动视图］命令或者 Show For All Views［显示所有视图］命令，也可以使用快捷键 Alt+Ctrl+V 来切换该工具的显示状态。在 Viewport Configuration［视口配置］对话框中的 ViewCube［方体导航］面板，也能控制是否显示 ViewCube［方体导航］工具。

　　ViewCube［方体导航］工具在视图中的显示如图 3-48 所示，该工具的图标由两大部分构成：方体和罗盘。在方体的每个面上都有视图名称的标签，单击标签可以切换到相应的视图，也可以单击方体的角和边来改变视图的观察角度。在图 3-49 中对该工具进行了必要的标注。

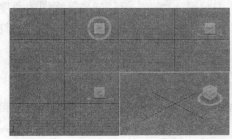
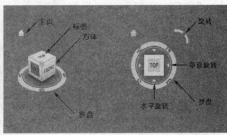

图 3-48　　　　　　　　　　　　　　　　　图 3-49

　　ViewCube［方体导航］工具在透视图和正交视图中的显示是有区别的，主要的区别在于正交视图中的 ViewCube［方体导航］工具多了沿 XYZ 轴旋转 90°的按钮。罗盘主要用来指示方向，也可以让视图沿世界坐标 Z 轴旋转。在 ViewCube［方体导航］工具上右击，还可以弹出快捷菜单，如图 3-50 所示。该菜单中的命令与 Views［视图］菜单下 ViewCube［方体导航］子菜单中的命令是相同的，如图 3-51 所示。

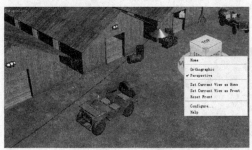

图 3-50　　　　　　　　　　　　　　　　　图 3-51

3.2.2.2　ViewCube [方体导航] 子菜单

ViewCube [方体导航] 子菜单下的各命令的含义如下。

❖ Show For Active View [显示活动视图]：仅在活动视图中显示 ViewCube [方体导航] 工具，由于 3ds Max 的活动视图是可以切换的，因此，ViewCube [方体导航] 工具可以出现在任意活动视图中。

❖ Show For All Views [显示所有视图]：同时在所有的视图中显示 ViewCube [方体导航] 工具，这是默认的效果。

❖ Home [主栅格]：恢复视图到已保存的主页状态，该主页状态是可以自定义保存的。

❖ Orthographic / Perspective　[正交/透视]：切换视图到正交或者透视模式。

❖ Set Current View as Home [将当前视图设置为"主页"]：把当前视图的角度和模式定义为主页，以便在任何时候快速地切换到当前的视图状态。

❖ Set Current View as Front [将当前视图设置为"前"]：把当前视图的角度和模式定义为前视图，这并不会改变视图坐标，但是 ViewCube [方体导航] 工具的方向会做调整。

❖ Reset Front [重设"前"]：恢复前视图的默认方向。

❖ Configure [配置]：打开 Viewport Configuration [视口配置] 对话框，并自动切换到 ViewCube [方体导航] 面板，对 ViewCube [方体导航] 工具进行设置。详解参见本章 3.1.8 节的内容。

3.2.3　操纵轮

Steering Wheels [操纵轮] 是 3ds Max 2009 的另一大特色功能，为视图导航提供了全新的解决方案。在图 3-52 中，显示了 3ds Max 的 3 种不同类型的操纵轮图标，其中每个图标的右上方对应有一个 Mini [迷你] 状态的小图标，提供完全相同的功能。

图 3-52

3.2.3.1　使用 Steering Wheels［操纵轮］　　　　　　快捷键：Alt+Ctrl+V

与使用 ViewCube［方体导航］工具一样，使用 Steering Wheels［操纵轮］工具首先要确定该工具出现在视图中。按 3ds Max 的默认设置，每次启动程序，该工具会自动显示出来。如果关闭了该工具，可以在主菜单栏中选择 Views > Steering Wheels > Toggle Steering Wheels［视图>操纵轮>切换操纵轮］命令，或者使用快捷键 Alt+Ctrl+V，重新调出 Steering Wheels［操纵轮］工具。

无论使用哪种形式的操纵轮，都可以把它看成一个分成多个区域的圆盘，光标移动到哪个区域，该区域就会以彩色显示。单击鼠标即激活该区域对应的导航工具，拖动鼠标就可以操纵视图，非常方便。由于操纵轮会自动跟随光标，因此，在使用导航工具的时候不用在界面不同的位置切换，降低了鼠标操作的频率，也减少了按快捷键的频率。在图 3-53 中，对操纵轮各区域的作用进行了标注。

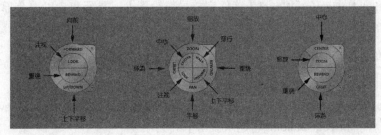

图 3-53

Steering Wheels［操纵轮］工具的功能虽然强大，但是它主要用于透视图的导航，而且当 Steering Wheels［操纵轮］工具显示在视图中的时候，鼠标并不能进行其他操作，因此，实用性到底多强，还要等待时间的考验。

3.2.3.2　Steering Wheels［操纵轮］子菜单

3ds Max 还提供了针对 Steering Wheels［操纵轮］的菜单项，当 Steering Wheels［操纵轮］工具显示出来的时候，单击右下角的三角符号，就可以显示该菜单，如图 3-54 所示。如果 Steering Wheels［操纵轮］工具没有在视图中显示，也可以在 Views［视图］菜单下，访问 Steering Wheels［操纵轮］子菜单，如图 3-55 所示。

图 3-54

图 3-55

❖ Toggle SteeringWheels〔切换 Steering Wheels〕：切换操纵轮的显示状态。

❖ Mini View Object Wheel〔迷你视图对象轮子〕：显示迷你版的对象观看轮，常用于观看模型或者独立的对象。轮上没有标签，文字提示显示在图标的下方。

❖ Mini Tour Building Wheel〔迷你漫游建筑轮子〕：显示迷你版的建筑漫游轮，常用于建筑漫游或者大场景的浏览。轮上没有标签，文字提示显示在图标的下方。

❖ Mini Full Navigation Wheel〔迷你完整导航轮子〕：显示包含以上全部功能工具的迷你版导航轮。轮上没有标签，文字提示显示在图标的下方。

❖ Full Navigation Wheel〔完整导航轮子〕：显示完整导航轮大的版本，轮上显示有工具的标签文字。

❖ Basic Wheels〔基本轮子〕：提供另外两种操纵轮类型的大版本，View Object〔对象观看〕和 Tour Building〔建筑漫游〕。

❖ Go Home〔转到主页〕：返回到已保存的场景主页。

❖ Restore Original Center〔还原原始中心〕：平移视图到世界坐标的原点。

❖ Increase Walk Speed〔增加行走速度〕：以双倍速度执行穿行工具，快速穿行。

❖ Decrease Walk Speed〔减少行走速度〕：以一半的速度执行穿行工具，减慢穿行。

❖ Configure〔配置〕：打开 Viewport Configuration〔视口配置〕对话框，并自动切换到 Steering Wheels〔操纵轮〕面板，对 Steering Wheels〔操纵轮〕工具进行设置。详解参见本章 3.1.9 节的内容。

3.3 视图标签菜单

　　视图标签位于每个视图的左上角，它会标明该视图的名称。在视图标签上单击鼠标右键，可以调出如图 3-56 所示的视图标签菜单。这个菜单是个快捷菜单，包含了更改视图、更改视图中对象的显示模式、撤销或重做对视图的控制，以及进入视图的配置面板等。其中，Views〔视图〕下面的 5 个项目是修改视口渲染方式的，在第 2 章已经介绍过，详解参照本书 2.2.3 节的内容。下面对这些命令进行详细介绍。

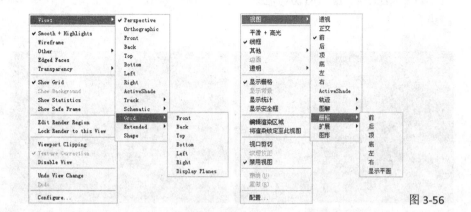

图 3-56

❖ Views［视图］：用来改变当前视图的类型。

❖ Show Grid［显示栅格］：控制是否在视图中显示主栅格。快捷键是 G。

❖ Show Background［显示背景］：控制是否在视图中显示背景图像，但前提是必须已经为视图设置了背景图像。

❖ Show Statistics［显示统计数据］：在视图中显示顶点和多边形等有关的统计信息。

❖ Show Safe Frame［显示安全框］：在视图中显示安全框，只有安全框内的区域才能被渲染输出。关于设置安全框的详细内容，请参见本章 3.1.3 节的内容。

❖ Edit Render Region［编辑渲染区域］：直接在视图中显示矩形线框，通过调节矩形的大小和位置，来指定渲染的区域。在图 3-57 中，同时显示了 Safe Frame［安全框］和 Render Region［渲染区域］，而图 3-58 则显示了区域渲染的结果。

图 3-57

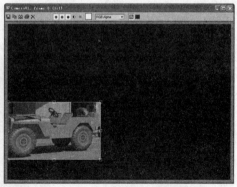

图 3-58

❖ Lock Render to this View［锁定渲染到这个视图］：选择后，使所有的渲染都锁定到该视图，无论该视图是否被激活。在默认设置下，渲染都是针对活动视图的。

❖ Viewport Clipping［视口剪切］：选择后，在视图的右侧出现黄色的垂直滑杆，有两个三角箭头用来调节视口的近切平面和远切平面。在图 3-59 中，左侧是正常的显示，右侧使用了视口剪切，近处和远处都被"切除"了，但这并不会影响最终渲染。

图 3-59

- ❖ Texture Correction［纹理修正］：刷新视图的像素插值以矫正纹理的透视变形。

- ❖ Disable View［禁用视图］：在其他视图操作期间，禁用该视图的更新。

- ❖ Undo/ Redo［撤销/重做］：撤销视图的最后一次操作，或者重做上一次操作。

- ❖ Configure［配置］：打开 Viewport Configuration［视口配置］对话框。

Chapter 04　对象管理与操作

4.1　导出 OBJ 格式的改进

在 3ds Max 2009 中，对 OBJ 格式的支持有了很大的改进。OBJ 文件格式是 Wavefront 程序创建的一个用于描述多边形模型的格式，该格式事实上已经成为不同的 3D 软件交换多边形模型的通用标准格式。3ds Max 可以导入基于文本的（ASCII）Wavefront 格式 OBJ 和 MTL。OBJ 文件包含几何体描述；MTL 用于补充 OBJ 文件的材质定义。

自从 Autodesk 成功收购 Alias 后，OBJ 格式自然也成了 Autodesk 公司自家的一员。由于 OBJ 格式对多边形的支持远远强于 3DS 格式，因此，在众多的多边形建模软件之中，OBJ 格式有着更高的认可程度。在现在的 3ds Max 中，输出 OBJ 格式可以根据目标软件进行预先设置，以获得更加正确的参数设置，方便普通用户的使用。

在图 4-1 中，Preset［预设］下拉列表中列出了多达 24 种图形软件的名称，其中不乏大名鼎鼎的高端 3D 软件，如 Cinema4D、Blender、Lightwave、Maya、Rhino、Softimage XSI 等，也包括近几年逐步流行起来的软件新秀，如 MudBox、Modo、Silo、ZBrush 等。由此可见，Autodesk 是要借助 OBJ 格式的优越性，让 3ds Max 成为 3D 模型建造的通用标准。

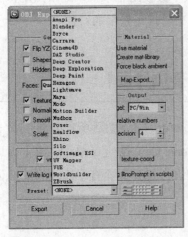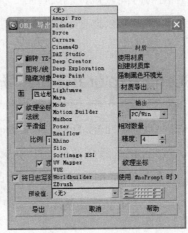

图 4-1

现在 OBJ 格式的导出增加了更多的选项和设置，从图 4-2 可以看出，对纹理贴图的输出、自定义预设值都有了更加细致的设置。不过，虽然 3ds Max 改进了 OBJ 格式的输出，但对 OBJ 格式的输入变化不大。

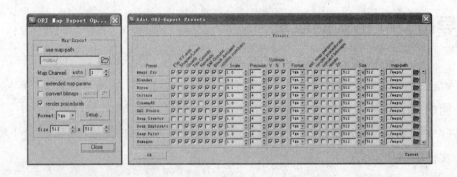

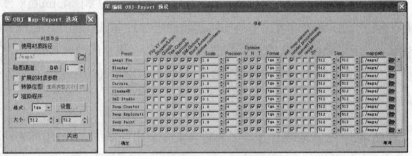

图 4-2

4.2　Scene Explorer［场景浏览器］

Scene Explorer［场景浏览器］是 3ds Max 2008 新增的重要特色功能，由于 3ds Max 2008 应用的时间较短，因此，对于大多数使用者来说，这依然是一个新增功能。Scene Explorer［场景浏览器］主要用来管理场景中的对象。

4.2.1　New Scene Explorer［新建场景浏览器］

在菜单栏中选择 Tools>New Scene Explorer[工具>新建场景浏览器]命令，可以打开 Scene Explorer[场景浏览器]窗口。Scene Explorer［场景浏览器］窗口与原来的 Select［选择］对话框在功能上十分相近，但是界面有了比较大的变化，如图 4-3 所示。

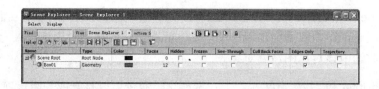

图 4-3

4.2.1.1 Select［选择］菜单

Select［选择］菜单中的命令可以对 Scene Explorer［场景浏览器］窗口列表中的对象进行快速的选择、筛选和查找操作，用户也可以使用快捷键来执行这些命令。Select［选择］菜单如图 4-4 所示。

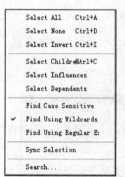
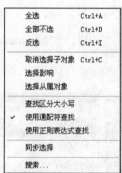

图 4-4

- ❖ Select All［全选］：在菜单中选择这一命令，可以将 Scene Explorer［场景浏览器］窗口列表中所有的对象一次性选中，快捷键为 Ctrl + A。

- ❖ Select None［全部不选］：在菜单中选择这一命令，会取消对 Scene Explorer[场景浏览器]窗口列表中所有对象的选择，快捷键为 Ctrl + D。

- ❖ Select Invert［反选］：在菜单中选择这个命令，会将列表中没有被选择的对象选中，同时取消对已选对象的选择，快捷键为 Ctrl + I。

- ❖ Select Children［取消选择子对象］：选择这一命令可以打开或关闭该功能，当打开该功能时，命令前面会出现一个"√"标志，这时在列表中选择某一对象时，会同时选择该对象所包含的子对象，快捷键为 Ctrl + C。

- ❖ Select Influences［选择影响］：选择这一命令可以打开或关闭该项功能，当打开这一功能时，命令前面会出现一个"√"标志，这时在列表中选择某一对象时，会同时选择该对象所影响的对象。

❖ Select Dependents［选择从属对象］：选择这一命令可以打开或关闭该项功能，当打开这个功能时，命令前面会出现一个"√"标志，这时在列表中选择某一对象时，也会同时选中该对象的从属对象。

❖ Find Case Sensitive［查找区分大小写］：选择这一命令可以打开或关闭该项功能，当打开这个功能时，命令前面会出现一个"√"标志，这时列表上方的选择对象字段是区分大小写的。

❖ Find Using Wildcards［使用通配符查找］：选择这一命令可以打开或关闭该项功能，当打开这个功能时，命令前面会出现一个"√"标志，这时允许使用通配符在列表中查找对象，例如"*"代表任一字符，"？"代表多个字符。

❖ Find Using Regular Expressions［使用正则表达式查找］：选择这一命令可以打开或关闭该项功能，当打开这个功能时，命令前面会出现一个"√"标志，这时可以在上面的选择对象字段中使用表达式来查找列表中的对象。

❖ Sync Selection［同步选择］：选择这一命令可以打开或关闭该功能，当打开这个功能时，命令前面会出现一个"√"标志，这时在列表中选中某一对象使它高亮显示时，也会在场景中同时选中这一对象。

❖ Search［搜索］：执行这一命令，可以打开 Advanced Search［高级搜索］对话框，如图 4-5 所示。

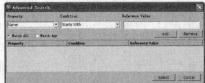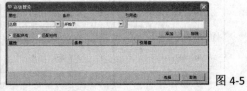

图 4-5

4.2.1.2 Display［显示］菜单

使用 Display［显示］菜单中的命令，可以快速地控制场景浏览器窗口中对象的显示状态。Display［显示］菜单如图 4-6 所示。

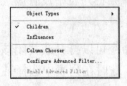

图 4-6

❖ Object Types［对象类型］：根据下级子菜单中的命令来控制列表中对象的显示。在下级子菜单中选择 All［全部］时列表中显示场景中的所有对象；选择 None［无］时列表中不显示任何对象；选择 Invert［反选］时隐藏列表中当前高亮显示的对象，只显示没有被高亮显示的对象；选择 Hide Toolbar［隐藏工具栏］，可以将显示工具栏隐藏起来。

❖ Children［子对象］：显示子对象的开关，当选择它时会在命令名称的前面出现一
个"√"标志，这时列表中会以分支缩进的形式来显示所有的子对象。

❖ Influences［影响］：显示影响对象的开关，当选择它时会在命令名称的前面出现
一个"√"标志。

❖ Column Chooser［列选择器］：执行这一命令，可以打开 Column Chooser［列选
择］对话框，然后使用拖放的方式为列表添加或删除属性列。

❖ Configure Advanced Filter［配置高级过滤器］：执行这一命令，可以打开 Advanced
Filter［高级过滤器］对话框，如图 4-7 所示，用户可在其中设置和使用复杂的布
尔过滤器条件。

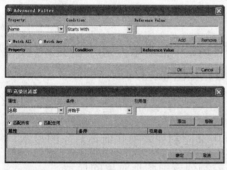

图 4-7

❖ Enable Advanced Filter［启用高级过滤器］：激活使用 Advanced Filter［高级过滤
器］对话框指定的过滤器。

4.2.1.3 主工具栏

主工具栏中主要集中了对象的选择与查找命令，这些命令基本上都可以在
Select［选择］菜单中找到。主工具栏如图 4-8 所示。

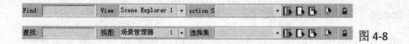
图 4-8

❖ Find［查找］：在右侧的文本框中输入要查找的对象名称，列表中会实时将找到的
对象高亮显示。

❖ View［视图］：在右侧的文本框中显示了当前使用的浏览器名称，也可以通过下
拉列表在不同的几个浏览器之间进行切换。

❖ Selection Set［选择设置］：如果场景中定义了选择集，可以在这里对它们进行选择。

❖ Select All［全部选择］：单击该按钮，可以将 Scene Explorer［场景浏览器］窗口

列表中所有的对象一次性选中。快捷键为 Ctrl + A。

❖ Select None [不选择]：单击该按钮，会取消列表中所有对象的选择。快捷键为 Ctrl + D。

❖ Select Invert [反选]：单击该按钮，会将列表中没有被选择的对象选中，同时取消对已选对象的选择。快捷键为 Ctrl + I。

❖ Sync Selection [同步选择]：单击这个按钮后，在列表中选中某一对象使它高亮显示时，也会在场景中同时选中这一对象。

❖ Lock Cell Editing [锁定单位编辑]：单击这个按钮后，只能对列表中的对象进行选择操作，而不能对其进行重命名以及其他属性的修改。

4.2.1.4 视口工具栏

在视口工具栏中，可以快速设置场景中的显示类别，也可以对场景中的对象进行一些快速的显示控制。视口工具栏如图 4-9 所示。

图 4-9

❖ Display Geometry [显示几何体]：用来控制列表中几何体对象的显示。

❖ Display Shapes [显示图形]：用来控制列表中图形对象的显示。

❖ Display Lights [显示灯光]：用来控制列表中灯光对象的显示。

❖ Display Cameras [显示摄像机]：用来控制列表中摄像机对象的显示。

❖ Display Helpers [显示辅助对象]：用来控制列表中辅助对象的显示。

❖ Display Space Warps [显示空间扭曲]：用来控制列表中空间扭曲对象的显示。

❖ Display Groups [显示组]：用来控制列表中组或集合的显示。

❖ Display Object XRefs [显示外部参照]：用来控制列表中外部参照对象的显示。

❖ Display Bones [显示骨骼]：用来控制列表中骨骼对象的显示。

❖ Display All [显示全部]：单击这个按钮，可以在列表中显示所有对象。

❖ Display None [不显示]：单击这个按钮，列表中将不显示任何对象。

❖ Invert Display [反向显示]：单击这个按钮，在取消选择列表中当前高亮显示对象的同时，高亮显示其他未被选择的对象。

4.2.1.5 Advanced Search [高级搜索] 对话框

在 Scene Explorer [场景浏览器] 窗口的 Select [选择] 菜单中，执行 Search

［搜索］命令，可以打开 Advanced Search［高级搜索］对话框，使用这个对话框可以对列表中的对象进行精确的搜索。高级搜索对话框参见图 4-5。

❖ Property［属性］：在这个下拉列表中，选择按什么属性进行搜索。

❖ Condition［状态］：在这个下拉列表中，决定搜索的对象是否符合后面选择的 Reference Value［参考值］。

❖ Reference Value［参考值］：在这个下拉列表中，为符合 Property［属性］的对象设置过滤参数。

❖ Match All［匹配所有］：选择这个选项，只有与搜索条件完全相符的对象才会被选中。

❖ Match Any［匹配任意］：选择这个选项，只要符合一条搜索条件就会被选中。

❖ Add［添加］：单击这个按钮，可以将符合条件的对象集合添加到下面的列表中。

❖ Remove［删除］：单击这个按钮，可以将列表中高亮显示的选择集合从列表中移除掉。

❖ Select［选择］：单击这个按钮，可以将列表中高亮显示的集合在 Scene Explorer［场景浏览器］窗口的列表中高亮显示。

❖ Cancel［取消］：单击这个按钮，退出该对话框而不执行任何操作。

4.2.2　Manage Scene Explorer［管理场景浏览器］

在菜单栏中选择 Tools＞Manage Scene Explorer［工具＞管理场景浏览器］命令，打开如图 4-10 所示的 Manage Scene Explorer［管理场景浏览器］对话框。

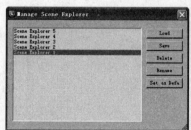

图 4-10

在“管理场景浏览器”对话框中选择已经存在的场景管理文件，例如 Scene Explorer 1［场景浏览器 1］，可以进行以下操作：Load［加载］、Save［保存］、Delete［删除］、Rename［重命名］以及 Set as Defa［设置为默认］等。

4.2.3　Saved Scene Explorer［保存场景浏览器］

在菜单栏中选择 Tools>Saved Scene Explorer[工具>保存场景浏览器]命令可以对所选场景浏览器进行保存。

4.3　选择对象

选择是 3ds Max 2009 最基本的操作。只有对场景中的对象进行了选择操作，才能对其进行进一步的编辑。3ds Max 2009 中提供了几种不同的选择方式，用户可以根据名称、颜色、类型甚至材质进行选择，还可以使用选择过滤器，让某些类型的对象成为可选择的，也可以在找到所有需要的对象后，创建一个选择集，这样就可以根据名称迅速选择一系列对象。本节将介绍 3ds Max 2009 中的选择方式，包括选择过滤器、选择对象、按名称选择、按区域选择和窗口/交叉选择方式。灵活运用这些选择方式，可以很大程度上提高工作效率。

4.3.1　Selection Filter［选择过滤器］

在一个包括多种对象类型的复杂场景里，要准确地选定需要的对象是很困难的。选择过滤器可以根据对象的类型让选择变得简单。设定某一类型后，就只能在场景中选择同类型的对象了。

单击 Selection Filter［选择过滤器］右侧的小三角，就会弹出如图 4-11 所示的过滤器列表，选择其中的 Combos［组合］选项，将打开 Filter Combinations［过滤器组合］对话框，如图 4-12 所示。在该对话框中，可以选定要过滤的组合对象。

图 4-11　　　　　图 4-12

利用选择过滤器可以对对象类别进行选择过滤的控制。它可以禁用特定类别对象的选择，从而快捷准确地根据需要进行选择。默认设置为"全部"，此时不产生过滤作用。如果要在复杂场景中对某一类对象进行选择操作，该工具非常适合。例如，只对房屋场景中的灯光进行选择，就可以在过滤器列表中选择"灯光"选项，这样选择工具就只会对场景中的灯光对象起作用，即使其他对象没有被隐藏，也不会被选中。在需要选择特定类型的对象时，这是冻结所有其他对象的实用快捷方式。

在 Filter Combinations［过滤器组合］对话框中，可以创建或删除组合过滤器，自定义几种对象组合的过滤器。

［示例 9］使用选择过滤器

Step1: 在 Filter Combinations［过滤器组合］对话框中的 Create Combination［创建组合］选项组内，选定一个或多个对象的复选框后，单击 Add 按钮，则由所选对象的首字母组成的组合项将出现在 Current Combinations［当前组合］列表框中。

Step2: 单击 OK［确定］按钮，新的组合项将会出现在选择过滤器的下方，该组合被存储在 3ds Max.ini 文件中，之后在所有场景中都将有效。

Step3: 从 Current Combinations［当前组合］列表框中选择想要删除的组合项，单击 Delete 按钮，即可将该组合项从选择过滤器中删除。

Step4: 在 Current Class ID Filters［当前类别 ID 过滤器］列表框中列出了所有能被添加到自定义过滤器中的类别，其添加和删除的方法同上。

4.3.2 Select Object［选择对象］

在 3ds Max 2009 中，选择对象最简单最直接的方法就是在视口中直接单击要选择的对象，选定的对象会显示为白色并且四周会选择框的边框。在默认情况下，主工具栏中的 ▶ 按钮是被激活的，呈亮黄显示，用户可以直接在视口使用选择命令。

在 3ds Max 中，只有选择了对象后，才可以进一步操作对象或编辑对象。因此，正确地选择对象是成功使用 3ds Max 各种工具的第一步。下面说明如何选择对象和撤销对象的选择。

- 在工具栏中单击 Select Object［选择对象］图标，该按钮变成黄色，表明它已被激活，且当前模式是选择物体。

- 在任意视图中移动鼠标指针到对象上，当鼠标指针的形状发生改变时，通常变为十字标，选择任意物体。

- 在线框显示的视图中，被选择的对象显示为白色；在着色模式显示的视图中，被选择的物体周围出现白色边界框。

- 如果在一个非活动视图中单击一个未被选择的对象，则该视图被激活，新对象被选择，原来选择的对象被释放。

- 在视图中的空白处单击鼠标，可以释放所有被选择的对象。

> 提示：按住 Ctrl 键可以加选多个对象，按住 Ctrl 键或 Alt 键，用鼠标单击已被选择的对象，则鼠标单击的对象被释放，而其余的对象仍被选择。

4.3.3　Select By Name［按名称选择］

在含有很多对象的复杂场景中，较快捷的选择方法是按物体的名字进行选择。在主工具栏上单击 Select By Name［按名称选择］按钮，可以打开 Select From Scene［从场景选择］窗口，如图 4-13 所示。与以前的版本相比，该窗口的变化非常大，与场景浏览器的界面非常相似。

图 4-13

场景中的所有对象都已列在显示列表中，如果有被选择的对象，它的名字会高亮显示。当要选择指定的对象时，可在显示列表中用鼠标单击它们或在该窗口的 Find 文本框中输入要选择对象的名字。如果要选择多个对象，可以按住 Ctrl 键，在显示列表中单击多个要选择的对象名，或按住 Shift 键，选择在显示列表中连续的多个对象，也可以用通配符从显示列表中选取。下面来看一下该选择方式的使用方法。

［示例 10］按名称选择对象

Step1： 在主工具栏中单击 ⬛ 按钮，调出 Select From Scene［从场景选择］窗口，如图 4-14 所示。

图 4-14

> 提示：在该窗口中列出了场景中的所有对象，包括场景中的几何体图形、灯光、摄像机，以及其他的辅助对象、空间扭曲等。在该窗口的 Display［显示］工具栏中，单击其中的按钮，即可在列表中显示相应的对象。

Step2： 在 Display［显示］工具栏中，单击 ⬤ 按钮，显示场景中的几何体对象。

Step3： 在列表框中选择如图 4-15 所示的对象名称，然后单击 OK［确定］按钮，在场景中选择该对象，结果如图 4-16 所示。

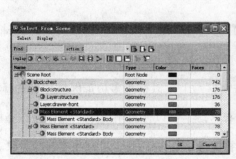

图 4-15

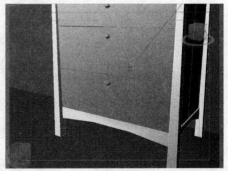

图 4-16

Step4： 在主工具栏中，单击 ⬛ 按钮，调出 Select From Scene［从场景选择］窗口。

Step5： 在 Find［查找］右侧的文本框中，输入字母 "b"，这时场景中以 "b" 开头的对象都将被选择出来，如图 4-17 所示。

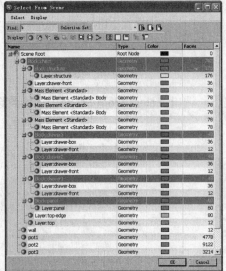

图 4-17

因为可以在 Select From Scene[从场景选择]窗口中选定对象的类型，所以该窗口不受选择过滤器的影响，并且在该窗口中，也可以访问选择集。

4.3.4 Selection Region［选择区域］

Selection Region［选择区域］属于框选对象的方法，常用于选择多个对象。3ds Max 提供了 5 种类型的区域选择工具，但一次只能选择一种类型。除了在主工具栏上选择之外，还可以在 Edit［编辑］菜单下的 Selection Region 项中选择。该工具的使用并不复杂，下面对它们进行简要的说明，并对选择区域的方法进行介绍。

❖　▢ Rectangular Selection Region［矩形选择区域］：以矩形区域作为选择框。

❖　◯ Circular Selection Region［圆形选择区域］：以圆形区域作为选择框。

❖　▨ Fence Selection Region［围栏选择区域］：以任意多边形区域作为选择框。

❖　▨ Lasso Selection Region［套索选择区域］：以任意不规则区域作为选择框。

❖　▢ Paint Selection Region［绘制选择区域］：以笔刷绘制的方式选择对象。

■　**圆形区域选择**

Step1：　在主工具栏中，按住 ▢ 按钮，打开它的下拉列表。

Step2：　在下拉列表中，选择 ◯ 按钮，在视图中拖动鼠标，可以拖出一个圆形的选择框。

■ **多边形区域选择**

Step1: 在主工具栏中，按住 ⊙ 按钮，打开它的下拉列表。

Step2: 在下拉列表中，选择 ▨ 按钮，可以在视图中绘制出一个多边形的选择框，这对选择复杂形状的纹理非常有用。

■ **套索选择**

Step1: 在主工具栏中，按住 ▨ 按钮，打开它的下拉列表。

Step2: 在下拉列表中，选择 ▧ 按钮，围绕应该选择的对象，拖动鼠标以绘制图形，然后释放鼠标左键。

■ **绘制选择**

Step1: 右击 Camera01 视图标签，在弹出的快捷菜单中，选择 Views＞Perspective［视图＞透视图］命令。

Step2: 在视图导航控制栏中，单击 ⊞ 按钮，将所选择的对象在视图中最大化显示。

Step3: 在 Perspective［透视］视图中，选择"pot2"对象，然后在命令面板中单击 ◢ 按钮，进入 Modify［修改］面板。

Step4: 在 Selection［选择］卷展栏中，单击 ■ 按钮，进入多边形子层级。

Step5: 在主工具栏中，按住 ▨ 按钮，打开它的下拉列表，选择 ▨ 按钮。

Step6: 将鼠标指针拖至对象之上，选择"pot2"对象上的多边形对象，如图 4-18 所示，然后释放鼠标左键。

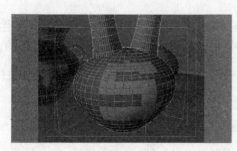

图 4-18

4.3.5　Window / Crossing Selection［窗口/交叉选择］

窗口/交叉选择工具按钮的默认设置是 ▨ Crossing Selection［交叉选择］方

式，按下该按钮后，则激活为 Window Selection［窗口选择］方式。该工具用来确定选中多个对象的方式。在 Crossing Selection［交叉选择］情况下，只要被选择框穿过的对象都会被选择；而在 Window Selection［窗口选择］情况下，只有完全处于选择框范围之内的对象才能被选择。

> 提示：3ds Max 还提供了更加灵活的窗口和交叉方式的切换，在首选项设置中，在 Scene Selection［场景选择］选项组下，选中 Auto Window/Crossing by Direction［按方向自动切换窗口/交叉］复选框即可。

4.4 参考坐标系统

View 是一个下拉列表的形式，用于指定变换的坐标系统。打开下拉列表后，可选择 9 种坐标系，其中 Working［工作方式］是 3ds Max 2008 时增加的。

❖ View［视图］：视图坐标系是世界坐标系和屏幕坐标系的结合，它是 3ds Max 系统中最为常用的坐标系。在正交视图中为屏幕坐标系，在透视图中为世界坐标系。

❖ Screen［屏幕］：屏幕坐标系是相对显示屏幕而言的，它把屏幕的水平方向作为 X 轴，垂直方向作为 Y 轴，与屏幕平面垂直的方向作为 Z 轴。通常，正交视图如 Top、Left、User、Front、Back 和 Bottom 等都使用屏幕坐标系。

❖ World［世界］：该坐标系在任何视图中都是固定的，而且在 3ds Max 中是唯一的。从 3ds Max 的 Top 视图观看，世界坐标系水平方向设定为 X 轴，垂直方向设定为 Y 轴，深度方向设定为 Z 轴。

❖ Parent［父对象］：父对象坐标系是根据对象链接而设定的，它把链接对象的父对象的坐标位置作为子对象的坐标取向。在 3ds Max 中，几乎所有复杂对象的创建都要使用父对象坐标系。

❖ Local［局部］：局部坐标系是物体对象以自身的坐标位置为坐标中心的坐标系。在 3ds Max 动画制作中，局部坐标系的使用是很常见的，也是非常有用的。

❖ Gimbal［万向］：万向坐标系是对应于 Euler XYZ Rotation Controller 工具来使用的，对于移动和缩放变换，万向坐标系与父对象坐标系的功能是相同的。

❖ Grid［栅格］：栅格坐标系是一个辅助坐标系。在 3ds Max 中，可以创建一个栅格对象，该对象就是栅格坐标系的中心。

❖ Working［工作方式］：该坐标系统是针对 Working Pivot［工作方式轴心点］而设置的，当进入 Working［工作方式］时，系统会自动切换到该系统上，当然，也可以在任何时候使用这种方式。

Working［工作方式］是 3ds Max 2008 新增的功能，利用它可以为对象设置
临时的轴心点用于变换操作，而不会改变对象真实的轴心点。

❖ Pick［拾取］：拾取坐标系是一种由用户自己来定义的坐标系，可以使用局部坐标
系，还可以使一个对象使用另一个对象的拾取坐标系。动画制作中的相对移动经
常使用拾取坐标系。

4.5 栅格与捕捉设置

Grids and Snaps［栅格和捕捉］是 3ds Max 2009 新增的菜单项，但其内容却毫
无新意，只是把以前 Views［视图］和 Customize［自定义］菜单下的项目进行了
合并。这些项目大多数都可以通过主工具栏上的工具按钮访问。

❖ Grid and Snap Settings［栅格和捕捉设置］：用鼠标右键单击 Snaps Toggle［捕捉工
具］、Angle Snap Toggle［角度捕捉工具］和 Percent Snap Toggle［百分比捕捉工
具］其中的任何一个按钮，都会弹出 Grid and Snap Settings［栅格和捕捉设置］窗
口。

❖ Show Home Grid［显示主栅格］：控制视图中主栅格的显示。

❖ Activate Home Grid［激活主栅格］：当栅格对象被激活时，主栅格暂时失去作用，
此命令可将主栅格功能恢复。

❖ Activate Grid Object［激活栅格对象］：把栅格对象作为创建的参考。

❖ Align Grid to View［对齐栅格到视图］：把栅格对象平面与活动视图对齐。

❖ Snaps Toggle［捕捉工具］：用于在对象创建和修改时进行精确定位。

❖ Angle Snap Toggle［角度捕捉工具］：用于捕捉进行旋转操作时的角度间隔，使对
象或者视图按固定的增量进行旋转。在默认状态下的增量是 5°。如果打开 Angle
Snap Toggle 按钮并旋转对象，它将先旋转 5°，然后再旋转 10°、15°等。

❖ Percent Snap Toggle［百分比捕捉工具］：用于缩放或挤压对象时，使比例缩放按
固定的增量进行。例如，当打开该按钮后，在默认设置下任何对象的缩放将按 10%
的增量进行。

❖ Snaps Use Axis Constraints［捕捉使用轴约束］：用于约束选定的对象，使其沿着
在轴约束工具栏上指定的轴移动。

4.6 克隆对象

克隆是复制对象的通用术语，克隆对象就是创建对象副本的过程。在 3ds Max
中，克隆对象时可以选择不同的模式，根据这些模式的不同，副本与原始对象之

间的关联关系也不相同。

通过"克隆"命令来复制对象是一个非常简单的操作，在使用任何变换工具的同时，按住 Shift 键，为对象实施变换操作，就会创建出变换对象的副本，在对象副本被创建之前，会弹出 Clone Options［克隆选项］对话框，该对话框提供了三个重要的克隆选项。

- Copy［复制］：创建一个与源对象毫不相干的克隆对象，在修改一个对象时，不会对另外一个对象产生影响。

- Instance［实例］：创建与源对象可以完全交互的克隆对象，在效果上，修改实例对象与修改源对象是完全相同的。

- Reference［参考］：创建与源对象有关的克隆对象。在没有为参考对象应用新的修改器之前，参考复制对象的属性与实例复制对象的属性完全相同。但是，一旦为参考对象应用于新的修改器后，那么修改器只能影响到参考对象，而不会对源对象有任何影响。

> 提示：对于这三种模式，原始对象和克隆对象在几何体层级上是相同的，区别就在于处理编辑修改器时所采用的方式。

4.6.1　克隆对象的模式

在 3ds Max 2009 中，还可以使用多种方法来克隆对象，所选的方法随着被操作对象类型的不同而有所变化。这些方法如下：

- 在变换操作时按下 Shift 键。

- 从 Edit［编辑］菜单中选择 Clone［克隆］命令。

- 在 Track View［轨迹视图］中使用 Copy［复制］和 Paste［粘贴］命令。

- 使用拖放操作可以在 Material Editor［材质编辑器］中复制材质和贴图。

4.6.1.1　Copy［副本］模式

副本是一种最常见的克隆对象。当在复制对象时，将会创建新的独立主对象，该副本则会在复制时复制原始对象的所有数据。但创建后，它与原始对象之间是没有关系的。

4.6.1.2 Instance［实例］模式

在进行实例化对象时，将会根据单个主对象生成多个命名对象，且每个命名对象实例拥有自身的变换组、空间扭曲绑定和对象属性。但是，它是与其他实例共享对象修改器和主对象的。实例的数据流也正好在计算对象修改器后出现分支。例如，通过应用或调整修改器更改一个实例后，所有其他的实例也会随之改变。通常在 3ds Max 中，实例源自同一个主对象，而在视口中看到的多个对象是具有同一定义的多个实例。

4.6.1.3 Reference［参考］模式

参考对象是基于原始对象的，就像实例一样，但是它们还可以拥有自身特有的修改器。参考对象至少可以共享同一个主对象和一些对象修改器。参考对象的数据流正好在对象修改器后出现分支，但是此后，它会对每个参考对象特有的第二组对象修改器进行计算。当在创建参考对象时，3ds Max 2009 将会在所有克隆对象修改器堆栈的顶部显示出一条灰线，也就是我们所说的导出对象线，在该直线下方所做的任何修改都会传递到原始对象以及其他参考对象中去，而在该直线上方添加的新修改器不会传递到其他参考对象。对原始对象（如在创建参数中）所做的更改会传递到其参考对象。这种效果在实际操作中是非常有用的。之所以有着实际意义是因为在保持影响所有参考对象的原始对象的同时，参考对象可以显示自身的各种特性。

一般情况下，所有的共享修改器位于导出对象直线的下方，且显示为粗体；而选定参考对象特有的所有修改器位于导出对象直线的下方，且不显示为粗体。原始对象没有导出对象直线，其修改器和创建参数都会进行共享，且对该对象所做的全部更改都将会影响所有参考对象。

在修改器堆栈中应用该修改器的位置决定了更改命名对象参考的修改器或对其应用修改器的结果。如果在修改器堆栈的顶部应用修改器，则只会对选定的命名对象有所影响；如果在直线下方应用修改器，将会对该直线上方的所有参考分支对象产生影响；如果在修改器堆栈的底部应用修改器，将会对从主对象生成的所有参考对象产生影响。

4.6.2　克隆对象的方法

3ds Max 2009 还提供了几种复制或重复对象的方法，"克隆"只不过是此过程的一般性术语。下列方法可以用来克隆任意对象和选择集。

- Clone［克隆］。

- ［Shift］+Clone［克隆］。

- Snapshot［快照］。

- Array［阵列］。

- Mirror［镜像］。

- Spacing Tool［间隔工具］。

- Clone and Align Tool［克隆并对齐工具］。

虽然以上的每个方法在克隆对象时都有独特的用处和优点，但是，在大多数情况下这些克隆方法在工作方式上都有很多的相似点：

（1）克隆时，可以应用变换；创建新对象时，可以移动、旋转或缩放。

（2）变换相对于当前坐标系统、坐标轴约束和变换中心。

（3）克隆创建新对象时，可以选择使它们成为副本、实例和参考。

4.6.2.1　Clone［克隆］

这是 3ds Max 2009 中最简单的复制对象的方法，就是在 Edit［编辑］菜单上选择 Clone［克隆］命令。它可以在源对象的位置创建对象的副本，因此，在复制完成后，往往需要再进行变换。

4.6.2.2　［Shift］+ Clone［克隆］

用户还可以在视口中交互地变换对象时将其克隆，效果如图 4-19 所示。此过程被称为［Shift+Clone］，即使用鼠标变换选定对象时，可以采用按住 Shift 键的方法。

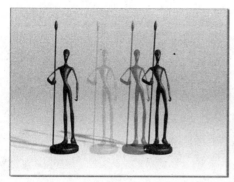

图 4-19

　　此方法是克隆对象时最常用的方法，它快捷方便。使用捕捉设置可获得精确的结果；设置变换轴和变换中心的方式会决定克隆对象的排列。根据设置的不同，可以创建线性和径向的阵列。不过，若想充分利用好［Shift+Clone］，则需要了解变换功能的基础知识。

4.6.2.3　Snapshot［快照］

　　快照是 3ds Max 2009 提供的一种非常特别的克隆功能，运用于动画中的对象，随时间克隆动画对象，效果如图 4-20 所示。利用快照可以在任一帧上创建单个克隆，或沿动画路径为多个克隆设置间隔。间隔在这里指的是均匀时间间隔，也可以是均匀的距离。

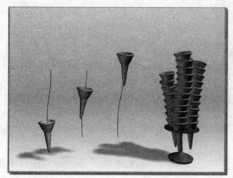

图 4-20

4.6.2.4　Array［阵列］

　　阵列能创建出按一定规律排序的重复对象，如图 4-21 所示，例如，螺旋梯的梯级，走廊的立柱等。阵列可以控制克隆对象三个变换动作和在三个维度上的精确排列，包括沿着一个或多个轴缩放的能力。正由于变换和维度的组合，且与不同的中心结合，才使得阵列工具有着众多的设置选项。例如，螺旋梯是围绕公共中心的"移动"和"旋转"的组合。

图 4-21

[示例 11] 线性阵列

线性阵列是对象形成直线的阵列方式，例如按行或列进行阵列。在 Array [阵列] 对话框的顶部，可以指定沿 X、Y 和 Z 轴的偏移量。在这个练习中，会对房间墙壁上的木栏杆进行简单的线性阵列，因为栏杆的形状是相同的，所以在场景中只要准备一个原始对象就可以了。

Step1： 打开本书配套光盘中提供的"Array.max"场景文件，在这个文件中提供了一个木制建筑模型的场景，如图 4-22 所示。

图 4-22

Step2： 在 Perspective [透视] 视图中，选择"侧面木条"对象，如图 4-23 所示。

Step3： 在菜单栏中选择 Tools＞Array [工具＞阵列] 命令，调出 Array [阵列] 对话框，如图 4-24 所示。

Step4： 在 Array Transformation [阵列变换] 选项组中，在 Move [移动] 命令上，修改 Z 轴上的 Incremental [增量] 值为 8。

Step5： 在 Array Dimensions [阵列维度] 选项组中，修改 1D 的 Count [数目] 值为 10，如图 4-25 所示。

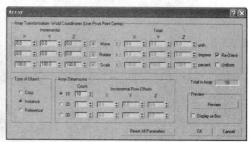

图 4-23   图 4-24

Step6: 在 Preview［预览］选项组中，单击 Preview［预览］按钮，在 Perspective ［透视］视图中查看阵列后的效果。

Step7: 如果当前的效果已经符合要求了，就可以在 Array［阵列］对话框中，单击 OK［确定］按钮，完成线性阵列的操作，结果如图 4-26 所示。

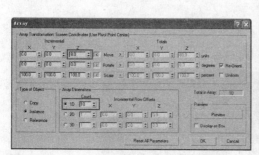

图 4-25   图 4-26

［示例 12］环形阵列

使用 Array［阵列］对话框不仅可以创建线性阵列，还可以创建环形阵列。因为所有的变换都是围绕着中心点进行的，所以在进行环形阵列前，要对原始对象的轴心点位置进行修改，这样才能得到正确的阵列结果。

■ 重置轴心点

Step1: 在 Perspective［透视］视图中，选择"环形立柱"对象，如图 4-27 所示。

Step2: 在命令面板中单击 按钮，进入 Hierarchy［层次］面板。

Step3: 在 Adjust Pivot［调整轴心］卷展栏下，单击 Move/Rotate/Scale［移动/旋转/缩放］选项组中的 Affect Pivot Only［仅影响轴］按钮，如图 4-28 所示。

图 4-27

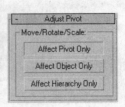

图 4-28

Step4: 在主工具栏中单击 ▣ 按钮，然后在 Top［顶］视图中单击"楼梯顶"对象，调出 Align Selection［对齐选择］对话框。

Step5: 在该对话框的 Align Position（Screen）［对齐位置（屏幕）］选项组中，选中 X Position［X 位置］复选框，如图 4-29 所示。

Step6: 单击 OK［确定］按钮，将"环形立柱"对象的轴心点与顶部的中心对齐，如图 4-30 所示。

图 4-29

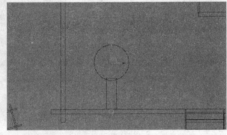

图 4-30

Step7: 在 Adjust Pivot［调整轴心］卷展栏下的 Move/Rotate/Scale［移动/旋转/缩放］选项组中，再次单击 Affect Pivot Only［仅影响轴］按钮，关闭该命令。

■ 阵列对象

Step1: 在菜单栏中选择 Tools＞Array［工具＞阵列］命令，调出 Array［阵列］对话框。

Step2: 在 Array Transformation［阵列变换］选项组中，在 Move［移动］命令上，修改 Z 轴上的 Incremental［增量］值为 0。

Step3: 在 Rotate［旋转］命令上，修改 Z 轴上的 Incremental［增量］值为 36。

Step4: 在 Array Dimensions［阵列维度］选项组中，修改 1D 的 Count［数目］值为 10，如图 4-31 所示。

Step5: 确认其他默认参数值不变，然后单击 OK［确定］按钮，关闭该对话框，得到的最终结果如图 4-32 所示。

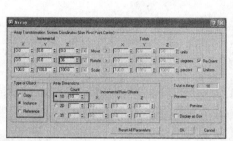

图 4-31

图 4-32

［示例 13］螺旋阵列

螺旋阵列是阵列操作中最复杂的一种阵列方法。螺旋阵列不仅是在一个平面上对选定的对象进行阵列，而是在一个三维空间中完成阵列操作的。

■ 孤立对象

Step1: 按住 Ctrl 键，在 Perspective［透视］视图中选择"楼梯"和"楼梯支柱"对象，如图 4-33 所示。

Step2: 右击 Perspective［透视］视图，在弹出的快捷菜单中选择 Isolate Selection［孤立当前选择］命令，将它们独立显示出来，如图 4-34 所示。

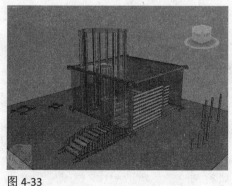

图 4-33

图 4-34

Step3: 在 Perspective［透视］视图中，选择"楼梯"对象，然后在键盘上按下 T 键，将当前视图切换为 Top［顶］视图，结果如图 4-35 所示。

图 4-35

■ 调整轴心

Step1： 在命令面板中单击 ▣ 按钮，进入 Hierarchy［层次］面板。

Step2： 在 Adjust Pivot［调整轴心］卷展栏下，单击 Move/Rotate/Scale［移动/旋转/缩放］选项组中的 Affect Pivot Only［仅影响轴］按钮。

Step3： 在主工具栏中单击 ▣ 按钮，然后在 Top［顶］视图中单击"楼梯支柱"对象，调出 Align Selection［对齐选择］对话框。

Step4： 在该对话框的 Align Position（Screen）［对齐位置（屏幕）］选项组中，保持默认设置不变，如图 4-36 所示，然后单击 OK［确定］按钮，将"楼梯"对象的轴心点与楼梯支柱的中心对齐。

图 4-36

Step5： 在 Adjust Pivot［调整轴心］卷展栏下的 Move/Rotate/Scale［移动/旋转/缩放］选项组中，再次单击 Affect Pivot Only［仅影响轴］按钮，关闭该命令。

■ 螺旋阵列

Step1： 在菜单栏中选择 Tools＞Array［工具＞阵列］命令，调出 Array［阵列］对话框。

Step2： 在 Array Transformation［阵列变换］选项组中，在 Rotate［旋转］命令上，修改 Z 轴上的 Incremental［增量］值为-15。

Step3： 在 Move［移动］命令上，修改 Z 轴上的 Incremental［增量］值为 7，如图 4-37 所示。

Step4： 在 Array Dimensions［阵列维度］选项组中，修改 1D 的 Count［数目］值为 15，然后单击 OK［确定］按钮，关闭该对话框，结果如图 4-38 所示。

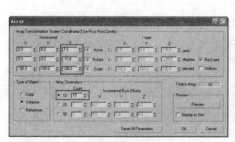

图 4-37

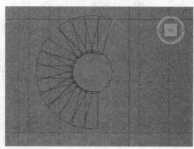

图 4-38

Step5： 在键盘上按下 P 键，将当前视图切换为 Perspective［透视］视图，可以看到完成阵列后的效果，如图 4-39 所示。

Step6： 在 Warning［警告］对话框中，单击 Exit Isolation Mode［退出孤立模式］按钮，结果如图 4-40 所示。

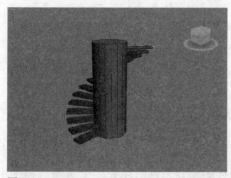

图 4-39

图 4-40

在上述三个练习中，使用 Array［阵列］对话框完成了三种不同的阵列方式。Array［阵列］对话框是在三个不同的维度上来创建阵列对象的，合理利用这三个维度，可以得到复杂多变的阵列方式。

4.6.2.5 Mirror［镜像］

镜像可以在任意轴的组合周围产生对称的对象副本，如图 4-41 所示。另外，还有一个 No Clone［不克隆］选项，它用来进行镜像变换操作但并不复制对象。

利用它，我们可以看到将对象翻转到另一方向的效果。镜像还具有交互式对话框，在更改设置时，可以在活动视口中看到效果。另外，3ds Max 2009 还有一个 Mirror ［镜像］修改器，它给出了镜像效果的参数控制。

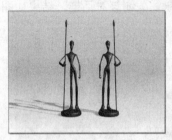
图 4-41

4.6.2.6　Spacing Tool［间隔工具］

Spacing Tool［间隔工具］可以让克隆的对象副本沿着路径进行分布，如图 4-42 所示，该路径是由样条线或成对的点来定义的。用户可以通过拾取样条线或两个点来定义路径，也可以指定对象之间间隔的方式。

图 4-42

4.6.2.7　Clone and Align Tool［克隆并对齐工具］

使用 Clone and Align Tool［克隆并对齐工具］可以基于当前选择将源对象分布到目标对象上。例如，可以使用同样的家具来同时填充多个房间。在使用多个源对象的情况下，Clone and Align Tool［克隆并对齐工具］会保持每个复制组成员间的位置关系不变，而将选中项以目标的轴为中心进行对齐，效果如图 4-43 所示。

图 4-43

Chapter 05　模型的创建和编辑

　　3ds Max 中的建模方式多种多样，从最基本的参数化建模，到高级多边形建模，用户可以根据工作需要和个人习惯，选择最方便、快捷的方式。高级多边形建模方法中，包含了多边形建模、网格建模和细分曲面建模。这些建模方法比参数化（几何体）建模更加自由，可以统称为自由化建模方式。

5.1　编辑多边形的改进

　　多边形模型、网格模型和细分曲面都是可编辑对象，用户可以通过对它们的顶点、边、多边形和元素等子对象层级的控制，来对模型进行编辑。经过多次版本升级改进，3ds Max Editable Poly［可编辑多边形］的功能不断增强，使它成为更加有力的建模工具。

5.1.1　Selection［选择］卷展栏

　　Selection［选择］卷展栏为访问不同的子对象层级和显示设置提供了按钮。选择一个可编辑多边形后首次访问"修改"面板时，默认是处在对象层的。通过单击该卷展栏顶部的按钮可以进入不同的子对象层级，并且可以访问相关命令参数。此处选择子对象按钮与选择修改器堆栈中子对象类型的作用是相同的，再次单击选择按钮将其关闭并且返回到对象层。另外，在右键菜单中也可以切换子对象选择。

❖　Vertex［顶点］：打开顶点子对象层级，单击鼠标选择被选顶点。

❖　Edge［边］：打开边子对象层级，单击鼠标选择被选多边形边。

❖　Border［边界］：打开边界子对象层级，也就是对象开放的连续的边。

❖　Polygon［多边形］：打开多边形子对象层，单击鼠标选择被选多边形。

❖　Element［元素］：打开多边形子对象层，选择对象中所有邻接的多边形。

❖　By Vertex［按顶点］：打开此项时，只有通过选择使用的顶点才能选择子对象。单击顶点时，使用此顶点的所有子对象被选择。

❖　Ignore Backfacing［忽略背面］：打开此项时，只会选择法线朝向用户的面，否则，只要被鼠标单击或框选的部分都会被选择。

❖ By Angle［按角度］：启用并选择某个多边形时，该软件也可以根据该复选框右侧的角度设置选择邻近的多边形。该值可以确定要选择的邻近多边形之间的最大角度。仅在"多边形"子对象层级可用。

> 注意：在显示面板中的 Backface Cull 设置的状态不影响子对象选择。因此，如果关闭 Ignore Backfacing［忽略背面］，尽管看不到但仍然可以选择子对象。

❖ Shrink［收缩］：通过取消选择最外边的子对象减小子对象选择区域。如果选择区域不能再减小，则取消对剩余子对象的选择。

❖ Grow［扩大］：在所有方向扩展选择区域。在此功能中，边界被认为是一个边选择。

> 提示：在图 5-1 中展示了 Shrink［收缩］和 Grow［扩大］选择的功能，其中左图是原始选择，中图是 Shrink［收缩］后的结果，右图是 Grow［扩大］后的结果。

图 5-1

❖ Ring［环形］：选择与被选边平行的所有边，此命令仅应用于边和边界选择。

❖ Loop［循环］：在与被选边相关的边中最大限度地扩展选择来构成一个环。此命令仅用于边和边界选择，仅在 4 个连接方向上扩展。

> 提示：在图 5-2 中展示了 Ring［环形］和 Loop［循环］选择的功能，其中左图是原始选择，中图是 Ring［环形］后的结果，右图是 Loop［循环］后的结果。

图 5-2

■ Preview Selection［预览选择］选项组

预览选择功能是 3ds Max 2008 时增加的一个比较引人注目的改进，用户可以自定义使用哪种模式进行预览，关闭它则使用与以前版本完全相同的方式。当打开了预览选择功能后，可以在正式选择子对象前就对将要选择到的对象进行预览，这一功能可以有效地提高工作效率并降低误选择的情况。Selection［选择］卷展栏中的 Preview Selection［预览选择对象］选项组如图 5-3 所示。

 图 5-3

❖ Off［关闭］：选择这一选项，将关闭预览选择功能。

❖ SubObj［子对象］：选择这一项，预览选择功能将只对当前子对象层级起作用。

❖ Multi［自动］：选择这一选项，预览选择功能会根据鼠标指针的位置自动在各个子层级之间进行切换。

> 注意：Preview Selection［预览选择］的功能并不仅仅是预览选择的子对象，还可以在实际操作中运用该功能。例如，打开变换工具后，无论处在任何子对象层级下，都可以对点、边、面进行操作。这种设计使得 3ds Max 2009 对多边形的操作，非常像 Lightwave 和 Silo。在针对多边形子对象的操作上，实现了所见即所得。

5.1.2　Soft Selection［软选择］卷展栏

Soft Selection［软选择］卷展栏下的选项和参数用来控制被选子对象与相邻子对象之间的影响衰减，界面如图 5-4 所示。使用软选择时，被选对象附近的子对象（未被选择的）也会赋予选择权重，这些数值通过在顶点上的颜色衰减显示在视口中。它们影响绝大多数子对象变形类型，例如平移、旋转、缩放和变形修改器（例如弯曲）。

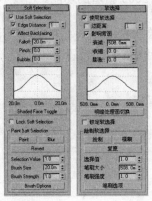 图 5-4

3ds Max 2009 的软选择增加了一点小特性，这就是 Shaded Face Toggle［着色表面开关］按钮。该按钮可以让表面以着色的方式显示软选择的状态和范围，它主要是针对 Editable Poly［可编辑多边形］开发的。

❖ Use Soft Selection［使用软选择］：用于控制是否开启软选择。若勾选，软选择则会有效，下面的软选择设置也可以进行设置和发挥作用。

❖ Edge Distance［边距离］：可通过设置衰减区域内边的数目控制受到影响的区域。

❖ Affect Backfacing［影响背面］：若勾选，则对选择的子对象背面将会产生同样的影响，否则只影响当前操作的一面。

❖ Falloff［衰减］：用于设置从开始衰减到结束衰减之间的距离。一般的，以场景设置的单位进行计算，而在图表显示框的下面也会显示出距离范围。作用的效果可以实时地在视图中看到。

❖ Pinch［收缩］：即沿着垂直轴提升或降低顶点。当其值为负数时，则会产生弹坑状图形曲线；而值为 0 时，则会产生平滑的过渡效果。默认值为 0。

❖ Bubble［膨胀］：即沿着垂直轴膨胀或收缩顶点。当 Pinch［收缩］为 0，Bubble［膨胀］为 1 时将产生一个最大限度的光滑的膨胀曲线；负值则会使膨胀曲线移动到表面，从而使其能在顶点下压形成山谷的形态。默认值为 0。

❖ Shaded Face Toggle［着色表面开关］：以着色表面的方式来显示软选择的范围和衰减。

❖ Lock Soft Selection［锁定软选择］：锁定软选择的状态，即使选择其他的子对象，原先被锁定的子对象也不会解除。

■ **Paint Soft Selection ［绘制软选择］选项组**

Paint Soft Selection［绘制软选择］可以通过在选定对象上拖动鼠标，以笔刷绘制的方式来明确地指定软选择，这是 3ds Max 2009 新增的功能。

❖ Paint［绘制］：可以在当前设置的活动对象上绘制软选择，如图 5-5 所示，只要在视图中上下拖动鼠标，就可以完成对软选择相关参数的设置。

图 5-5

> 提示：图 5-5 左侧所示的是在视图中对软选择 Falloff [衰减] 范围进行控制时的状态；图 5-5 右侧所示的是在视图中对软选择的 Pinch [收缩] 范围进行控制时的状态。注意观察鼠标指针的变化。

❖ Blur [模糊]：可以通过绘制来软化当前绘制软选择的轮廓。

❖ Revert [复原]：可以通过绘制在使用当前设置的活动对象上还原软选择。

> 提示：Revert [复原] 只会影响笔刷绘制的软选择，而不会影响常规的软选择（如鼠标点选或框选）。 同样，Revert [复原] 仅使用 Brush Size [笔刷大小] 和 Brush Strength [笔刷强度] 的设置，而不使用 Selection Value [选择值] 的设置。

❖ Selection Value [选择值]：默认值为 1.0。绘制或还原软选择的最大相对选择。笔刷半径内周围顶点的值会朝着 0 衰减。

❖ Brush Size [笔刷大小]：用来选择绘制的圆形笔刷的半径。

❖ Brush Strength [笔刷强度]：绘制软选择将绘制的子对象设置成最大值的速率。 高的 "强度" 值可以快速地达到完全值，而低的 "强度" 值需要重复地应用才可以达到完全值。

❖ Brush Options [笔刷选项]：用于打开 "绘制选项" 对话框，该对话框中可以设置笔刷的相关属性。

5.1.3 Edit Vertices [编辑顶点] 卷展栏

Edit Vertices [编辑顶点] 卷展栏如图 5-6 所示，下面对其中的选项含义进行说明。

图 5-6

❖ Remove [移除]：移除当前选择的顶点。该项与删除顶点不同，移除顶点不会对表面的完整性造成破坏，被移除的顶点周围的点会重新进行结合，不会产生破的表面。快捷键为 BackSpace。

> 注意：按 Delete 键也可删除选择点，而不同的是，使用 Delete 键在删除选择点的同时会将点所在的面一起删除，会产生破洞；使用 Remove［移除］命令不会删除点所在的表面，但会导致模型的外形改变。

> 提示：图 5-7 中，左侧为原对象选择的点，右上方是 Remove［移除］顶点后的效果，下方是 Delete［删除］顶点后的效果。

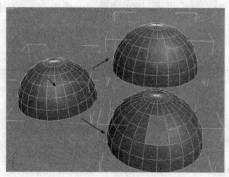

图 5-7

❖ Break［断开］：将相邻表面共享的顶点完全打断，使每个多边形表面在该顶点位置拥有独立的顶点。

> 提示：当执行 Break［断开］命令后，视图显示无法反映断开的效果。如果使用移动工具移动选择点，会发现连续的表面出现分裂。

❖ Extrude［挤出］：可在视图中通过手动方式对选择点进行挤出操作。单击该命令右侧的按钮，会弹出"挤出顶点"对话框，如图 5-8 所示。

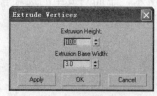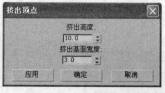

图 5-8

- Extrusion Height［挤出高度］：用于设置挤出的高度。

- Extrusion Base Width［挤出基面宽度］：用于设置挤出的基面宽度。

❖ Weld［焊接］：用于顶点之间的焊接操作。若顶点没有被焊接到一起，可以单击该命令右侧的按钮，会弹出"焊接顶点"对话框，如图 5-9 所示。

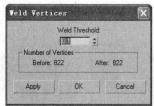 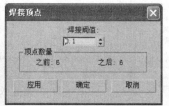

图 5-9

- Weld Threshold〔焊接阈值〕：指定焊接顶点之间的最大距离，在此距离范围内的顶点将被焊接到一起。

- Before〔之前〕：用于显示执行焊接操作前模型的顶点数。

- After〔之后〕：用于显示执行焊接操作后模型的顶点数。

❖ Chamfer〔切角〕：单击此按钮后，拖动选择点会进行切角处理；若单击右侧的按钮，则会弹出"切角顶点"对话框，用户可以通过数值框调节切角的大小，如图 5-10 所示。

图 5-10

- Chamfer Amount〔切角量〕：用于设置切角的大小。如果选择的是多重的点，设置该选项后，所有选择点都会同时产生相等的切角。如果拖动未选择点，选择点会取消选择。执行切角后新产生的面会继承临近面的材质 ID 和平滑组。

- Open〔打开〕：当该项启用后，被切角出的区域会被删除，如图 5-11 所示。这样我们就可以在曲面中创建缝隙了。默认设置为禁用。

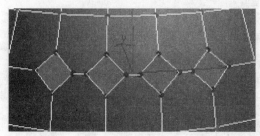

图 5-11

❖ Target Weld〔目标焊接〕：单击此按钮后，在视图中将选择的点（或点集）拖动到要焊接的顶点上（尽量接近）。这样就会自动进行焊接。

❖ Connect〔连接〕：用于创建新的边。如图 5-12 所示，在顶点子对象级，在选择点之间产生新的边；如图 5-13 所示，在边子对象级，在选择边之间增加相同数量的边。

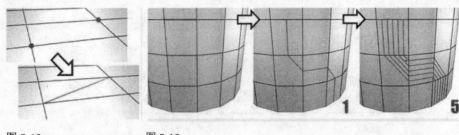

图 5-12   图 5-13

❖ Remove Isolated Vertices［移除孤立顶点］：单击此按钮后，将移除所有孤立的点，不管是否选择了该点。

❖ Remove Unused Map Verts［移除未使用的贴图顶点］：使没用的贴图顶点显示在 Unwrap UVW［UVW 展开］修改编辑器中，但不能用于贴图。单击此按钮可以将这些贴图点自动删除。

❖ Weight［权重］：用于设置选择点的权重。若勾选 Subdivision Surface［细分表面］>Use NURBS Subdivision［使用 NURBS 细分］选项，或者使用 Mesh Smooth［网格平滑］修改器后，可以通过这个选项调节平滑的效果。

5.1.4   Edit Edges［编辑边］卷展栏

边是连接两个顶点的直线，它可以形成多边形的边。边不能由两个以上多边形共享。另外，两个多边形的法线应相邻。"边"子对象中的一些命令功能与顶点子对象相关的命令功能相同，这里不重复介绍，可参见顶点子对象的参数介绍。Edit Edges［编辑边］卷展栏如图 5-14 所示。

图 5-14

❖ Insert Vertex［插入顶点］：单击此按钮后，在多边形上单击可以加入任意多的点，单击右键或再次单击 Insert Vertex［插入顶点］按钮可结束当前操作。

❖ Remove［移除］：即移除选择的边。在执行这个命令后，删除边周围的面会重新进行结合。快捷键是 BackSpace。

❖ Split［分割］：即沿选择的边分离网格。这个命令的效果不能直接显示出来，而只有在移动分割后的边时才能看到效果。

❖ Extrude[挤出]：单击此按钮后，可以在视图中通过手动方式对选择点进行挤出
操作。当拖动鼠标时，选择点会沿着法线方向在挤出的同时创建出新的多边形表
面。单击右侧的按钮，可以打开 Extrude Edges[挤出边]对话框，如图 5-15 所示。

图 5-15

• Extrusion Height[挤压高度]：用于设置挤出的高度。

• Extrusion Base Width[挤压基面宽度]：用于设置挤出的基面宽度。

❖ Weld[焊接]：即对边进行焊接。在视图中选择需要焊接的边后，再单击此按钮，
在阈值范围内的边会焊接到一起。若选择边没有被焊接到一起，则可以单击 ▣ 按
钮，从弹出的"焊接边"对话框中增大阈值继续焊接。

提示：只有不完全封闭的边才可以焊接到一起。假如选择的边完全封闭，那
么执行这个命令不会产生任何效果。

❖ Chamfer[切角]：单击此按钮后，拖动选择点会进行切角处理；若单击右侧的按
钮，则会弹出 Chamfer Edges[切角边]对话框，用户可以通过数值框调节切角的
大小，如图 5-16 所示。

图 5-16

• Chamfer Amount[切角量]：设置切角的范围，默认值为 1.0。

• Segments[分段]：为切角的两条边之间增加分段数，进行圆角处理，取值越大，
切角越圆滑。

• Open[开放]：勾选这个选项后，在进行切角处理时，在切角位置形成一个开口。

❖ Bridge[桥]：使用该工具可创建新的多边形来连接对象中的两条边或选定的多条
边，效果如图 5-17 所示。单击右侧的 ▣ 按钮时，会弹出 Bridge Edges[桥边缘]
对话框，如图 5-18 所示。

图 5-17

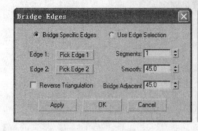 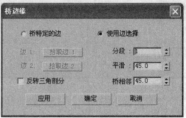

图 5-18

- Bridge Specific Edges［桥特定的边］：在这种模式下，可单击拾取按钮来指定将要创建桥的边界。

- Use Edge Selection［使用边选择］：在这种模式下，当在视图中存在一个或多个合格的选择对象时，那么选择此项的同时会立即在它们之间建立多边形桥；若不存在这样的选择对象，那么在视口中选择一对子对象可将它们连接。

- Edge1/Edge2［边 1/边 2］：在 Bridge Specific Edges［桥特定的边］模式下，该拾取按钮处于可用状态。当激活每个按钮后，可在视图中拾取边界作为将要桥接的边。选择边后，拾取按钮会显示出边的 ID 号，这样可以随时再次单击按钮来更换不同的边。

- Segments［分段］：指定多边形分段数目。

- Smooth［平滑］：运用此选项可指定列之间的最大角度，在这些列之间可以产生平滑的效果。这里指的是沿着桥的长度扩展出的一串多边形。

- Reverse Triangulation［反转三角剖分］：用于切换对桥接多边形的不同处理方式，主要用于桥接的两个多边形边数不同的情况。

- Bridge Adjacent［桥相邻］：用来指定桥接邻边间的最小角度。小于此角度的边，不进行桥接。

❖ Connect［连接］：单击该按钮可使用"Connect Edges［连接边］"对话框中的当前设置，在每对选定边之间创建新边，只能连接同一多边形上的边，且连接不会让新的边交叉。若选择四边形的 4 个边，然后单击 Connect［连接］按钮，则只能连接邻近的边，从而生成菱形图案。当单击右侧的 ▣ 按钮时，会弹出如图 5-19 所示的 Connect Edges［连接边］对话框。

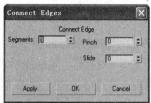 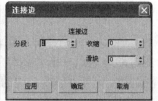

图 5-19

- Segments［分段］：在选定边之间所创建的新边的数量。

- Pinch［收缩］：使用该项可控制所创建新边之间的距离。负值会缩小边之间的距离；而正值会增加边之间的距离，如图 5-20 所示。

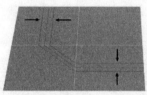 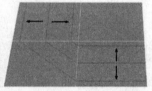

图 5-20

- Slide［滑块］：该项用于控制所创建新边的位置。在默认情况下，新边创建在选定边的中心位置，且 Slide［滑块］的正负值会控制边分别向两个方向移动，如图 5-21 所示。

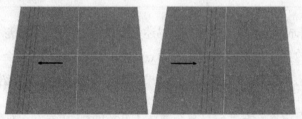

图 5-21

❖ Create Shape From Selection［利用所选内容创建图形］：当选择一个或更多的边后，再单击此按钮，将以选择的图形为模板创建新的图形。

- Curve Name［曲线名］：即为新的曲线命名。

- Smooth［平滑］：该项可强制线段变成圆滑的曲线，但仍和顶点呈相切状态，无调节手柄。

- Linear［线性］：即顶点之间以直线连接，且角点处无平滑过渡。

❖ Weight［权重］：设置选择边的权重。

> 提示：若勾选 Subdivision Surface［细分表面］>Use NURBS Subdivision［使用 NURBS 细分］选项，或者使用 Mesh Smooth［网格平滑］修改器后，可以通过这个选项调节平滑的效果。

❖ Crease［折缝］：与 Weight［权重］值类似，用于设置选择边之间的锐利程度。

❖ Edit Triangulation［编辑三角形］：当激活此按钮后，多边形内部隐藏的边会以虚线显示出来。若单击多边形的顶点并拖动到对角的顶点位置，鼠标指针则会显示为"+"号图标，而释放鼠标后四边形内部边的划分方式会改变，如图 5-22 所示。

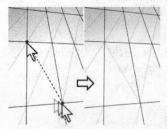

图 5-22

❖ Turn［旋转］：可通过单击虚线显示的对角线来改变多边形的细分方式。

> 提示：通常矩形表面的对角线只有两个旋转角度可用，因此连续单击两次，就可将其恢复到初始位置。

5.1.5 Edit Borders［编辑边界］卷展栏

边界是多边形的开放的连续边，通常可以描述为洞口的边缘，是多边形仅位于一面时的边序列。边界子对象的一些命令功能与顶点、边子对象层级相关的命令功能相同，这里不再重复介绍，可参考 5.1.3 节和 5.1.4 节对顶点和边子对象的介绍。

Edit Borders［编辑边界］卷展栏只有在激活了 Borders［边界］子对象层级时才会出现，它的参数界面如图 5-23 所示。

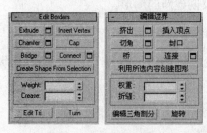

图 5-23

❖ Cap［封口］：以选择的开放边界为基础创建表面。

5.1.6 Edit Polygons［编辑多边形］卷展栏

多边形是通过曲面连接的三条或多条边的封闭序列，只有在选择了 Polygons

[多边形] 子对象层级后，修改面板中才会出现 Edit Polygons [编辑多边形] 卷展栏，该卷展栏中的一些命令功能与顶点、边子对象中的相同，在这里就不再重复介绍了，详解参见前面的相关内容。Edit Polygons [编辑多边形] 卷展栏的参数界面如图 5-24 所示。

图 5-24

❖ Insert Vertex [插入顶点]：在多边形层级中插入新顶点来细分多边形。

❖ Extrude [挤出]：单击此按钮后，可以在视图中通过手动方式对选择的多边形进行挤出操作。当拖动鼠标时，多边形会沿着法线方向在挤出的同时创建出新的多边形表面；当单击右侧的 ▢ 按钮时，则会弹出"挤出多边形"对话框，如图 5-25 所示。

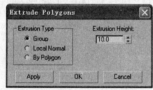

图 5-25

- Group [组]：假若选择的是一组多边形，那么勾选此项后，则将沿着它们的平均法线方向挤出多边形。

- Local Normal [自身法线]：即沿着选择的多边形自身法线方向进行挤出。

- By Polygon [按多边形]：假若对同时选择的多个表面挤出，那么每个多边形单独地被挤出或倒角。

- Extrusion Height [挤压高度]：用于设置挤出的高度。

❖ Outline [轮廓]：对当前选择面向外偏移或向内偏移，用于增大或减小轮廓边的大小，常用来调整挤出或倒角面。当单击右侧的 ▢ 按钮时，可以打开如图 5-26 所示的对话框。

图 5-26

- Outline Amount［轮廓量］：用于调整轮廓边的大小。

❖ Bevel［倒角］：即对选择的多边形进行挤出和轮廓处理。当单击右侧的 ▣ 按钮时，会弹出如图 5-27 所示的"倒角多边形"对话框。

图 5-27

- Group［组］：若选择的是多重的多边形，那么在勾选此项后，将会沿着它们的平均法线方向倒角多边形。

- Local Normal［局部法线］：即每个多边形沿着自身法线方向被倒角。

- By Polygon［按多边形］：即每个多边形单独地被倒角。

- Height［高度］：用于设置挤出的高度。

- Outline Amount［轮廓量］：用于调整轮廓边的大小。

❖ Inset［插入］：类似于倒角工具的功能，可以在产生新的轮廓边时产生新的面，不同的是，它不会产生挤出高度。单击此按钮后，直接在视图中拖动选择的多边形，会产生插入效果。当单击右侧的 ▣ 按钮时，会弹出"插入多边形"对话框，如图 5-28 所示。

图 5-28

- Group［组］：若选择的是多重的多边形，那么在勾选此项后，将会沿着它们的平均法线方向倒角多边形。

- By Polygon［按多边形］：即每个多边形个别地被倒角。

- Inset Amount［插入量］：用于调整插入的轮廓边大小。

❖ Bridge［桥］：可创建新的多边形来连接对象中的两个多边形或选定的多边形，如图 5-29 所示。当单击右侧的 ▣ 按钮时，会弹出如图 5-30 所示的对话框。

图 5-29

图 5-30

- Use Specific Ploygons［使用特定的多边形］：选择此模式，可拾取视图中想要桥接的多边形或边界。

- Use Ploygon Selection［使用多边形选择］：选择此模式后，若视图中存在一个或多个符合条件的多边形，则会立即进行桥接。

- Pick Polygon［拾取多边形］：选择该项，可在视图中拾取想要进行桥接的多边形。

- Twist［扭曲］：使用该项可为桥设置不同的扭曲量，可旋转多边形的连接顺序。

> 提示：在图 5-31 中，左图表示 Twist［扭曲］效果，中图表示 Taper［锥化］
> 效果，右图表示 Bias［偏移］效果。

图 5-31

- Segments［分段］：用于指定多边形分段数目。

- Taper［锥化］：用于设置桥靠近中心位置的宽窄程度。负值使其中心变小，而正值使其变大。

- Bias［偏移］：用于设置锥化对桥影响最大的位置，中心值为 0。

- Smooth［平滑］：用于设置列间的最大角度，在这些列间会产生平滑，调节范围为 0～180。列是沿着桥的长度扩展的一串多边形。

❖ Flip［翻转］：翻转选择多边形法线。

❖ Hinge From Edge［从边旋转］：这是一个特殊的工具，可以指定多边形的一条边作为铰链，让选择的多边形沿着铰链旋转并产生新的多边形，如图 5-32 所示。当单击右侧的按钮时，会弹出如图 5-33 所示的参数设置对话框。

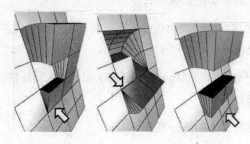

图 5-32

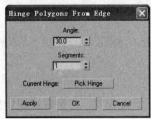 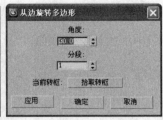

图 5-33

- Angle［角度］：用于设置沿铰链旋转的程度。

- Segments［分段］：用于设置挤出边细分数量。

- Current Hinge［当前转枢］：当单击右侧的 Pick Hinge［拾取铰链］按钮时，可以在视图中选取多边形的一条边作为铰链。若已经指定了转枢，这里就会显示出铰链的名称。

❖ Extrude Along Spline［沿样条线挤出］：将面以指定的样条线为路径进行挤出，如图 5-34 所示。选择进行挤出的多边形后，单击此按钮，直接在视图中选取曲线，选择的多边形会沿曲线被挤出。当单击右侧的□按钮时，会弹出"沿样条线挤出多边形"对话框，如图 5-35 所示。

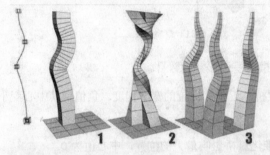

图 5-34

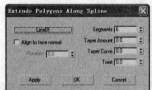 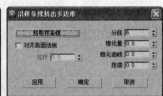

图 5-35

- 拾取样条线：单击此按钮后，就可以在视图中选取作为挤出路径的样条线了。假若已经指定了曲线，那么这里会显示出曲线的名称。

- Align to face normal［对齐到面法线］：当勾选此项时，将会沿着面法线的方向进行挤出。而取消勾选时，则挤出方向与曲线的方向相同。

- Rotation［旋转］：这个选项只有在勾选 Align to face normal［对齐到面法线］项后才可用。可以用来对挤出面进行旋转。

- Segments［分段］：用于挤出多边形的细分设置。

- Taper Amount［锥化量］：即沿挤出路径增大或减小多边形大小。

- Taper Curve［锥化曲线］：用于设置导边曲线的弯曲程度。

- Twist［扭曲］：即沿挤出路径对多边形进行扭曲处理。

❖ Edit Triangulation［编辑三角剖分］：当启用该选项后，可以手动建立内部边来修改多边形内部细分为三角形的方式。只需单击同一多边形中的两个顶点，就可对其内部剖分进行更改。

❖ Retriangulate［重复三角算法］：单击此按钮后，可以自动地对多边形内部三角面重新划分，产生更为合理的三角面分割，效果如图 5-36 所示。

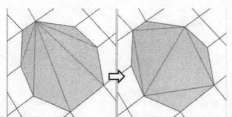

图 5-36

❖ Turn［旋转］：可通过单击虚线显示的对角线来改变多边形的细分方式。

5.1.7 Edit Elements［编辑元素］卷展栏

Edit Elements［编辑元素］卷展栏的各项参数命令，与 Edit Polygons［编辑多边形］卷展栏中的相关命令作用相同，只不过在这个卷展栏中的参数都是针对元素子对象进行设置的。Edit Elements［编辑元素］卷展栏的参数界面如图 5-37 所示，参数的详解参见 5.1.6 节中的相关内容。

图 5-37

5.1.8 Edit Geometry［编辑几何体］卷展栏

在多边形的对象层级（顶层级）或子对象层级，Edit Geometry［编辑几何体］卷展栏提供了用于更改"多边形"对象几何体的全局控制命令，包含了对几何体的平滑处理、对表面的分割处理、命名选择，以及对子对象的显示控制等各种命令控制。Edit Geometry［编辑几何体］卷展栏中的各参数项可以作用于当前对象的各个层级，但是在选择不同层级时，Edit Geometry［编辑几何体］卷展栏中的参数项的可用状态也不相同。Edit Geometry［编辑几何体］卷展栏的界面如图 5-38 所示。

图 5-38

> 提示：当界面上的按钮或参数文字显示为灰色时，表示该功能不可用。这是 3ds Max 面向对象操作的一个重要特色。

❖ Repeat Last［重复上一个］：用于重复上次的操作。

如图 5-39 所示，最左侧是多边形表面沿曲线被挤出的效果，1 显示对单一表面应用 Repeat Last［重复上一个］命令后的效果；2 显示连续的多边形表面应用 Repeat Last［重复上一个］命令后的效果；3 显示不连续表面应用 Repeat Last［重复上一个］命令后的效果。

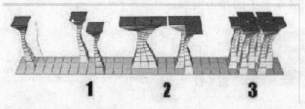

图 5-39

> 提示：把鼠标指针移动到 Repeat Last［重复上一个］按钮上，就会提示当前可重复的命令名称。但是，并不是所有的操作都可重复，变换操作就无法进行重复操作。

■ Constraints［约束］选项组

沿指定的方向对当前选择的子对象进行变换约束。如果当前处于 Vertex［顶点] 子对象级, 且选择了 None 项 (默认设置), 选择点可以在任意的方向变换; 如果选择 Edge [边], 选择点只能沿着临近边变换, 如图 5-40 所示; 如果选择 Face [面], 顶点只能在多边形的表面移动, 如图 5-41 所示。

图 5-40　　　图 5-41

❖ None [无]: 不对变换产生任何约束。

❖ Edge [边]: 把子对象的变换约束到边。

❖ Face [面]: 将次对象约束到单个面。

❖ Normal [法线]: 选择这一选项, 将使用法线约束类型, 也就是将对象的变换方向都强制锁定在当前的法线方向上。

❖ Preserve UVs [保持 UV]: 在通常情况下, 对象的几何体与其 UV 贴图之间存在直接对应关系, 假如对象设置了贴图后再移动对象的子多边形, 则纹理会跟随子对象移动。这时, 若启用了 Preserve UVs [保持 UV] 选项, 那么编辑对象的子多边形或元素, 就不会影响到对象的 UV 贴图。

❖ Settings[设置]: 可打开 Preserve Map Channels[保持贴图通道]对话框, 当 Preserve UVs [保持 UV] 选项启用后, 就可使用此对话框中的设置来指定哪个贴图通道需要保持, 如图 5-42 所示。

图 5-42

- Vertex Color Channels [顶点颜色通道]: 该项显示了包含任何顶点颜色通道数据的按钮。这些按钮可以是 Vertex Colors [顶点颜色]、Vertex Illumination [顶点照明] 或者 Vertex Alpha [顶点 Alpha], 其默认为禁用状态。

- Texture Channels [纹理通道]: 该项显示了包含任何纹理通道数据的按钮。这些按钮按编号来识别, 其默认为启用状态。

- Reset All [重置全部]: 使用该项可将所有通道按钮返回到它们的默认状态。

❖ Create［创建］：建立新的单个顶点、面、多边形或元素。

❖ Collapse［塌陷］：可将选择的顶点、线、面、多边形或元素删除，留下一个顶点与四周的面连接，从而产生新的表面。这种方法与删除面不同，它是将多余的表面吸收掉，就如同减肥的人将多余的脂肪吸除掉后，膨胀的表皮会收缩塌陷下来的样子。

❖ Attach［附加］：单击此按钮，先在视图中拾取其他的对象（这可以是任何类型的对象，包括样条线、面片、NURBS 对象等），再将它们合并到当前对象，同时转换为多边形对象类型。当单击右侧的按钮时，将会弹出结合列表，可以一次合并多个对象。附加对象时，要对材质的变化进行说明，主要有两种情况。

- 当前对象有材质，要附加进来的对象无材质；或者当前对象无材质，要附加进来的对象有材质。附加后，附加对象将把具有材质的对象的材质的作为附加体的材质。

- 两个对象都有材质。附加后，将自动产生多维子对象材质，将它们的材质合并在一起。

❖ Detach［分离］：使用该项可将当前选择的子对象分离出去，成为一个独立的新对象。

❖ Slice Plane［切片平面］：即是一个方形化的平面，使用该项可通过移动或旋转改变将要剪切对象的位置。单击后，Slice［切片］按钮变为可用状态。

❖ Split［分割］：当勾选时，在进行切片或剪切操作后，会在细分的边上创建双重的点。这样可以删除新的面来创建洞，或者可以像分散的元素一样操作新的面。

❖ Slice［切片］：单击该按钮后，会在切片平面处剪切选择的子对象。

❖ Reset Plane［重置平面］：即恢复切片为默认的位置和方向。

❖ Quick Slice［快速切片］：可以不通过剪切平面就对对象进行快速地剪切。单击该按钮后，可连续对对象进行剪切操作，再次单击 Quick Slice［快速切片］按钮或在视图中按右键则可结束剪切操作。

❖ Cut［切割］：使用该项可通过在边上添加点来细分子对象。单击该按钮后，在需要细分的边上单击，移动鼠标指针到下一边，依次单击，即可完成细分。

❖ MSmooth［网格平滑］：即使用当前的平滑设置对选择的子对象进行平滑处理。若单击右侧的按钮，则会弹出平滑设置对话框，如图 5-43 所示。

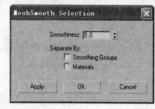 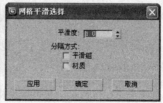

图 5-43

- Smoothness［平滑度］：用于控制新增表面与原表面折角的平滑度。当其值为 0 时，在原表面不创建任何面；当其值为 1 时，即使原表面为平面也会增加平滑表面。

- Smoothing Groups［平滑组］：阻止平滑群组在分离边上建立新面。

- Materials［材质］：阻止具有分离的材质 ID 号的边的新面建立。

❖ Tessellate［细化］：使用该项可对选择的子对象进行细化分处理。若单击右侧的按钮，则会弹出细化分设置对话框，如图 5-44 所示。

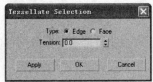

图 5-44

- Edge［边］：从每一条边的中心点处开始分裂产生新的面。

- Face［面］：从每一个面的中心点处开始分裂产生新的面。

- Tension［张力］：用于设置细化分后的表面是平的、凹陷的还是凸起的。当其值为正数时，向外挤出点；当其值为负数时，向内吸收点；当其值为 0 时，保持面的平整。

❖ Make Planar［平面化］：使用该项可将所有的选择面强制压成一个平面。

❖ X/Y/Z［X/Y/Z］：即平面化选定的多边形，并使平面与选定按钮的坐标轴垂直。例如，单击 Y 按钮，则产生的平面会和 X、Z 轴对齐。

❖ View Align［视图对齐］：单击该按钮后，选择的多边形子对象则被放置在同一平面上，并且对齐当前激活的视图，结果如图 5-45 所示。

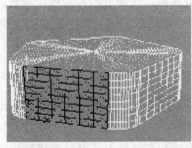
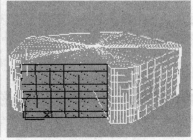

图 5-45

❖ Grid Align［栅格对齐］：单击该按钮后，选择点或子对象则会被放置在同一平面，并且这一平面平行于活动视图的栅格平面。

❖ Relax［松弛］：该项类似于松弛修改器，可以规格化网格空间，朝着相邻对象的平均位置移动每个顶点。当单击右侧的 □ 按钮时，则会弹出松弛设置对话框，如图 5-46 所示。

图 5-46

- Amount［数量］：控制每个顶点对于每一次迭代所移动的距离程度。该值指从顶点原始位置到其相邻顶点之间的平均距离的百分比，其默认范围为-1.0～1.0。

- Iterations［迭代次数］：设置松弛的次数，每一次迭代将重新计算平均距离，然后再将松弛量重新应用于每个顶点。

- Hold Boundary Points［保留边界点］：使用该项可控制是否移动开放网格的边界顶点，默认为不移动。

- Hold Outer Points［保留外点］：保留距离对象中心处最远顶点的原始位置。

❖ Hide Selected［隐藏选定对象］：隐藏选择的子对象。

❖ Unhide All［全部取消隐藏］：显示所有隐藏的子对象。

❖ Hide Unselected［隐藏未选定对象］：使用该项可将未选择的子对象进行隐藏。

❖ Copy［复制］：用于在不同的对象之间传递子对象选择。此命令可以将当前子对象级中命名的选择集合复制到剪贴板中。

❖ Paste［粘贴］：使用该项可将剪贴板中复制的选择集合指定到当前子对象级别中。

❖ Delete Isolated Vertices［删除孤立顶点］：当启用该项后，在删除子对象（除顶点以外的子对象）的同时会删除孤立的顶点。否则，删除子对象时孤立顶点会被保留。

❖ Full Interactivity［完全交互］：若勾选该复选框，在调节切片和剪切参数时，视图中会交互地显示出最终效果；若取消勾选该复选框，则只有在完成当前操作后才显示最终效果。

5.1.9 Polygon:Material IDs［多边形:材质 ID］卷展栏

在 Polygon:Material IDs［多边形:材质 ID］卷展栏中，可以对模型表面进行材质 ID 的分配，该卷展栏的参数界面如图 5-47 所示。

图 5-47

❖ Set ID［设置 ID］：在此可为选择的表面指定新的材质 ID。若对对象使用多维材质，将会按材质 ID 分配材质。

❖ Select ID［选择 ID］：若按当前 ID，可对所有与此 ID 相同的表面进行选择。

❖ Clear Selection［清除选定内容］：勾选该复选框后，若选择新的 ID 或材质名称，则会取消选择以前选定的所有面片或元素；若取消勾选，则会在原有选择内容基础上累加新内容。

5.1.10 Polygon:Smoothing Groups［多边形:平滑组］卷展栏

在 Polygon:Smoothing Groups［多边形:平滑组］卷展栏中，提供了表面平滑控制的参数项，界面如图 5-48 所示。

图 5-48

❖ Select By SG［按平滑组选择］：使用该项可对所有具有当前平滑组号的表面进行选择。

❖ Clear All［清除全部］：将面片对象指定的平滑组删除。

❖ Auto Smooth［自动平滑］：根据其右侧的 Threshold［阈值］，进行表面自动平滑处理。

❖ Threshold［阈值］：使用该项可确定有多少个面进行自动平滑处理。其值越大，进行平滑处理的表面就会越多。

5.1.11 Polygon:Vertex Colors［多边形:顶点颜色］卷展栏

Polygon:Vertex Colors［多边形:顶点颜色］卷展栏中，提供了控制顶点颜色属性与着色方式的命令参数，界面如图 5-49 所示。

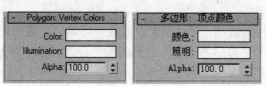

图 5-49

❖ Color［颜色］：用于设置顶点的颜色。

❖ Illumination［照明］：用于调节明暗度。

❖ Alpha［透明］：用于指定顶点透明值。

5.1.12　Subdivision Surface［细分曲面］卷展栏

以 MeshSmooth 方式对对象使用平滑细分，可在低分辨率的网格框架下工作时看到平滑细分后的效果。Subdivision Surface［细分曲面］卷展栏适用于所有的子对象层，也适用于对象层，而且总是对整个对象产生影响。Subdivision Surface［细分曲面］卷展栏的参数界面如图 5-50 所示。

图 5-50

❖ Smooth Result［平滑结果］：对所有的多边形应用相同的平滑组。

❖ Use NURMS Subdivision［使用 NURMS 细分］：通过 NURMS 方法使用平滑。

提示：Editable Poly［可编辑多边形］中的 NURMS 和 MeshSmooth［网格平滑］的不同之处在于后者可以访问顶点控制，而前者不可以。

❖ Isoline Display［等值线显示］：打开此命令，细分曲面后，软件只会显示细分对象前的原始边，也就是显示等值线。当禁用该项后，软件则会显示细分出的所有线框，迭代值越高，模型显示的线框越多。这样就会使模型看起来太复杂，因此在通常情况下会开启该项。

❖ Show Cage［显示框架］：使用该选项，可以在修改或细分可编辑多边形对象之前，切换两种颜色的显示。框架颜色显示为该命令右侧的颜色样本。第一种颜色表示未选定的子对象，第二种颜色表示选定的子对象。

■ Display［显示］选项组

❖ Iterations［迭代次数］：设置用来平滑多边形对象的迭代数量。每个迭代产生使用由先前迭代创建的顶点的所有多边形。当不勾选 Render［渲染］选项组中的 Iterations 选项时，这个设置同时在视口和渲染时控制迭代。反之，只有在视口中控制迭代。

❖ Smoothness［平滑度］：在添加并平滑多边形之前决定角的锐利度。数值 0.0 阻止多边形的创建；数值 1.0 为所有顶点增加多边形，即使它们在一个平面上。

■ Render［渲染］选项组

❖ Iterations［迭代次数］：渲染时对对象选择不同的平滑迭代数量。使用微调器设置迭代数量。

❖ Smoothness［平滑度］：渲染时对对象选择不同的平滑度数值。使用微调器设置平滑度数值。

■ Separate By［分隔方式］选项组

❖ Smoothing Groups［平滑组］：阻止在没有共享平滑组面之间的边上创建新的多边形。

❖ Materials［材质］：阻止在没有共享材质 ID 的面之间的边上创建新的多边形。

■ Update Options［更新选项］选项组

　　Update Options［更新选项］选项组用来设置手动或者渲染时更新选项，对于手动更新平滑对象的复杂度太高时，使用该设置。用户也可以在 Render 选项组中选择 Iterations 选项来设置高的平滑度，不过仅在渲染时适用。

❖ Always［始终］：改变 MeshSmooth 设置的任何时候都自动更新。

❖ When Rendering［渲染时］：只有在渲染时更新对象的视口显示。

❖ Manually［手动］：打开手动更新。选择手动更新，只有在单击 Update 按钮后，设置的改变才有效。

❖ Update［更新］：在视口中更新对象来匹配当前的 MeshSmooth 设置。只有在选择了 When Rendering［渲染时］或者 Manually 时才有效。

5.1.13　Subdivision Displacement［细分置换］卷展栏

　　Subdivision Displacement［细分置换］卷展栏只存在于 Editable Poly［可编辑

多边形]对象的修改面板中，用于可编辑多边形的细分设置，可以应用在对象层级以及所有子层级下。该卷展栏中的各参数选项只有在多边形对象指定了置换贴图后才会产生影响。Subdivision Displacement [细分置换] 卷展栏的界面如图 5-51 所示。这里仅对针对可编辑多边形的特殊参数进行解释。

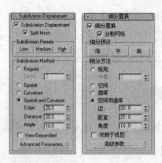

图 5-51

- ❖ Subdivision Displacement [细分置换]：在勾选时，可根据贴图的灰度值细分对象表面并进行置换，产生精确的贴图效果。若取消勾选，移动对象的顶点则会匹配贴图。

- ❖ Split Mesh [分割网格]：在勾选时，置换前会将网格对象分裂为单个的面，这样有利于贴图的完整性。若取消勾选，贴图则以内在的方法指定到对象表面。

5.1.14 Paint Deformation [绘画变形] 卷展栏

绘画变形是一种高级的多边形建模工具，也称为"雕刻建模"。它的特点是通过使用笔刷工具推拉顶点使曲面产生变形，非常适用于有机体的器官建模，可通过绘制来对模型的细节进行修饰。3ds Max 最近几个版本的升级，都增加了该功能的实用性。用 Paint Deformation [绘画变形] 创建的效果如图 5-52 所示，Paint Deformation [绘画变形] 卷展栏的界面参数如图 5-53 所示。

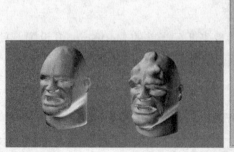

图 5-52

图 5-53

❖ Push/Pull［推/拉］：当选择该选项后，在对象上按住左键并拖动鼠标，可以将顶点移入对象曲面内或移出曲面外。通常情况下，移动的方向和范围由 Push/Pull Value［推/拉值］决定。此外，此命令还支持对于子对象选区用软选择来控制其推拉力量。注意在绘制时，按住 Alt 键即可反转推拉的方向。

❖ Relax［松弛］：该选项的作用类似于松弛修改器，运用它可以将靠得太近的顶点推开，同时也可以将离得太远的顶点拉近，其原理是将每个顶点移动到它的临近顶点平均距离的位置上。

❖ Revert［复原］：选择该选项后，在视图中拖动鼠标，就可逐步复原上一次提交的推/拉或松弛的效果。

> 提示：Push/Pull［推/拉］、Relax［松弛］和 Revert［复原］3 个按钮是绘制变形的 3 种操作模式，而且一次只能启用其中一种模式。

■ **Push/Pull Direction［推/拉方向］选项组**

❖ Original Normals［原始法线］：在选择后，被推/拉的顶点会沿着曲面变形之前的法线方向进行移动，如图 5-54 左侧所示。

❖ Deformed Normals［变形法线］：在选择后，被推 / 拉的顶点会沿着它目前的法线方向进行移动，如图 5-54 右侧所示。

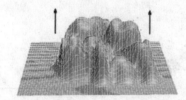

图 5-54

❖ Transform axis X/Y/Z［变换轴 X/Y/Z］：在选择后，被推/拉的顶点会沿着指定的 X/Y/Z 轴进行移动。

❖ Push/Pull Value［推/拉值］：使用该选项可确定每一次（不松开鼠标进行的一次或多次绘制）推/拉操作应用的方向和最大范围。当值为正时，可将顶点"拉"出曲面；当值为负时，可将顶点"推"入曲面。

❖ Brush Size［笔刷大小］：用于设置圆形笔刷的半径范围。

❖ Brush Strength［笔刷强度］：用于设置笔刷应用推 / 拉操作时的速率，其强度越大，达到完全值的速度就会越快。

❖ Brush Options［笔刷选项］：使用该选项可打开绘制笔刷对话框来自定义笔刷的形状、镜像、敏压设置等相关属性。

❖ Commit［提交］：先要确认所做的更改，在提交后原始对象会被绘制后的对象所替换，且不能再将 Revert［复原］工具应用于还原更改。

❖ Cancel［取消］：撤销从上一次 Commit［提交］操作后所做的所有更改。

> 提示：在绘制时，按住 Alt 键可将 Push/Pull Value［推/拉值］的正负符号反转，这样可以方便进行推入和拉出操作。使用 Ctrl+Shift+鼠标左键可快速调整笔刷大小；使用 Alt+Shift+鼠标左键可快速调整笔刷强度。另外，绘制时按住 Ctrl 键可暂时启用复原工具。

5.2 放样复合对象

本节主要对《3D 巨匠 3ds Max 2008 完全手册·建模篇》中介绍不够详细的 Loft［放样］建模方法，进行必要的补充。Loft［放样］是通过建立一个放样路径，然后在路径上插入各种截面而形成立体图形的一种合成方式。放样造型起源于古代的造船技术，以龙骨为路径，在不同截面处放入木板，从而产生船体模型。这种技术被广泛地应用于三维建模领域。随着 3ds Max 技术的不断成熟，放样功能也得到了增强，首先是截面图形与路径在放样后仍可进行灵活的编辑修改，其次是打破了许多界限，如允许不同点数的截面在一条路径上放样，连开放的曲线也可以作为截面图形引入到图形中，构造开放的表面。Loft［放样］的参数面板可分成 4 部分。

5.2.1 Creation Method［创建方式］卷展栏

Creation Method［创建方式］卷展栏参数用来决定在放样过程中使用哪一种方式进行放样，其参数界面如图 5-55 所示。

图 5-55

在建立放样物体前需要先完成截面图形和路径的制作，它们属于二维图形，需要在 Splines［样条线］面板中完成。对于路径，一个放样物体只允许有一条，封闭、不封闭、交错都无所谓；而对于截面图形，则可以有一个或多个，可以是封闭的或是不封闭的。先在视图中选择路径或是截面图形，此时 Loft［放样］按钮才变成可用状态，进入放样命令面板后，再单击 Get Shape［获取图形］按钮或是 Get Path［获取路径］按钮来选择截面图形或是路径。当鼠标指针接近可以进行放样的图形时，鼠标指针将改变形状。

❖ Get Path［获取路径］：如果已经选择了截面图形，那么单击该按钮，到视图中选
  择将要作为路径的图形。

❖ Get Shape［获取图形］：如果已经选择了路径，那么单击该按钮，到视图中选择
  将要作为截面图形的图形。

> 提示：对于是先指定路径，再取入截面图形，还是先指定截面图形，再取入
> 路径，本质上对造型的形态没有影响，只是因为位置放置的需要而不同。因
> 为有时不想变动截面图形位置，那么就先指定它，再取入路径，反之亦然。

在放样前，应选择放样的属性，决定选择的放样路径或放样截面放样合成的
方式。系统提供了 3 种属性，介绍如下。

• Move［移动］：直接用原始二维图形进入放样系统。

• Copy［复制］：复制一个二维图形进入放样系统，其本身并不发生任何改变，此
  时原始二维图形和复制的二维图形之间是完全独立的。

• Instance［实例］：原始二维图形将继续保留，进入放样系统的只是它们各自的实
  例物体。我们可以将它们隐藏，在以后需要对放样造型进行修改时，可以直接去
  修改它们的实例物体。

5.2.2 Surface Parameters［曲面参数］卷展栏

Surface Parameters［曲面参数］卷展栏参数用来对放样后的对象进行光滑处
理，并为之设置材质贴图和输出处理。从整体上来说，可将它分为 4 个区域，如
图 5-56 所示。

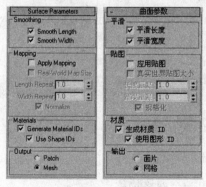

图 5-56

■ Smoothing [平滑] 选项组

该选项组中的参数用来指定放样对象表面的光滑方式。

❖ Smooth Length [平滑长度]：沿路径的长度方向进行表面的光滑处理，用于弯曲的放样路径或沿路径有截面大小变化的路径。

❖ Smooth Width [平常宽度]：沿放样截面周向上进行表面的光滑处理，用于放样截面的顶点数或是形状发生改变时。

两个平滑选项都选中可获得光滑的造型。

■ Mapping [贴图] 选项组

该选项组中的参数用来控制贴图在路径上的重复次数。

❖ Apply Mapping [应用贴图]：用来指定贴图坐标。选中该选项，将指定自身贴图坐标，同时激活其下方的两个参数栏。

❖ Real-World Map Size [真实世界贴图大小]：该选项可以控制纹理贴图所使用的缩放方法。

❖ Length Repeat [长度重复]：设置放样物体在长度方向上贴图循环的次数。

❖ Width Repeat [宽度重复]：设置放样物体在截面周向上贴图循环的次数。

❖ Normalize [规格化]：决定顶点的间距是否影响长度方向上以及截面周向上的贴图。选中该复选框，顶点对贴图无影响，贴图将在长度与截面周向上均匀分布；取消选中该复选框，放样路径的分段和放样截面的顶点都将影响贴图坐标。贴图的坐标及其重复次数都将与放样路径的分段间隔和放样截面的顶点间距成比例。

■ Materials [材质] 选项组

❖ Generate Materials IDs [生成材质 ID 号]：在放样过程中生成材质 ID 号。

❖ Use Shape IDs [使用图形 ID 号]：提供一个选择，可使用图形的 ID 号定义材质的 ID 号。

■ Output [输出] 选项组

该选项组中的参数用来控制输出的对象类型。

❖ Patch [面片]：通过放样过程建立输出一个面片物体。

❖ Mesh [网格]：通过放样过程建立输出一个网格物体。

5.2.3　Path Parameters［路径参数］卷展栏

Path Parameters［路径参数］卷展栏参数用来设置沿放样物体路径上各个截面图形的间隔位置，如图 5-57 所示。

图 5-57

❖ Path［路径］：通过调整微调器或是输入一数值设置插入点在路径上的位置。路径的数值取决于所选定的测量方式，并随着测量方式的改变而发生变化。

❖ Snap［捕捉］：设置放样路径上截面图形固定的间隔距离。捕捉的数值也取决于所选定的测量方式，并随着测量方式的改变而发生变化。

❖ On［启用］：选中该复选框，则激活 Snap［捕捉］参数栏，系统提供了下面 3 种测量方式。

❖ Percentage［百分比］：将全部放样路径设为 100%，以百分比形式来确定插入点的位置。

❖ Distance［距离］：以全部放样路径的实际长度为总数，以绝对距离长度形式来确定插入点的位置。

❖ Path Steps［路径步数］：以路径的分段形式来确定插入点的位置。

> 提示：当选择 Path Steps［路径步数］选项时会弹出提示框，提示放样截面的形状会被改变。这是因为路径的分段数是有限的，而一个分段处只能有一个截面。

❖ 　Pick Shape［拾取放样截面］：单击该按钮，在放样物体中手动拾取放样截面，此时 Snap［捕捉］关闭，并把所拾取到的放样截面的位置作为当前 Path［路径］栏中的值。该按钮只在修改命令面板中可用。当前截面的路径位置会显示黄色的十字交叉点，且截面图形显示为绿色。

❖ 　Previous Shape［前一截面］：选择当前截面的前一截面。

❖ 　Next Shape［后一截面］：选择当前截面的后一截面。

5.2.4　Skin Parameters［蒙皮参数］卷展栏

Skin Parameters［蒙皮参数］卷展栏参数用来控制放样后的对象表面的各种特

性，它又可以细分为 3 个区域，其参数界面如图 5-58 所示。

图 5-58

■ Capping [封口] 选项组

该选项组中的参数用来控制放样物体的两端是否封闭。

❖ Cap Start [封口始端]：选中该复选框，放样路径在起始点处加端面，封闭顶部。

❖ Cap End [封口末端]：选中该复选框，放样路径在结束点处加端面，封闭底部。

❖ Morph [变形]：为了便于建立变形物体而保持端面的点、面数不变。

❖ Grid [栅格]：把端面的面以矩形的网格方式整齐地布置在截面图形的边界上。该
  处理方法将端面设置成等大均匀的网格，有利于其他的变动修改。

■ Options [选项] 选项组

该选项组中的参数用来控制放样的一些基本设置。

❖ Shape Steps [图形步数]：设置截面图形顶点之间的步幅数，该值决定截面图形
  在周向上的侧边数，增加它的值会使造型表面更光滑。

❖ Path Steps [路径步数]：设置放样路径上插入截面图形顶点之间的步幅数，该值
  决定放样物体在长度方向上的分段数，增加它的值会使造型弯曲更光滑。

❖ Optimize Shapes [优化图形]：选中该复选框，对截面图形进行自动优化处理，
  这样将会自动制定光滑的程度，而不用去理会 Shape Steps [图形步数] 的设置值，
  其默认状态是未选中的。它的优点是减少造型复杂度，但准备用来参与变形的物
  体禁用。

❖ Optimize Path [优化路径]：选中该复选框，对路径进行自动优化处理，而不用
  去理会 Path Steps [路径步数] 的设置值，其默认状态是未选中的。

❖ Adaptive Path Steps [自适应路径步数]：选中该复选框，则通过分析放样物体的
  构成，自动调整其放样路径的分段数而不用去理会路径步数值，以得到最优的表

皮属性。此时，路径的主要分割点有可能是路径顶点、截面图形的位置或变形弯曲顶点。当取消选中该复选框时，路径的主要分割点则只可能是路径顶点。其默认状态是选中的。

❖ Contour［轮廓］：选中该复选框，截面图形在放样时会自动更正自身角度以垂直路径，得到正常的造型。否则，它将保持角度不变，而得到有缺陷的造型。

❖ Banking［倾斜］：选中该复选框，截面图形在放样时会依据路径在其自身 Z 轴上角度和高度的变化，自动地与之相适应而进行倾斜，使它总与切点保持垂直状态。该选项只在放样路径为 3D 图形时才有用。其默认状态是选中的。

❖ Constant Cross-Section［恒定横截面］：选中该复选框，截面图形将在路径上自动放缩，以保证整个截面具有统一的尺寸。否则，它将不发生变化而保持原来的尺寸。

❖ Linear Interpolation［线性插值］：选中该复选框，将在每个截面图形之间使用直线边界制作表皮，否则会用光滑的曲线来制作表皮。为取得光滑的造型表面，最好不要开启它。

❖ Flip Normals［翻转法线］：选中该复选框，将法线翻转 180°。该选项用来翻转放样物体的内外侧。

❖ Quad Sides［四边形的边］：选中该复选框，如果放样物体中有两个分段面具有相同的侧边数，则连接这两个片段面的表面以方形网格显示。如果侧边数不相同则无变化，仍以三角形网格连接。其默认状态是未选中的。

❖ Transform Degrade［变换降级］：选中该复选框，则在对路径或截面图形进行次级物体变动编辑时，放样物体的表皮消失。

■ **Display［显示］选项组**

该选项组中的参数用来控制放样造型在视图中的显示情况。

❖ Skin［蒙皮］：选中该复选框，将在视图中以网格方式显示它的表皮造型，否则只显示放样物体的次级物体。其默认状态是选中的。

❖ Skin in Shaded［明暗处理视图中的蒙皮］：选中该复选框，将在实体着色模式的视图中显示它的表皮造型而不理会表皮的设置情况。未选中时，则由表皮的设置情况控制表皮的显示。其默认状态是选中的。

5.3　实例练习——创建简单放样模型

要创建放样复合对象，必须要有图形和路径两个基本对象，接下来创建放样所需的这两个对象：一个矩形和一个 S 形路径。

5.3.1 创建图形和路径

Step1： 运行 3ds Max 程序。

Step2： 在 Create［创建］面板中，单击 按钮，进入图形的创建面板。

Step3： 在 Object Type［对象类型］卷展栏下，单击 Rectangle［矩形］按钮，然后在 Top［顶］视图中创建一个矩形——"Rectangle01"对象，如图 5-59 所示，作为放样的图形。

Step4： 在 Object Type［对象类型］卷展栏下，单击 Line［线］按钮，然后在 Front［前］视图中继续创建 S 形的线段——"Line01"对象，如图 5-60 所示，作为放样的路径。

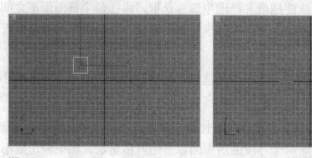

图 5-59   图 5-60

5.3.2 修改路径形状

Step1： 在命令面板中单击 标签，进入 Modify［修改］面板。

Step2： 在修改器堆栈中，单击 Line［线］左侧的 按钮，打开它的子对象层级，并选择 Vertex［顶点］层级，如图 5-61 所示。

Step3： 使用移动工具，调整各个顶点的位置，使样条线的形状大致如图 5-62 所示。

   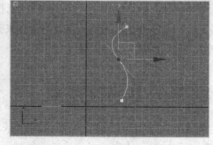

图 5-61   图 5-62

模型的创建和编辑

5.3.3 创建Loft［放样］复合对象

Step1： 保持"Line01"对象处于被选择的状态，在命令面板中单击 标签，进入 Create［创建］面板，并单击 按钮，进入几何体的创建面板。

Step2： 打开下拉列表，选择 Compound Objects［复合对象］选项，如图 5-63 所示，显示可创建的对象类型。

Step3： 在 Object Type［对象类型］卷展栏下，单击 Loft［放样］按钮，如图 5-64 所示，激活放样对象的创建。

图 5-63   图 5-64

Step4： 在 Creation Method［创建方式］卷展栏下，单击 Get Shape［获取图形］按钮，然后单击场景中已经创建好的"Rectangle01"对象，完成放样对象的创建，结果如图 5-65 所示。

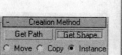

图 5-65

Step5： 在菜单栏中选择 File＞Reset［文件＞重置］命令，在弹出的提示保存对话框中，单击［否］按钮，如图 5-66 所示。

Step6： 在要求确认重置的对话框中，单击 Yes［是］按钮，如图 5-67 所示，恢复到 3ds Max 的初始界面。

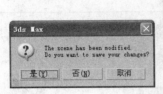

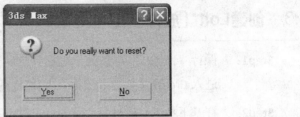

图 5-66   图 5-67

> 提示：如果要保存当前的工作，则需要在如图 5-66 所示的对话框中单击［是］
> 按钮，进入保存场景的对话框。

5.4   实例练习——创建天花角线

放样对象也比较适合用于建筑领域的效果图，制作过程简单，而且易于控制修改，本节就将展示天花角线的制作方法。

5.4.1   创建放样路径和图形

Step1：   在 Create［创建］面板中，单击 ⊙ 按钮，进入图形的创建面板。

Step2：   在 Object Type［对象类型］卷展栏下，单击 Rectangle［矩形］按钮，然后在 Top［顶］视图中创建一个矩形——"Rectangle01"对象，如图 5-68 所示，作为天花角线的基本形状。

Step3：   在 Object Type［对象类型］卷展栏下，单击 Line［线］按钮，然后在 Front［前］视图中创建一个封闭曲线——"Line01"对象，如图 5-69 所示，作为放样路径。

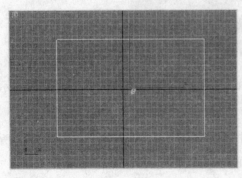

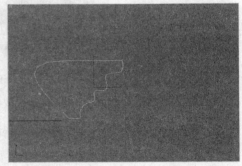

图 5-68   图 5-69

5.4.2 修改放样图形

Step1： 在命令面板中单击 ![icon] 标签，进入 Modify［修改］面板。

Step2： 在修改器堆栈中，单击 Line［线］左侧的 ![icon] 按钮，打开它的子对象层级，并选择 Vertex［顶点］层级，然后选择"Line01"对象左侧的两个顶点。

Step3： 右击鼠标，在弹出的四元菜单中选择 Corner［角点］命令，修改所选的顶点类型，此时样条线左侧的弧线就变为了笔直的线条，如图 5-70 所示。

Step4： 对其他顶点的类型和位置进行适当的修改，使形状大致如图 5-71 所示。

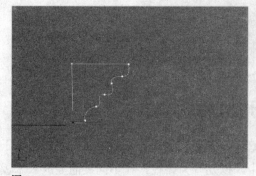

图 5-70

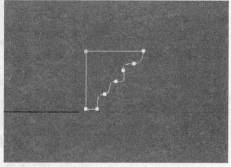

图 5-71

5.4.3 创建天花角线

Step1： 保持"Line01"对象处于被选择的状态，在命令面板中单击 ![icon] 标签，进入 Create［创建］面板，并单击 ![icon] 按钮，进入几何体的创建面板。

Step2： 打开下拉列表，选择 Compound Objects［复合对象］选项，如图 5-72 所示，显示可创建的对象类型。

Step3： 在 Object Type［对象类型］卷展栏下，单击 Loft［放样］按钮，如图 5-73 所示，激活放样对象的创建。

Step4： 在 Creation Method［创建方式］卷展栏下，单击 Get Shape［获取图形］按钮，然后单击场景中已经创建好的"Rectangle01"对象，完成放样对象的创建，结果如图 5-74 所示。

图 5-72

图 5-73

图 5-74

5.5 实例练习——制作花形立柱

在本节的练习中，将使用放样来制作洗脸台的立柱对象。放样起源于古老的造船技术，在最初的造船技术中，以龙骨为路径，在不同截面处放入木板，从而产生船体模型。这种技术被应用于三维建模领域，就是下面要学习的放样操作。在创建放样对象时，至少需要两个二维图形：一个用于定义放样的路径，另一个用于定义其横截面。

5.5.1 创建截面图形

Step1:　打开本书配套光盘提供的"loft.max"文件，在 Creat［创建］面板中，单击　按钮，打开 Shapes［图形］创建面板。

Step2:　在 Object Type［对象类型］卷展栏下，单击 Star［星形］按钮，如图 5-75 所示。

Step3:　在 Top［顶］视图中的空白处，拖动并释放鼠标定义第一个星形圆形，然后移动鼠标指针，单击以定义第二个星形半径，这样就创建好了一个 "Star01" 对象，如图 5-76 所示。

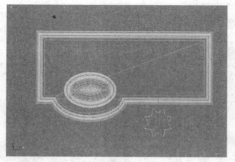

图 5-75   图 5-76

Step4： 在 Object Type［对象类型］卷展栏下，单击 Circle［圆］按钮，然后在
       "Star01"对象的旁边，创建一个半径为 15.0 的圆形，如图 5-77 所示。

Step5： 选择"Star01"对象，在命令面板中单击  按钮，进入 Modify［修改］
       面板。

Step6： 在 Parameters［参数］卷展栏下，修改 Points［点］的值为 8，Fillet Radius
       1［圆角半径 1］的值为 5，Fillet Radius 2［圆角半径 2］的值为 3.5，如
       图 5-78 所示。

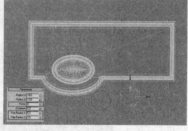

图 5-77   图 5-78

5.5.2 创建路径

Step1： 在 Create［创建］面板中，单击 ，打开 Shapes［图形］创建面板。

Step2： 在 Object Type［对象类型］卷展栏下，单击 Line［线］按钮。

Step3： 在 Front［前］视图中，创建一条垂直的直线——"Line03"对象，如图
       5-79 所示，右击鼠标结束创建命令。

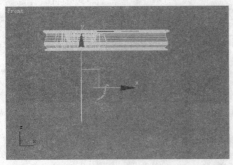

图 5-79

> 提示：在创建直线的同时，按住 Shift 键，可以保证当前的直线沿着 X 轴或 Y
> 轴进行绘制。这条直线将被作为放样对象的路径。

5.5.3　放样立柱

Step1：　确认"Line03"对象处于被选择状态，在 Creat [创建] 面板中，单击 ⊙
　　　　按钮，在下拉列表中选择 Compound Object [复合对象] 类型。

Step2：　在 Object Type [对象类型] 卷展栏下，单击 Loft [放样] 按钮。

Step3：　在 Creation Method [创建方式] 卷展栏下，单击 Get Shape [获取图形]
　　　　按钮，如图 5-80 所示。

Step4：　在 Top [顶] 视图中，单击圆形对象，放样出一个圆柱体对象，如图 5-81
　　　　所示。

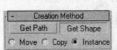

图 5-80　　　　　图 5-81

5.5.4　制作立柱的花纹

Step1：　确认"Loft01"对象处于被选择状态，单击 ⫶ 按钮进入修改面板。

Step2：　在 Path Parameters [路径参数] 卷展栏下，修改 Path [路径] 的值为

64，如图 5-82 所示。

Step3： 在 Creation Method［创建方式］卷展栏下，单击 Get Shape［获取图形］
按钮。

Step4： 在 Top［顶］视图中，单击"Star01"对象，得到的结果如图 5-83 所示，
立柱的下端出现了条形的花纹。

图 5-82

图 5-83

5.5.5 调整细节

Step1： 在修改器堆栈栏中，选择 Loft［放样］对象下的 Shape［图形］层级，
如图 5-84 所示。

Step2： 在 Shape Commands［图形命令］卷展栏下，单击 Compare［比较］按
钮，如图 5-85 所示，打开 Compare［比较］窗口。

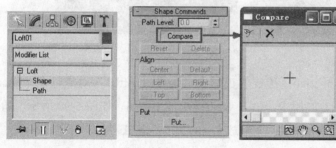

图 5-84

图 5-85

Step3： 在 Compare［比较］窗口中，单击 按钮，然后在 Front［前］视图
中，单击立柱上面的圆柱部分和下面的波浪形柱部分，以获取两个截面，
如图 5-86 所示。

Step4： 在视图中选择星形的截面，旋转它，直到 Compare［比较］窗口中，两
个界面的顶点处于同一位置，如图 5-87 所示。

图 5-86

图 5-87

提示：在 Compare［比较］窗口中，可以对两个截面的形态进行比较，以便顶点相互对齐，只有两个截面的顶点相互对齐了，才可以消除放样对象的扭曲现象。

Step5：　单击 按钮，关闭该窗口，观察当前立柱的形态，如图 5-88 所示。

Step6：　选择"Star01"对象，在 Modify［修改］面板的 Parameters［参数］卷展栏下，将 Fillet Radius 1［圆角半径 1］和 Fillet Radius 2［圆角半径 2］的值都设置为 3，得到的结果如图 5-89 所示。

图 5-88

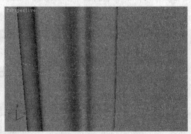
图 5-89

Step7：　在 Perspective［透视］视图中，选择"Loft01"对象，在 Deformations［变形］卷展栏中，单击 Scale［缩放］按钮，如图 5-90 所示，调出 Scale Deformation（X）［缩放变形（X）］窗口。

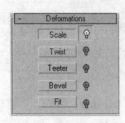

图 5-90

> 提示：在 Scale Deformation （X）［缩放变形（X）］窗口中，可以对 "Loft01" 对象的任意部分进行缩放变形。

Step8： 在 Scale Deformation （X）［缩放变形（X）］窗口中，单击 按钮，然后在窗口中的红色线条上单击鼠标，在上面增加两个顶点。

Step9： 在 Scale Deformation （X）［缩放变形（X）］窗口中，单击 按钮，调整所增加的顶点的位置，如图 5-91 所示。

Step10： 依次选择两个新添加的顶点，右击鼠标，在弹出的快捷菜单中选择 Bezier-Corner［贝塞尔-角点］命令，修改顶点的类型。

Step11： 通过对顶点位置与手柄的调节，将曲线的形态调整为如图 5-92 所示。观察当前立柱的形态，如图 5-93 所示。

图 5-91

图 5-92

Step12： 在 Scale Deformation （X）［缩放变形（X）］窗口中，单击 按钮，在曲线上添加两个新的顶点，如图 5-94 所示。

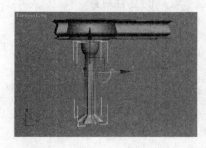

图 5-93

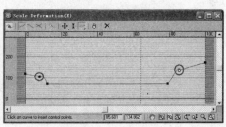

图 5-94

Step13： 依次选择两个新添加的顶点，右击鼠标，在弹出的快捷菜单中选择 Bezier-Smooth［贝塞尔-平滑］命令，修改顶点的类型。

Step14： 在 Scale Deformation （X）［缩放变形（X）］窗口中，单击 按钮，调整两个新添加的顶点的位置，如图 5-95 所示。

Step15： 在 Perspective［透视］视图中观察当前立柱的形态，如图 5-96 所示。

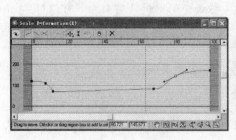

图 5-95

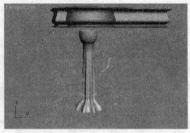

图 5-96

Step16：在主工具栏中单击 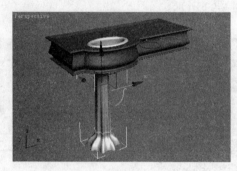 按钮，将"Loft01"对象在 Front［前］视图中，沿 Y 轴向上移动鼠标指针，使立柱紧贴洗脸台的底部，最终结果如图 5-97 所示。

图 5-97

　　到此为止，就完成了对洗脸台的创建。放样对象可以将截面图形沿着路径"铺"成实体对象，并可以使用各种变形功能，对放样对象的外表进行进一步的控制。这两种复合对象都是在日常工作中使用频率较高的复合对象。

Chapter 06　UVW 展开的改进

　　贴图就是指将 2D 平面图片投射（或者包裹）到 3D 模型上的方法。对于规则的模型，使用 "UVW 贴图" 修改器即可获得很好的纹理平铺效果。但如果模型的表面结构不规则，要让纹理在模型的表面上不变形、不重叠，那就需要专门的技术。3ds Max 使用 Unwrap UVW［UVW 展开］修改器来解决这个问题，其应用效果如图 6-1 和图 6-2 所示。

图 6-1

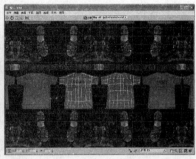

图 6-2

> 提示：应用 Unwrap UVW［UVW 展开］修改器后，在视口中的修改对象上会显示开放的贴图边或接缝，这可以帮助用户观察对象表面上的贴图簇的位置。用户可以使用 "显示" 设置来切换这一功能，并设置线的粗细。

6.1　Unwrap UVW 修改器

　　在智能、易用的贴图工具方面，3ds Max 现在可以使用新的样条线贴图功能来对管状和样条状物体进行贴图，例如把道路贴图到一个区域中。此外，改进的 Relax 和 Pelt 简化了 UVW 展开的工作流程，能够以更少的步骤创作出需要的效果。

　　当为对象指定 Unwrap UVW［UVW 展开］修改器后，对象自带的 UVW 贴图坐标会存储在当前的修改器中。如果原来的对象没有贴图坐标，会自动创建一个新的 Planar［平面］贴图坐标指定给对象。如果从下层堆栈传递上来的是面或者多边形的子对象选择集合，则只有这些选择集合的贴图坐标可以带入当前修改器中，而且当前 Unwrap UVW［UVW 展开］修改器的面子对象选择集会失效，无法进行表面的选择，所有的贴图坐标编辑只针对下层堆栈选择的表面。

针对不同类型的模型，在贴图坐标的编辑视图中显示的内容也不同。对 HSDS 和多边形表面，面的边数可能是四边形或者更多；对 HSDS 模型，无论贴图指定给哪个细分级别，结果只指定给第一个细分级别；对面片模型，贴图坐标的图形会有贝兹滑杆可调，和面片的调节相同。

6.1.1　修改器堆栈显示

当对对象应用 Unwrap UVW［UVW 展开］修改器时，通过修改器堆栈能访问"顶点"、"边"和"面"子对象层级，并可以在视口或者"编辑 UVWs"窗口中对模型的顶点、边、面进行选择操作。Unwrap UVW［UVW 展开］修改器的堆栈如图 6-3 所示。

图 6-3

所有子对象层级均在"编辑 UVWs"窗口和修改器堆栈的"选择模式"选项组中同步，在其中一个中激活子对象组件时，也会在另一个中激活。同样，在视口中选中子对象，则在"编辑 UVWs"窗口中也选中了这些对象，反之亦然，如图 6-4 所示。

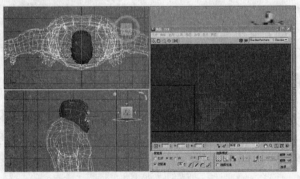

图 6-4

提示：如图 6-4 所示，在"编辑 UVWs"窗口中选择面时，视图中也显示出当前选择的面。

6.1.2　Selection Parameters［选择参数］卷展栏

用户可以创建或修改要在修改器中使用的子对象选择。例如，在"多边形选择"

修改器中，已经将面选择传到堆栈顶层，那么"UVW 展开"修改器会改为使用它，下面的选项将不可用。Selection Parameters［选择参数］卷展栏如图 6-5 所示。

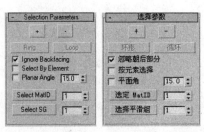

图 6-5

❖ ⊞：单击该按钮，可以通过选定的子对象来扩展相邻的选择集。例如，在编辑 UVW 贴图坐标的"面"子对象级下，进行面的选择后，再单击此按钮，将会沿着选择面的相邻边扩展选择集。

❖ ▦：单击该按钮，可以缩减被选定的子对象选择集。

❖ Ring［环形］：单击此按钮后，与当前选择边平行的边会被选择。但该功能只能用于 Edge［边］子对象级。

❖ Loop［循环］：可在选择的边对齐的方向尽可能远地扩展当前选择。但该功能只能用于 Edge［边］子对象级，而且仅通过偶数边的交点传播。

❖ Ignore Backfacing［忽略朝后部分］：当勾选时，在选择面时只会选择正对当前视图的表面，否则会将背面的表面一同选择。

❖ Select By Element［按元素选择］：以元素为最小级别进行选择。当勾选时，单击元素的任意位置，会将整个元素选择。

❖ Planar Angle［平面角］：当勾选时，可通过数值指定共面阈值，与当前选择面在此阈值范围内的面会一同被选择。例如，值为 15，表示与当前选择面夹角小于 15°的面都会被同时选择。

❖ Select MatID［选定 MatID］：可通过右侧指定的材质 ID 选择具有此 ID 的表面。

❖ Select SG［选择平滑组］：可通过右侧指定的平滑组号选择具有此平滑组号的表面。

> 提示："平面角"、"选定 MatID"和"选择平滑组"仅用于"面"子对象层级。

6.1.3 Parameters［参数］卷展栏

Parameters［参数］卷展栏提供了 Unwrap UVW［UVW 展开］修改器重要的编辑功能，并可以保存和载入独立的 UVW 贴图坐标文件。Parameters［参数］卷展栏如图 6-6 所示。

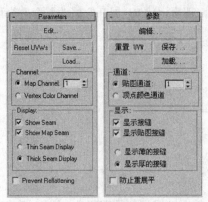

图 6-6

❖ Edit［编辑］：单击此按钮后，可以打开 Edit UVWs［编辑 UVW］窗口。这是 Unwrap UVW［UVW 展开］修改器的核心部分，其视图区可以同时显示贴图和展开的模型网格。

❖ Reset UVWs［重置 UVW］：单击该按钮，可以将贴图坐标恢复为编辑前的状态。

❖ Save［保存］：保存 UVW 贴图坐标为 UVW 文件。

❖ Load［加载］：用于导入 UVW 格式的贴图坐标文件。

■ Channel［通道］选项组

❖ Map Channel［贴图通道］：可选择要编辑的贴图坐标所在的通道，支持多达 99 个贴图坐标通道。

❖ Vertex Color Channel［顶点颜色通道］：可使用滑块为顶点颜色指定贴图通道。

■ Display［显示］选项组

　　Display［显示］选项组用于控制如何在视口中显示展开的贴图边界，同时，还可对其清晰程度进行加强，使视图显示更加灵活。

❖ Show Seam［显示接缝］：启用此项时，毛皮边界在视口中显示为蓝线。

❖ Show Map Seam［显示贴图接缝］：启用此项时，贴图簇边界在视口中显示为绿线。

❖ Thin Seam Display［显示薄的接缝］：可使用较细的线条显示接缝，且缩放视图不影响线条的粗细。

❖ Thick Seam Display［显示厚的接缝］：可使用较粗的线条显示接缝。若缩小视图，线条会变细；而放大视图，线条则会变粗。

❖ Prevent Reflattening［防止重展平］：该项主要用于 Texture Baking［贴图烘焙］。

启用此项后，"渲染到纹理"自动应用"UVW 展开"修改器的结果，其默认命名为"自动展平 UV"贴图坐标，不会再重新进行贴图的展平。但"渲染到贴图"和"UVW 展开"修改器必须使用相同的贴图通道。

6.1.4　Map Parameters［位图参数］卷展栏

为选定的面、面片或曲面应用任意的贴图类型，其中大多数与"UVW 贴图"修改器中的相同。Map Parameters［位图参数］卷展栏如图 6-7 所示。

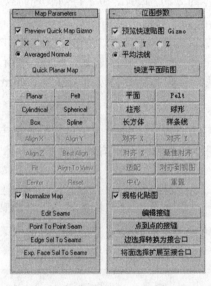

图 6-7

❖ Preview Quick Map Gizmo［预览快速贴图 Gizmo］：启用此项时，只适用于"快速贴图"工具的矩形平面贴图 Gizmo，会显示在视口中选择的面的上方。此 Gizmo 不能手动调整，但是可以使用下面的选项重新调整它的方向。

❖ X/Y/Z/Averaged Normals［X/Y/Z/平均法线］：为快速贴图 Gizmo 选择对齐方式，与对象的本地 X、Y 或 Z 轴垂直，或与面的平均法线平行。

❖ Quick Planar Map［快速平面贴图］：对与快速贴图 Gizmo 的方向平行的选定面应用平面贴图。

❖ Planar［平面］：对选择面应用平面贴图方式。选择面子对象后，单击"平面"按钮，使用"位图参数"面板中的变换工具和各个对齐按钮调整贴图，然后再次单击"平面"按钮退出。

❖ Pelt［毛皮］：对选定的面应用 Pelt［毛皮］贴图。单击该按钮，弹出 Edit UVWs［编辑 UVW］窗口和 Pelt Map Parameters［Pelt 贴图参数］对话框，调整贴图和编辑 Pelt［毛皮］贴图。详解参见本章 6.1.6 节的内容。

> 提示：Pelt［毛皮］贴图总是对整块毛皮使用一个单独的平面贴图。若应用了如 Box［长方体］等不同种类的贴图，然后再切换到 Pelt［毛皮］，那么原先的贴图就会消失。

❖ Cylindrical［柱形］：对当前选定的面应用圆柱形贴图。选择面子对象后，单击"柱形"按钮，使用"位图参数"面板中的变换工具和各个对齐按钮调整圆柱体 Gizmo，然后再次单击"柱形"按钮退出。

> 提示：当把 Cylindrical［柱形］贴图应用到选择对象上时，软件将每一个面贴图至圆柱体 Gizmo 的边上以适合圆柱体的方向。因此，为了得到最好的效果，应该对圆柱形的对象或部位使用 Cylindrical［柱形］贴图。

❖ Spherical［球形］：对当前选定的面应用球形贴图。选择面子对象后，单击"球形"按钮，使用"位图参数"面板中的变换工具和各个对齐按钮调整球形 Gizmo，然后再次单击"球形"按钮退出。

❖ Box［长方体］：对当前选定的面应用长方体贴图。选择面子对象后，单击"长方体"按钮，使用"位图参数"面板中的变换工具和各个对齐按钮调整长方体 Gizmo，然后再次单击"长方体"按钮退出。

> 提示：当把 Box［长方体］贴图应用到选择对象上时，软件将每一个面贴图至长方体 Gizmo 的边上以适合长方体的方向。因此，为了得到最好的效果，应该对长方形的对象或部位使用 Box［长方体］贴图。

❖ Spline［样条线］：3ds Max 2009 的新增功能，可以为沿路径弯曲的对象创建贴图，效果如图 6-8 所示。当单击该按钮后，会弹出 Spline Map Parameters［可编辑贴图参数］对话框，如图 6-9 所示，用来进一步编辑样条线贴图。

 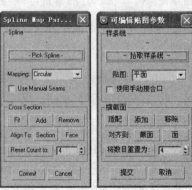

图 6-8　　　　图 6-9

❖ Align X/Y/Z［对齐 X/Y/Z］：可将 Gizmo 对齐到对象本地坐标系中的 X、Y、Z 轴。

❖ Best Align［最佳对齐］：可调整贴图 Gizmo 的位置、方向，也可根据选择的范围和平均法线缩放使其吻合面选择。

❖ Fit［适配］：运用该项可将 Gizmo 缩放至选择的范围并使其位于选择中心，但不要更改方向。

❖ Align To View［对齐到视图］：重新调整贴图 Gizmo 的方向使其面对活动视口，然后再根据需要调整其大小和位置以使其与选择范围相符。

❖ Center［中心］：移动贴图 Gizmo 以使它的轴与选择中心对齐。

❖ Reset［重置］：缩放 Gizmo 以使其与选择吻合，并与对象的本地空间对齐。

❖ Normalize Map［规格化贴图］：启用后，缩放贴图坐标使其符合标准坐标贴图的 0～1 空间。禁用后，贴图坐标的尺寸与对象本身相同。贴图会在 0～1 坐标空间中平铺一次。此外，贴图的部位基于其 Offset［偏移］和 Tiling［平铺］值。

❖ Edit Seams［编辑接缝］：在视口中用鼠标选择边来指定毛皮接缝。

❖ Point To Point Seam［点到点的接缝］：在视口中用鼠标选择顶点来指定毛皮接缝。通常，用该工具指定的毛皮接缝总是添加到当前接缝选择中。使用此模式单击一个顶点后，在单击的地方显示一条橡皮筋线跟随着鼠标指针。单击另一个不同的顶点将创建一个毛皮接缝，然后继续单击顶点，在每个顶点到上一个顶点之间创建一个接缝。

> 提示：如果要在此模式中从另一个不同点开始，可以单击右键，然后单击另一个不同的顶点。要停止绘制接缝，再次单击此按钮将其关闭即可。

❖ Edge Sel To Seams［边选择转换为接合口］：可将当前选择的边转换为毛皮接缝。同时，这些接缝将添加到任何现有的接缝中。

❖ Exp. Face Sel To Seams［将面选择扩展至接合口］：扩展当前选择的面使其与毛皮接缝的边界吻合。若多个接缝轮廓包含所选中的面，那么扩展将只会在最后一次选中的面上发生，取消其他所有选择。

6.1.5　Edit UVWs［编辑UVW］窗口

Edit UVWs［编辑 UVW］窗口显示 2D 图像空间中的 UVW 和叠加在上面的栅格。与显示在图像空间中的一样，较粗的栅格线显示纹理贴图的边界，矩形左下角显示坐标（0,0），右上角显示坐标（1,1）。在该窗口中，通过选择晶格顶点、边或面（统称为子对象），可操纵相对于贴图的 UVW 坐标。每个 UVW 面有 3 个或多个顶点晶格与网格中面的顶点相对应。Edit UVWs［编辑 UVW］窗口工作时的界面如图 6-10 所示。

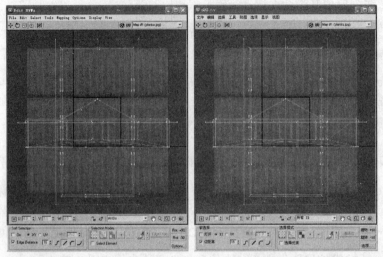

图 6-10

编辑 UVW 的目的就是让对象的 UV 空间去适合纹理空间，其结果就是纹理在对象表面上正确地显示。所谓正确，即方向正确、比例适合、无拉伸、无挤压、无叠加，还要让 UV 元素充分地占用纹理空间。

了解了编辑 UVW 的目的后，具体的编辑操作并不复杂，主要是通过变换对象 UV 的点、边、面来适合纹理。当然，3ds Max 还提供了大量的实用工具，被收录在 Edit UVWs［编辑 UVW］窗口的 Tools［工具］菜单中，下面简要介绍这些工具的作用。

❖ Flip Horizontal［水平翻转］：沿着边界分离选择的子对象，并进行水平镜像。

❖ Flip Vertical［垂直翻转］：沿着边界分离选择的子对象，并进行垂直镜像。

❖ Mirror Horizontal［水平镜像］：沿着水平方向颠倒选择子对象的方向，并翻转它的 UVW 坐标。

❖ Mirror Vertical［垂直镜像］：沿着垂直方向颠倒选择子对象的方向，并翻转它的 UVW 坐标。

❖ Weld Selected［焊接选定项］：可基于焊接阈值的设置，将选择的子对象焊接为一个点。另外，焊接阈值可以在 Show Options［显示选项］面板中进行设置。

❖ Target Weld［目标焊接］：焊接一对点或边（对面子对象级无效）。在执行完这个命令后，可拖动选择的点或边到焊接的目标点或边，此时的鼠标指针会改变形状，在释放鼠标后，即可完成焊接。若这个命令处于激活状态，则可以一直进行焊接操作，在改变子对象选择模式后仍然有效。使用鼠标右键在编辑窗口中单击可退出焊接操作。

❖ Break［断开］：对子对象集进行打断操作。三种子对象级别都可以执行这个命令，但在使用时仍有一些差别。在点子对象级时，会在每个共享选择点的边上产生一个顶点；在边子对象级时，打断需要至少两个连续的边界被选择，将它们彼此分离成两个；在面子对象级时，选择面会从当前元素中分离出去，成为一个新的元素。

❖ Detach Edge Verts［分离边顶点］：尝试将当前选择分离为新的元素。在分离前，任何无用的点和边都会从选择集中去除。

❖ Stitch Selected［缝合选定项］：针对当前选择来说，可以先找到指定给同一几何顶点的全部贴图点，然后将它们焊接到一起。

> 提示：使用这个工具，可以自动将模型上连续的表面连接在一起，而不是在贴图编辑器中的。缝合工具的主要作用是精简贴图碎片。展平后的贴图会拥有很多小的碎片，这给将来贴图的绘制带来很多不便，此时可以对邻近的表面进行缝合，形成比较完整的贴图片，以便于进行贴图纹理的绘制。

❖ Pack UVs［紧缩 UV］：可重新对贴图坐标的簇进行组合分布，尽可能少地占用面积，从而实现更优化的分布方案。如果一些簇交叠在一起，那么使用这个工具可以很方便地调整。

❖ Sketch Vertices［绘制顶点］：可为光标牵引选择的顶点绘制外轮廓线，这对顶点的调整非常有效。当拖动鼠标时，顶点会随鼠标指针进行定位。

❖ Relax［松弛］：可弹出 Relax Tool［松弛工具］对话框，在该对话框中，允许通过移动顶点接近或者远离它们的相邻顶点，更改选定纹理顶点中明显的曲面张力。松弛纹理顶点可以使其距离更均匀，从而更容易地进行纹理贴图。

❖ Render UVW Template［渲染 UVW 模板］：可弹出 Render UVs［渲染 UVs］对话框，通过设置把对象的 UV 输出为图像，以便在绘图软件里绘制纹理。

6.1.6 Pelt Map Parameters［Pelt贴图参数］对话框

　　3ds Max 2009 重新设计了 Pelt Map Parameters［Pelt 贴图参数］对话框，使得 Pelt 贴图的操作更加容易控制，而且功能也得到了增强。新的界面如图 6-11 所示。与以前的版本相比，主要是增加了 Quick Pelt［快速毛皮］卷展栏。

图 6-11

■ Pelt［毛皮］选项组

❖ Start Pelt［开始毛皮］：单击该按钮开始进行毛皮的拉伸模拟，再次单击该按钮可以停止模拟。

❖ Reset［重置］：重置拉伸结果，恢复为模拟前的状态。

❖ Simulation Samples［模拟采样］：设置在模拟中使用的每个毛皮接缝点的采样的数量。通常，较高的值将会导致较大的拉伸效果。取值范围为 1～50，默认值为 5。

❖ Show Local Distortion［显示本地扭曲］：选中该复选框，将显示纹理顶点和网格顶点的变形差异。

■ Relax［松弛］选项组

❖ Start Relax［开始松弛］：单击该按钮开始对拉伸后的毛皮进行松弛处理，再次单击该按钮可以停止松弛。

❖ Settings［设置］：单击该按钮，可弹出 Relax Tool［松弛工具］对话框。

■ Stretcher［拉伸器］选项组

❖ Straighten Stretcher［拉直拉伸器］：可通过移动点为拉伸器指定一个多边形轮廓。

❖ Snap To Seams［捕捉到接口］：可将所有拉伸器点与毛皮 UV 上的边接缝对齐，这样就会使拉伸器呈现毛皮的轮廓。若想获得最佳效果，应仅在拉伸后使用该按钮。

❖ Mirror Stretcher［镜像拉伸器］：可将拉伸器点从 Mirror Axis［镜像轴］的一侧镜像到另一侧。在默认情况下，Mirror Stretcher［镜像拉伸器］将点从右侧镜像到左侧。

❖ Mirror Axis［镜像轴］：指定镜像轴的方向。通常，该轴的形式是由 T 型的黄线组成的。

■ **Select [选择] 选项组**

❖ Select Stretcher [选择拉伸器]：选择所有的拉伸器点。

❖ Select Pelt UVs [选择毛皮 UV]：选择所有的毛皮 UV。

■ **Springs [弹簧] 选项组**

❖ Pull Strength [拉伸强度]：设置单击 Simulate Pelt Pulling [模拟 Pelt 拉伸] 按钮时拉伸动作的数量级。取值范围为 0.0～0.5，默认值为 0.1。

❖ Dampening [阻尼]：对拉伸动作应用阻尼或抑制因子。阻尼值越高，对拉伸器的抑制就越大。取值范围为 0.0～0.5，默认值为 0.16。

❖ Stiffness [刚度]：用于设置弹簧拉伸的速率。刚度值越高，拉伸动作越生硬。取值范围为 0.0～0.5，默认值为 0.16。

❖ Decay [衰退]：设置每个毛皮接缝顶点对其他贴图顶点影响的衰减速率。较高的衰退值通常会导致非常大的拉伸，或者出现意外的结果。若要得到最佳结果，应该保持较低的衰退值。取值范围为 0.0～0.5，默认值为 0.25。

❖ Lock Open Edges [锁定开放边]：把开放边锁定在适当的位置，适用于对毛皮区域中贴图顶点的部分选择使用拉伸器。当启用时，选定顶点在拉伸时可能停留在原位置。如果禁用，选定顶点就很可能会远离旁边未选定的顶点。

6.1.7　Spline Map Parameters [可编辑贴图参数] 对话框

这是 3ds Max 2009 的新增功能，主要用来处理类似蛇、触须、蜿蜒的公路等形状对象的 UV。Spline Map Parameters [可编辑贴图参数] 对话框的界面如图 6-12 所示。

图 6-12

■ Spline [样条线] 选项组

❖ Pick Spline[拾取样条线]：单击该按钮，在场景中拾取样条线作为对象的 Spline Map [样条线贴图] 的轴。

❖ Mapping [贴图]：设置沿拾取的样条线包裹对象的形式，有以下两种方式。

   • Circular [圆形]：以圆形的方式包裹对象，就好像沿样条线变形的圆柱体一样。

   • Planar [平面]：以平面的方式包裹对象，常用于弯曲的公路路面的贴图。

❖ Use Manual Seams [使用手工接合口]：勾选该选项，则使用 Pelt Seam [毛皮接缝] 来作为纹理的边界；否则，使用系统自动绿色的边为接缝。

■ Cross Section [横截面] 选项组

❖ Fit [适配]：重新调节横截面的大小以匹配临近的几何体。

❖ Add [添加]：在拾取的样条线中添加横截面，默认为 4 个横截面。单击该按钮后，在视图中单击样条线即可添加横截面。

❖ Remove [移除]：在样条线中移除已存在的横截面。单击该按钮后，再单击横截面，被单击的横截面即可移除。

❖ Align To [对齐到]：调节横截面的方向，有以下两个选项。

   • Section [截面]：使选择的横截面对齐另外一个横截面。

   • Face [面]：使选择的横截面对齐对象的表面。

❖ Reset Count to [将数目重置为]：重新设置横截面的数量，默认值为 4。

6.1.8 多对象同时UVW展开

从 3ds Max 2008 开始，可以对多个对象同时进行 Unwrap UVW [UVW 展开] 贴图处理，在打开 Edit UVWs [编辑 UVW] 窗口后，可以同时看到所选对象的 UV 展开。用户可以为对象指定不同的颜色，以便区分它们，如图 6-13 所示。这个功能的优点是，不同的对象可以共用同一纹理的不同部分，并且在编辑的时候可以同时处理。

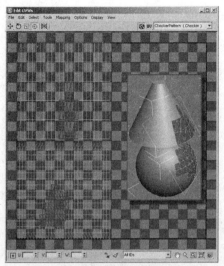

图 6-13

6.2 实例练习——利用样条线展开模型 UV

在了解了 Unwrap UVW［UVW 展开］修改器的主要功能与参数后，将通过这个简单的练习，学习该修改器的具体应用方法。

Step1: 运行 3ds Max 2009 程序，然后在场景中利用 Loft［放样］创建一个 S 形的圆柱体，并给它指定一个 Checker［棋盘格］纹理，如图 6-14 所示。

图 6-14

从图 6-14 中可以看到，Checker［棋盘格］纹理在模型的表面没有得到正确的分配，各部分的纹理效果也不同。当然，这是可以利用 Unwrap UVW［UVW 展开］修改器来改善的，下面就来看一下具体操作。

Step2: 在视口中选择 S 形的圆柱体，在菜单栏中选择 Modifiers＞UV Coordinates＞Unwrap UVW［修改器＞UVW 坐标＞UVW 展开］命令，如图 6-15 所示。

Step3: 在 Modify［修改］面板中的修改器堆栈中，单击 Unwrap UVW［UVW 展

开] 修改器前面的 ，然后在展开的列表中选择 Face [面] 层级，如图 6-16 所示。

图 6-15　　　　　　　　　　　　　　　　　　　图 6-16

Step4: 在 Map Parameters [贴图参数] 卷展栏下，单击 Spline [样条线] 按钮，打开 Spline Map Parameters [样条线贴图参数] 对话框，如图 6-17 所示。

Step5: 在 Spline Map Parameters [样条线贴图参数] 对话框中，单击 Pick Spline [拾取样条线] 按钮。

Step6: 在键盘上按 H 键，打开 Pick Object [拾取对象] 窗口，然后在列表中选择 Line01 对象，如图 6-18 所示，单击 Pick [拾取] 按钮退出该对话框。

图 6-17　　　　　　　　　　　　　　　　　　　图 6-18

Step7: 完成了对样条线的拾取后，可以看到模型表面的纹理得到了均匀的分布，如图 6-19 所示。

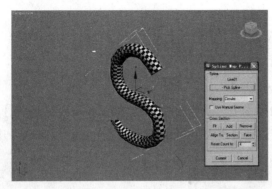

图 6-19

在这个练习中，使用的是系统默认的 Circular［圆形］贴图模式，用户还可以根据模型的具体形态来选择其他的贴图模式。从练习的结果中可以看到，利用样条线对模型的 UV 进行展开，可以更快地得到这种特殊模型的 UV 展开效果。这一新功能的加入，使用户可以更方便地对不同形态的模型进行 UV 贴图的展开，极大地提高了工作效率。

Chapter 07 灯光的重要改进

在 3ds Max 以前的版本中，默认的灯光类型是 Standard［标准］灯光，而新版的 3ds Max 2009 把默认类型改成了 Photometric［光度学］灯光，如图 7-1 所示。

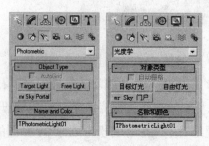

图 7-1

7.1 Target /Free Light［目标/自由灯光］

创建有目标的灯光，该灯光有一个目标点控制光源的指向，并且在目标点与灯光之间有一条线段表示它们的联系。3ds Max 的 Target Light［目标灯光］和 Free Light［自由灯光］的界面完全相同，区别仅在 Targeted［目标］选项上。

7.1.1 Templates［模板］卷展栏

这是 3ds Max 2009 的新增特性，它大大简化了使用 Photometric［光度学］灯光的流程。原本使用 Photometric［光度学］灯光需要大量的专业知识，而且设置过程也比较复杂。而 Templates［模板］则把常见的灯光（真实物理灯光）参数进行了预设，并以下拉列表中选项的形式让使用者可以快速地选择。Templates［模板］卷展栏的界面如图 7-2 所示。

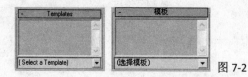

图 7-2

提示：关于模板中的灯光类型的介绍，可以参看 3ds Max 帮助中对 Common Lamp Values for Photometric Lights［光度学灯光照明公值］的介绍。

7.1.2　General Parameters［常规参数］卷展栏

General Parameters［常规参数］卷展栏如图 7-3 所示（右侧一组为自由灯光的界面），它对所有类型的灯光都是通用的。General Parameters［常规参数］卷展栏用来设定灯光的启用和关闭、灯光的阴影、包括或排除对象，以及改变灯光的类型等。

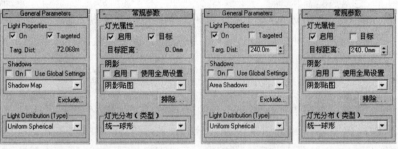

图 7-3

■ **Light Properties［灯光属性］选项组**

❖ On［启用］：选中该复选框，灯光被打开；未选中时，灯光被关闭。被关闭的灯光的图标在场景中用黑颜色表示。

❖ Targeted［目标］：当选中该复选框时，灯光会显示目标点，否则，即使创建的目标光源，该目标点也不可见，就像自由灯光一样。

在 Light Properties［灯光属性］选项组中，还提示了灯光与目标之间的距离数值。

■ **Shadows［阴影］选项组**

❖ On［启用］：用来启用和关闭灯光产生的阴影。在渲染时，可以决定是否对阴影进行渲染。

❖ Use Global Settings［使用全局设置］：该复选框用来指定阴影是使用局部参数还是全局参数。如果选中该复选框，那么全局参数将影响所有使用全局参数设置的灯光。当用户希望使用一组参数控制场景中的所有灯光的时候，该复选框非常有用。如果不选中该复选框，灯光只受其本身参数的影响。

❖ 阴影类型下拉列表框：在 3ds Max 中可以产生以下 5 种阴影类型。

• Adv.Ray Traced［高级光线跟踪阴影］：是 Ray Traced Shadows 的改进，拥有更多详细的参数调节。详见 7.1.11 节的内容。

• mental ray Shadow Map［mental ray 阴影贴图］：由 mental ray 渲染器生成的贴图

阴影，这种阴影虽然没有 Ray Traced Shadows 精确，但计算时间较短，而且可以产生透明阴影的效果。详见 7.1.9 节的内容。

- Area Shadows［区域阴影］：可以模拟面积光或体积光所产生的阴影，是模拟真实光照效果的必备功能。详见 7.1.12 节的内容。

- Shadow Map［阴影贴图］：从灯光的角度计算产生阴影对象的投影，然后将它投影到后面的对象上。优点是渲染速度较快，阴影的边界较为柔和；缺点是阴影不真实，不能反映透明效果。详见 7.1.8 节的内容。

- Ray Traced Shadows［光线跟踪阴影］：可以产生真实的阴影。它在计算阴影的时候考虑对象的材质和物理属性，缺点是计算量很大，且阴影的边缘过于生硬。详见 7.1.10 节的内容。

❖ Exclude［排除］：该按钮用来设置灯光是否照射某个对象，或者是否使某个对象产生阴影。有时为了实现某些特殊效果，某个对象不需要当前灯光来照明或投射阴影，就需要用此按钮来设定。单击该按钮后弹出 Exclude/Include 对话框，如图 7-4 所示。如果要排除所有的对象，可以在对话框右边列表中没有内容的情况下选择 Include。包含空对象就是排除所有对象。

 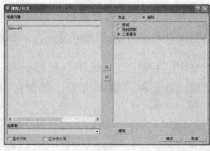

图 7-4

■ Light Distribution (Type)［灯光分布（类型）］选项组

Distribution［分布类型］：可从该下拉列表中选择和改变灯光的分布类型。根据不同的灯光分布类型，仅列出可用的分布选项。3ds Max 提供了 4 种不同的分布类型，不同的分布类型实际上意味着不同类型的光源。在图 7-5 中，显示了分布的区别。

> 提示：当选择 Photometric Web［光域网］选项时，将会增加 Distribution (Photometric Web)［分布（光度学 Web）］卷展栏，用来导入和预览 IES 文件；当选择 Spotlight［聚光灯］选项时，会增加 Distribution (Spotlight)［分布（聚光灯）］卷展栏。

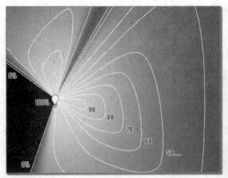

Photometric Web［光域网］

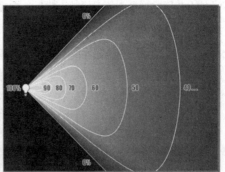

Spotlight［聚光灯］

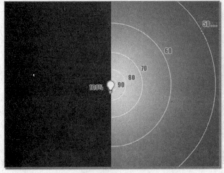

Uniform Diffuse［全向漫射］

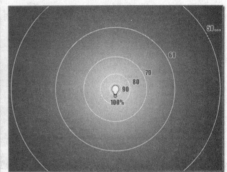

Uniform Spherical［全向球形］

图 7-5

7.1.3 Distribution (Photometric Web)［分布（光度学Web）］卷展栏

Distribution (Photometric Web)［分布（光度学 Web）］卷展栏主要用来选择光域网文件，并提供对光域网的预览。这个预览功能是 3ds Max 2009 新增加的。该卷展栏的界面如图 7-6 所示。

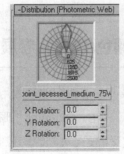

图 7-6

❖ Web Diagram［光域网图表］：当选择了光域网文件后，将在缩略图上显示该光域网的分布结构。

❖ Choose Photometric File［选择光域网文件］：单击该按钮，弹出 Open a Photometric Web File［打开光域网文件］对话框，选择需要的光域网文件。3ds Max 2009 提供了 8 个不同的光域网文件，如图 7-7 所示。在该对话框中，也可以预览光域网的结构。

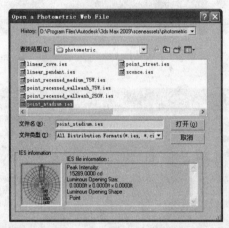

图 7-7

❖ X/Y/Z Rotation［X/Y/Z 轴旋转］：沿不同的轴向旋转光域网，范围为-180～180。

7.1.4　Distribution (Spotlight)［分布（聚光灯）］卷展栏

❖ Cone visible in viewport when unselected［在视口中不显示未选择的光锥］：控制是否在视口中显示灯光的光锥。当勾选后，灯光在被选状态下，光锥为可见；取消灯光的选择后，光锥为不可见。

❖ Hotspot/Beam［聚光区/光束］：调整灯光聚光区光锥的角度大小。它是以角度为测量单位的。

❖ Falloff/Field［衰减区/区域］：调整灯光散光区光锥的角度大小。

7.1.5　Intensity/Color/Attenuation［强度/颜色/衰减］卷展栏

Intensity/Color/ Attenuation［强度/颜色/衰减］卷展栏中的参数用来设定灯光的颜色、强度以及衰减类型，界面如图 7-8 所示。其中，Dimming［暗淡］选项组和 Far Attenuation［远距衰减］选项组有较大的改变，使得对光源的控制更加方便。

图 7-8

■ Color [颜色] 选项组

❖ Light [灯光型号]：可在下拉列表框中选择常见灯光的规格，用来模拟灯光对象的光谱特征。Kelvin [开尔文] 右侧的颜色块会随着不同的灯光型号发生相应的变化。

❖ Kelvin [开尔文]：可通过改变灯光的色温来设置灯光颜色。灯光的色温用 Kelvin [开尔文] 表示，相应的颜色显示在右侧的颜色块中。

❖ Filter Color [过滤颜色]：即模拟灯光被放置了滤色镜后的效果。例如，为白色的光源设置红色的过滤色后，将发射红色的光。用户可通过右侧的颜色块对滤镜颜色进行调节，默认为白色（RGB=255,255,255；HSV=0,0,255）。

■ Intensity [强度] 选项组

Intensity [强度] 选项组用于设置光度学灯光基于物理属性的强度或亮度值。

❖ lm [lm]：即光通量单位，测量灯光发散的全部光能（光通量）。100 瓦普通白炽灯的光通量约为 1750 lm。

❖ cd [cd]：即测量灯光的最大发光强度，一般是沿目标方向。100 瓦普通白炽灯的发光强度约为 139 cd。

❖ lx at [lx]：即测量被灯光照亮的表面面向光源方向上的照明度。

❖ Multiplier [倍增]：对灯光的照射强度进行倍增控制。

■ Dimming [暗淡] 选项组

❖ Resulting Intensity [结果强度]：以提示信息来显示变暗后的亮度结果。

❖ Dimming percentage [变暗百分比]：以百分比的方式修改灯光的亮度。

❖ Incandescent lamp color shift when dimming [光线暗淡时白炽灯颜色会切换]：当选中该复选框时，灯光变暗后将会模拟白炽灯的效果，颜色倾向黄色。

■ Far Attenuation [远距衰减] 选项组

光度学灯光会根据真实光源的特性自动计算灯光的衰减，但是，有时候可能需要特殊的控制，这时就可以在 Far Attenuation［远距衰减］选项组中对衰减进行人工设置。

❖ Use［使用］：控制是否使用手动衰减。

❖ Start［开始］：设置灯光衰减范围开始的距离。

❖ Show［显示］：勾选时，在视口中将始终显示衰减范围的图形。

❖ End［结束］：设置灯光衰减范围结束的距离，超过该距离后，灯光的照明将不再产生任何影响。

7.1.6　Shape/Area Shadows［图形/区域阴影］卷展栏

Shape/Area Shadows［图形/区域阴影］卷展栏用来提供几种不同的形状供使用者选择，以产生不同形状的阴影，而且有些形状是可以被渲染的。界面如图 7-9 所示。

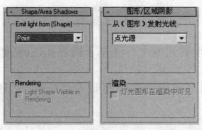

图 7-9

■ Emit light from (Shape)［从（图形）发射光线］选项组

在 Emit light from (Shape)［从（图形）发射光线］选项组中可以选择不同的形状，该形状会影响灯光阴影的形状。在下拉列表中，提供了 6 种类型的形状，分别为 Point［点光源］、Line［线光源］、Rectangle［矩形光源］、Disc［圆盘光源］、Sphere［圆球光源］和 Cylinder［圆柱光源］。不同的类型会出现不同的参数来控制灯光的形状。

❖ Length［长度］：控制灯光形状的长度，Line［线光源］、Rectangle［矩形光源］和 Cylinder［圆柱光源］类型都会使用该参数。

❖ Width［宽度］：控制灯光形状的宽度，仅 Rectangle［矩形光源］有该参数。

❖ Radius［半径］：控制灯光形状的半径，Disc［圆盘光源］、Sphere［圆球光源］和 Cylinder［圆柱光源］类型都会使用该参数。

■ Rendering［渲染］选项组

选择除 Point［点光源］之外的阴影形状时，该选项组界面如图 7-10 所示。

 图 7-10

❖ Light Shape Visible in Rendering［灯光图形在渲染中可见］：在默认设置下，3ds Max 的灯光只是一个虚拟的对象，可以产生照明的作用，但本身不可渲染。当勾选该选项后，灯光的形状可以被渲染，就像真实的光源一样。但选择 Point［点］形状时，该选择为非激活状态。

❖ Shadow Samples［阴影采样］：设置阴影的采样值，数值越高阴影的效果越好，但需要更长的渲染时间。

7.1.7　Shadow Parameters［阴影参数］卷展栏

在场景中，对象的阴影可以表达很多重要信息，例如，可以描述灯光和对象之间的关系，对象和其下面表面的相对关系，描述透明对象的透明度和颜色等。而 Shadow Parameters［阴影参数］卷展栏下的参数，主要就是用来设置这些效果的，该卷展栏的界面如图 7-11 所示。图 7-12 显示了大气阴影的效果。

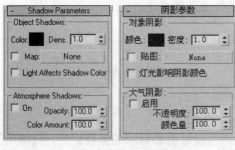

图 7-11　　　　　　　　　　　　图 7-12

■ Object Shadows［对象阴影］选项组

这是 Shadow Parameters［阴影参数］卷展栏的主要选项组，可以在这里调整阴影的颜色和密度、增加阴影贴图等。

❖ Color［颜色］：用来设定阴影的颜色，默认为黑色。

❖ Dens［密度］：通过调整投射阴影的百分比来调整阴影的密度，从而使它变黑或者变亮。取值范围为-1.0～1.0。当该值等于 0 的时候，不产生阴影；当该值等于 1 的时候，产生最深颜色的阴影。负值产生阴影的颜色与设置的阴影颜色相反。

❖ Map［贴图］按钮：指定贴图取代阴影的颜色。可以产生丰富的效果，增加贴图类阴影的灵活性以及模拟复杂的透明对象。复选框用来启用或关闭该贴图。

❖ Light Affects Shadow Color［灯光影响阴影颜色］：选中此复选框，灯光的颜色将会影响阴影的颜色。

■ **Atmosphere Shadows［大气阴影］选项组**

❖ On［启用］：启用或关闭大气阴影。

❖ Opacity［不透明度］：调整大气阴影的透明度，即大气阴影的深浅。当该参数为 0 的时候，大气效果没有阴影；当该参数为 100 的时候，产生完全的阴影。

❖ Color Amount［颜色量］：调整大气阴影颜色和阴影颜色的混合度，当采用大气阴影时，在某些区域产生的阴影是由阴影本身颜色与大气阴影相混合生成的。当该参数为 100 的时候，阴影的颜色完全饱和。

7.1.8　Shadow Map Params［阴影贴图参数］卷展栏

在 General Parameters［常规参数］卷展栏中选择 Shadow Map［阴影贴图］类型后，将出现 Shadow Map Params［阴影贴图参数］卷展栏，如图 7-13 所示。这些参数用来控制灯光投射阴影的外观和质量。

图 7-13

❖ Bias［偏移］：设置阴影靠近或远离其投射阴影对象的偏移距离，只能用于阴影贴图。当值很小时，阴影可能在不应该显示的位置显示，与对象重叠；当值很大时，阴影会和投射阴影的对象分离。

❖ Size［大小］：由于 Shadow Map［阴影贴图］是一个位图，因此必须有分辨率。该参数指定阴影贴图的分辨率，单位是像素。

> 提示：由于阴影贴图是正方形的，因此只需要指定一个数值。数值越大，阴影的质量越好，但是占用的内存越多。如果该数值被设置得非常小，阴影效果将很差，还可能在阴影的边缘出现锯齿，如图 7-14 所示。

图 7-14

- ❖ Sample Range［采样范围］：用来控制阴影的模糊程度。数值越小，阴影越清晰；数值越大，阴影越柔和，其作用与聚光区和散光区之差相似。

- ❖ Absolute Map Bias［绝对贴图偏移］：选中该复选框时，根据场景中的所有对象设置偏移范围；未选中时，只在场景中相对于对象偏移。

> 提示：在大多数情况下，Absolute Map Bias［绝对贴图偏移］应处于未选中状态，但在有些动画场景中，选中该复选框会让阴影的效果更好。

- ❖ 2 Sided Shadows［双面阴影］：选中该复选框时，在计算阴影时同时考虑背面阴影，此时对象内部并不被外部灯光照亮；未选中时，将忽略背面阴影，外部灯光也可照亮对象内部。

7.1.9 mental ray Shadow Map［mental ray阴影贴图］卷展栏

在 General Parameters［常规参数］卷展栏中选择 mental ray Shadow Map［mental ray 阴影贴图］后，会出现 mental ray Shadow Map［mental ray 阴影贴图］卷展栏，用来对这种阴影进行设置。界面和参数与 7.1.8 节介绍的内容非常相似，下面仅介绍前面没有涉及的内容。

■ **Transparent Shadows [透明阴影] 选项组**

- ❖ Enable［启用］：勾选后，对于使用透明材质的对象可以产生透明阴影的效果。

- ❖ Color［颜色］：勾选后，透明阴影会出现颜色效果。

- ❖ Merge Dist［合并距离］：两个曲面之间的最小距离对于它们来说是"清晰"的。如果两个曲面的距离比该值还接近，则阴影贴图将它们作为单个曲面。当设置为 0.0 时，mental ray 渲染器将自动计算要使用的距离值。默认设置为 0.0（自动）。

- ❖ Samp./Pixel［采样/像素］：在阴影贴图中用于生成像素的采样数。值越高质量越好，且阴影更细致，但以渲染时间为代价。默认设置为5。

提示：较高的"合并距离"值可以减少内存消耗，但降低了阴影质量；低的"合并距离"值增加了内存消耗，也降低了渲染速度。

7.1.10 Ray Traced Shadow Params［光线跟踪阴影参数］卷展栏

当在 General Parameters［常规参数］卷展栏中选择 Ray Traced Shadow［光线跟踪阴影］类型后，将出现 Ray Traced Shadow Params［光线跟踪阴影参数］卷展栏，如图 7-15 所示，用来控制光线跟踪阴影效果。

图 7-15

❖ Ray Bias［光线偏移］：设定阴影靠近或远离其投射阴影对象的偏移距离。当值很小时，阴影可能在不应该显示的位置显示，与对象重叠；当值很大时，阴影会和投射阴影的对象分离。

❖ 2 Sided Shadows［双面阴影］：选中该复选框时，在计算阴影时同时考虑背面阴影，此时对象内部并不被外部灯光照亮，同时也会耗费更多的渲染时间；未选中时，将忽略背面阴影，此时渲染加快，外部灯光也可照亮对象内部。

❖ Max Quadtree Depth［最大四元树深度］：设定光线跟踪器的四元树的最大深度，默认值为 7。四元树用来计算光线跟踪阴影的数据结构，具有深度大的四元树的光线跟踪器用多耗内存的代价来提高渲染计算速度。

提示：全向光源（如泛光灯）生成光线跟踪阴影时的计算速度要比聚光灯慢得多，因此使用泛光灯时要尽量避免使用 Ray Traced Shadow［光线追踪阴影］，建议使用聚光灯来模拟泛光灯。

7.1.11 Adv. Ray Traced Params［高级光线跟踪参数］卷展栏

当在 General Parameters［常规参数］卷展栏中选择 Adv.Ray Traced［高级光线跟踪］阴影类型后，将出现 Adv. Ray Traced Params［高级光线跟踪参数］卷展栏，如图 7-16 所示。

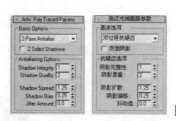

图 7-16

■ **Basic Options [基本选项] 选项组**

Basic Options [基本选项] 选项组用来选择产生阴影的光线跟踪类型。下拉列表中提供以下 3 种类型。

- Simple [简单]：向表面投射单支光线，且不实行反走样。

- 1-Pass Antialias [1 次抗锯齿]：向表面投射一束光线，且同时从每个发光表面发射同样数量的光线。光线的数目由 Pass 1 Quality 设置。

- 2-Pass Antialias [2 次抗锯齿]：向表面投射两束光线，第一束光线用来确定表面上的点是处于完全照亮、完全阴影还是半阴影状态。如果处于半阴影状态，则投射第二束光线进一步平滑阴影边界。第一束光线的数目由 Pass 1 Quality 设置，第二束光线的数目则由 Pass 2 Quality 设置。

❖ 2 Sided Shadows [双面阴影]：选中该复选框时，在计算阴影时同时考虑背面阴影，此时对象内部并不被外部灯光照亮，同时也会耗费更多的渲染时间；未选中时，将忽略背面阴影，此时渲染加快，外部灯光也可照亮对象内部。

■ **Antialiasing Options [抗锯齿选项] 选项组**

❖ Shadow Integrity [阴影完整性]：设置从发光表面发射的光线数量，默认值为 1。

❖ Shadow Quality [阴影质量]：设置从发光表面发射的第二束光线数量，默认值为 2。

❖ Shadow Spread [阴影扩散]：设置反走样边缘的模糊半径，以像素为单位。

❖ Shadow Bias [阴影偏移]：设置发射光线的对象到产生阴影的点之间的最小距离，用来防止模糊的阴影影响其他区域。当增加模糊值时，应同时增加阴影偏差值。

❖ Jitter Amount [抖动量]：用于增加光线位置的随机性，默认值为 0。

7.1.12 Area Shadows [区域阴影] 卷展栏

在 General Parameters [常规参数] 卷展栏中选择 Area Shadows [区域阴影]

阴影类型后，将出现 Area Shadows［区域阴影］卷展栏，如图 7-17 所示。

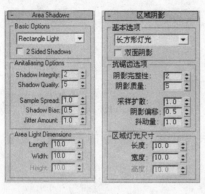

图 7-17

■ **Basic Options ［基本选项］选项组**

Basic Options［基本选项］选项组中的下拉列表用来选择区域阴影的产生方式，提供了以下 5 种类型。

- Simple［简单］：从光源向表面投射单一光线，不考虑反走样计算。

- Rectangle Light［长方形灯光］：以长方形阵列的方式从光源向表面投射光线。

- Disc Light［圆形灯光］：以圆形阵列的方式从光源向表面投射光线。

- Box Light［长方体形灯光］：从光源向表面投射盒状光线。

- Sphere Light［球形灯光］：从光源向表面投射球状光线。

❖ 2 Sided Shadows［双面阴影］：选中该复选框时，在计算阴影时同时考虑背面阴影，此时对象内部并不被外部灯光照亮，同时也会耗费更多的渲染时间；未选中时，将忽略背面阴影，此时渲染加快，外部灯光也可照亮对象内部。

■ **Antialiasing Options ［抗锯齿选项］选项组**

❖ Shadow Integrity［阴影完整性］：设置从发光表面发射的第一束光线数量。这些光线是从接收光源的表面发射出来的。原理如图 7-18 所示，增加 Pass 1 Quality 值将得到更精确的阴影轮廓和细节。默认值为 2。

❖ Shadow Quality［阴影质量］：设置投射到半阴影区域内的光线数量。这些光线是从半阴影区内的点或阴影的反走样边缘发射出来，用来平滑阴影边缘的。原理如图 7-19 所示，增加 Pass 2 Quality 值将会对由 Pass 1 Quality 值所生成的阴影轮廓产生更精确、更平滑的半阴影效果。默认值为 5。

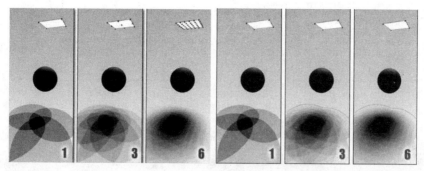

图 7-18   图 7-19

❖ Shadow Spread [采样扩散]：设置反走样边缘的模糊半径，以像素为单位。默认值为 1。

❖ Shadow Bias [阴影偏移]：设置发射光线的对象到产生阴影的点之间的最小距离，用来防止模糊的阴影影响其他区域。当增加模糊值时，应同时增加阴影偏差值。默认值为 0.5。

❖ Jitter Amount [抖动量]：用于增加光线位置的随机性。由于初始光线排列规则，因而在模糊的阴影部分也有规则的人工痕迹。使用抖动可把这些因素转化为不易察觉的杂点，推荐值为 0.25～1.0，且越模糊的阴影需要越大的抖动程度。默认值为 1。

■ **Area Light Dimensions [区域灯光尺寸] 选项组**

Area Light Dimensions [区域灯光尺寸] 选项组用于设置计算区域阴影的虚拟光源尺寸，不影响实际的光源大小。

❖ Length/ Width / Height [长度/宽度/高度]：用于设置产生区域阴影灯光的外形大小。

7.1.13   Optimizations [优化] 卷展栏

当在 General Parameters [常规参数] 卷展栏中选择 Adv. Ray Traced [高级光线跟踪] 或 Area Shadows [区域阴影] 类型后，将出现 Optimizations [优化] 卷展栏，如图 7-20 所示，用来为高级光线跟踪和区域阴影提供附加控制，以达到最佳效果。

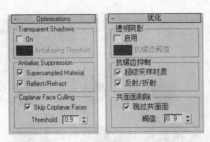
图 7-20

■ **Transparent Shadows [透明阴影] 选项组**

❖ On [启用]：选中时，透明的表面将投射出彩色的阴影；反之，则所有的阴影都是黑色的。

❖ Antialiasing Threshold [抗锯齿阈值]：用来设置在进行反走样前透明对象之间的最大色差。增加此颜色值可降低阴影对走样痕迹的敏感度，同时加快阴影的生成速度。

■ **Antialias Suppression [抗锯齿抑制] 选项组**

❖ Supersampled Material [超级采样材质]：当产生超级采样材质阴影时，在 2-Pass 的反走样过程中仅使用 Pass 1。如禁用该选项，将会增加渲染时间。

❖ Reflect/Refract [反射/折射]：同上，但作用于产生反射或折射阴影时。

■ **Coplanar Face Culling [共面面剔除] 选项组**

❖ Skip Coplanar Faces [跳过共面面]：选中该复选框，可防止相邻面之间互相遮蔽。对于诸如球这样的曲面上的明暗界限需要特别关注。

❖ Threshold [阈值]：用来设置相邻面之间的角度。取值范围为 0～1。

7.1.14 Atmospheres & Effects [大气和效果] 卷展栏

Atmospheres & Effects [大气和效果] 卷展栏非常简单，如图 7-21 所示，主要用来增加、删除以及修改灯光产生的大气效果，比如雾。

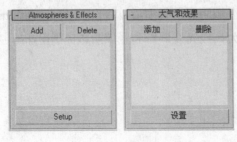
图 7-21

❖ Add［添加］：单击该按钮，弹出 Add Atmosphere or Effect［添加大气或效果］对话框，可选两种效果——Volume Light［体光］和 Lens Effects［镜头效果］。

❖ Delete［删除］按钮：单击该按钮，可删除列表框中所选定的大气效果。

❖ Setup［设置］按钮：用来对列表框中选定的大气或环境效果进行参数设定。单击该按钮，将弹出 Environment and Effects［添加大气或效果］对话框来设定参数。

7.1.15 Advanced Effects［高级效果］卷展栏

Advanced Effects［高级效果］卷展栏用来控制灯光影响表面区域的方式，并提供了对投影灯光的调整和设置，该卷展栏的界面如图 7-22 所示。

图 7-22

■ **Affect Surfaces［影响曲面］选项组**

Affect Surfaces［影响曲面］选项组用来设置灯光在场景中的工作方式。

❖ Contrast［对比度］：该参数用于调整最亮区域和最暗区域的对比度，取值范围为 0～100。

❖ Soften Diff Edge［柔化漫反射边］：取值范围为 0～100，数值越小，边界越柔和。默认值为 50。

❖ Diffuse［漫反射］：该复选框用来控制打开或者关闭灯光的漫反射效果。

❖ Specular［高光反射］：该复选框用来控制打开或者关闭灯光的高光成分。

❖ Ambient Only［仅环境光］：该复选框用来控制打开或者关闭对象表面的环境光部分。当打开时，灯光照明只对环境光产生效果，而 Diffuse、Specular、Contrast 和 Soften Diffuse Edge 选项将不能使用。

■ **Projector Map［投影贴图］选项组**

用户可以将 Projector Map 当成电影放映机，当在这里放置一个图像后，就沿着灯光的方向投影图像。这个功能有着广泛的用处，例如，可以模拟电影投影机投射的光、通过彩色玻璃的光、迪斯科舞厅的灯光或者霓虹灯灯管的灯光等。

❖ Map［贴图］：启用或关闭所选图像的投影。

❖ None［无］：单击此按钮，将打开 Material/Map Browser［材质/贴图浏览器］对话框，用来指定进行投影的贴图。

> 提示：用户也可以从材质编辑器中拖动贴图到按钮上，选择 Copy 或 Instance，这时可以利用材质编辑器对贴图进行编辑。

7.1.16　mental ray Indirect Illumination［mental ray间接照明］卷展栏

mental ray Indirect Illumination［mental ray 间接照明］卷展栏中的参数仅用于使用 mental ray 渲染时。默认情况下，创建的每个灯均使用 Render Setup［渲染设置］对话框中的全局设置，此时该卷展栏的上半部分可用，如图 7-23 所示。当取消选中 Automatically Calculate Energy and Photons［自动计算能量与光子］复选框时，则使用手动设置，界面如图 7-24 所示。

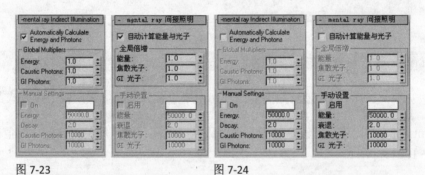

图 7-23　　　　　　　图 7-24

❖ Automatically Calculate Energy and Photons［自动计算能量与光子］：默认为选中状态，对场景内所有灯光使用同样的设置。

■ **Global Multipliers［全局倍增］选项组**

❖ Energy［能量］：通过乘以全局能量值调整本灯光的能量，默认值为 1。

❖ Caustic Photons［焦散光子］：通过乘以全局 Caustic Photons 值调整本灯光用于生成聚光效果的光子数量，默认值为 1。

❖ GI Photons［GI 光子］：通过乘以全局 GI Photons 值调整本灯光用于生成全局光照效果的光子数量，默认值为 1。

■ **Manual Settings［手动设置］选项组**

❖ On［启用］：当选中此复选框时，下面的默认设置将被禁用，灯光可以生成间接照明效果。其他参数与 Global Multipliers［全局倍增］选项组中的参数相同。

❖ Decay［衰退］：设置光子逐渐远离光源时其能量的衰退，默认值为 2。

7.1.17　mental ray Light Shader［mental ray灯光明暗器］卷展栏

mental ray Light Shader［mental ray 灯光明暗器］卷展栏也只有在使用 mental ray 渲染器时才会有效，用来为灯光添加 mental ray 明暗器，以改变或调整其渲染效果，界面如图 7-25 所示。

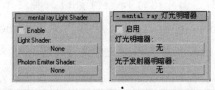

图 7-25

> 提示：调整灯光明暗器的方法是将明暗器按钮拖动到一个未使用的采样球上（在材质编辑器中），在复制时选择 Instance［实例］。若要编辑该明暗器的属性，需要将采样球拖回到本卷展栏的明暗器按钮上。

❖ Enable［启用］：选中时，渲染为灯光指定的明暗器效果。默认为关闭。

❖ Light Shader［灯光明暗器］：单击下面的 None［无］按钮，在弹出的 Material/Map Browser［材质/贴图浏览器］对话框中为灯光指定一个明暗器，其名称会显示在按钮上。

> 提示：目前，mental ray 提供了 4 种类型的灯光明暗器，分别是 Ambient / Reflective Occlusion、Light Infinite、Light Point 和 Light Spot。

❖ Photon Emitter Shader［光子发射器明暗器］：单击下面的 None［无］按钮，在弹出的 Material/Map Browser［材质/贴图浏览器］对话框中为灯光指定一个明暗器，其名称会显示在按钮上。

7.2　Sky Portal［天光门户］

Sky Portal［天光门户］是 3ds Max 2008 增加的一种 mental ray 光源，用于在场景的入口处模拟天光效果，例如从窗户、天窗、打开的门中射入的天空光。与使用 mr Sky［mr Sky］相比，这种技术可以大幅度地降低渲染时间，提高渲染质量。Sky Portal［天光门户］灯光的效果如图 7-26 所示。

图 7-26

提示：该光源有些卷展栏的界面与前面介绍的 Target Light［目标灯光］相同，例如 mental ray Indirect Illumination［mental ray 间接照明］卷展栏和 mental ray Light Shader［mental ray 灯光明暗器］卷展栏。关于这些内容，可以参见本章 7.1.16 和 7.1.17 节的相关内容，这里不再赘述。

7.2.1　mr Skylight Portal Parameters［mr Sky门户参数］卷展栏

在 mr Skylight Portal Parameters［mr Sky 门户参数］卷展栏中，可以对"天光门户"光源的基本属性进行设置。mr Skylight Portal Parameters［mr Sky 门户参数］卷展栏的界面如图 7-27 所示。

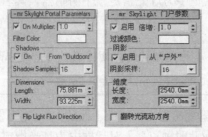

图 7-27

❖　On［启用］：选中此复选框，光源才会在渲染过程中起作用。

❖　Multiplier［倍增器］：这个参数用于设置光源的强度，默认值为 1.0。

❖　Filter Color［过滤颜色］：通过右侧的色块，可以设置光源的颜色。

■　**Shadows［阴影］选项组**

在 Shadows［阴影］选项组中，可以设置是否使用阴影以及阴影的采样等属性。

❖ On［启用］：选中该复选框后，光源会投射阴影。

❖ From "Outdoors"［从"户外"］：选中该复选框后，会在光源位置的后面开始
计算对象的投射阴影，这会使效果更逼真，但也会明显地增加渲染时间，默认为
不选中。

❖ Shadow Samples［阴影采样］：在右侧的下拉列表框中，选择阴影的采样值，值
越高，得到的阴影效果越平滑。

■ Dimensions［维度］选项组

❖ Length［长度］：设置光源的长度值。

❖ Width［宽度］：设置光源的宽度值。

❖ Flip Light Flux Direction［翻转光流动方向］：选中该复选框后，可以将光源的照射
方向进行翻转。

7.2.2 Advanced Parameters［高级参数］卷展栏

在 Advanced Parameters［高级参数］卷展栏中，可以对光源的一些高级属性
进行设置。Advanced Parameters 卷展栏的界面如图 7-28 所示。

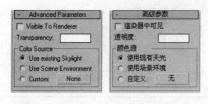

图 7-28

❖ Visible To Renderer［渲染器中可见］：选中该复选框后，光源可以被渲染，默认
为不选中。

❖ Transparency［透明度］：使用灰度值来控制光源的透明性，越接近白色，透明度
越低；越接近黑色，透明度越高。

■ Color Source［颜色源］选项组

❖ Use existing Skylight［使用现有天光］：选中该单选按钮时，使用当前天空光的颜
色。

❖ Use Scene Environment［使用场景环境］：如果天空光与环境不是同一种颜色，选
中该单选按钮将使用环境的颜色作为天空光的颜色。

❖ Custom［自定义］：选中该单选按钮后，可以单击右侧的通道按钮，指定任何贴图来设置天空光的颜色。

［实例 14］创建光度学灯光

在 3ds Max 2009 中，光度学灯光为灯光创建面板中的默认灯光，在这个练习中，将以 Free Light 灯光类型为例，学习一下光度学灯光的创建与编辑方法。

■ 创建自由灯光

Step1： 打开本书配套光盘中提供的场景文件 Photometric Web.max，如图 7-29 所示。

Step2： 在 Create［创建］面板单击 ![icon] 按钮，进入灯光的创建面板。

Step3： 在 Object Type［对象类型］卷展栏下，单击 Free Light 按钮，如图 7-30 所示。

图 7-29   图 7-30

> 提示：在 Templates［模板］卷展栏下的下拉列表中，系统提供了以下灯光模板：Bulb Lights、Halogen Lights、Recessed Lights、Fluorescent Lights 和其他灯光类型。

Step4： 在 Perspective［透视］视图中，单击鼠标，即可创建 PhotometricLight02 对象，如图 7-31 所示。

Step5： 按下快捷键 W，将 PhotometricLight02 对象沿着 Z 轴方向，拖动到如图 7-32 所示的位置。

图 7-31

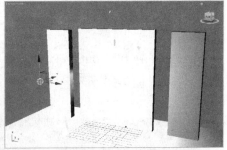

图 7-32

■ 修改灯光参数

Step1: 确认 PhotometricLight02 对象处于被选择状态，在命令面板中单击 按钮，进入 Modify［修改］面板。

Step2: 在 Intensity/Color/Attenuation［强度/颜色/衰减］卷展栏下的 Far Attenuation［远距衰减］选项组中，选中 Use［使用］和 Show［显示］复选框，如图 7-33 所示。

Step3: 修改 Start［开始］的值为 0.08，修改 End［结束］的值为 0.2，这时在 Perspective［透视］视图可以看到灯光的衰减范围，如图 7-34 所示。

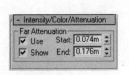

图 7-33

图 7-34

　　在创建完成灯光后，还可以修改灯光的分布类型。在 General Parameters［常规参数］卷展栏下的 Lights Distribution(Type)下拉列表中，有光域网灯、球形灯、射灯和标准的漫反射灯光等，不同的光域类型，决定了灯光的照射效果。

［实例 15］光域网新增功能

　　在以前的版本中，要观察光域网在场景中的光照效果，一定要在完成了渲染后才可以看到效果。但是在 3ds Max 2009 中，可以在视口中直接对光域网的光照形态进行观察，这在调整光照设置时，是十分方便的。

Step1: 在 Perspective［透视］视图中选择 PhotometricLight02 对象，如图 7-35 所示。

Step2: 在 Distribution(Photometric Web)卷展栏下，单击 point _Stadium 按钮，如图 7-36 所示，弹出 Open a Photometric Web File 对话框。

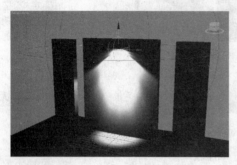 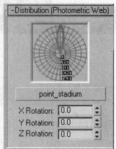

图 7-35   图 7-36

在 Open a Photometric Web File 对话框中，可以对所使用的光域网对象进行选择，并可以在 Perspective［透视］视图对所选择的对象进行实时观察，前提是将视口灯光和阴影的着色效果设置为最好。

Step3: 右击 Perspective［透视］视图，在弹出的四元菜单中，选择 Viewport Lighting and Shadows＞Viewport Shading＞Best［视口灯光和阴影＞视口着色＞最好］命令。

Step4: 在主工具栏中单击 按钮，渲染当前 Perspective［透视］视图，结果如图 7-37 所示。

图 7-37

从图 7-37 中可以看到,光域网的渲染效果与其在视图中的显示效果基本一致。

7.3 太阳光和日光系统

Sunlight［太阳光］系统由一个指南针和默认名字为 Sun 的平行光灯组成。它可以自动建立一盏自由平行光作为阳光进行照射，可以根据所在地的经纬坐标、时间来自动定义阳光的方向，并且可以将时间定义为动画，从而自动产生日出日落的光照效果。Daylight［日光］系统也可以自动根据所在地的经纬坐标、时间来定义日光，并且也可以基于地点、日期和时间对它们进行定位并实现移动动画。下面仅对这两个系统涉及的灯光类型进行介绍。

Sunlight［太阳光］系统中的太阳，采用的是 Direct Light［平行灯光］。Daylight［日光］系统比较复杂，它同时包含多种类型的光源，共计 6 种，分别为：Standard［标准］、IES Sun［IES 太阳光］、mr Sun［mr 太阳光］、Skylight［天空光］、IES Sky［IES 天光］和 mr Sky［mr 天光］。在这 6 种类型的灯光中，Standard［标准］实际上就是 Direct Light［平行灯光］。

下面主要针对 IES Sun[IES 太阳光]、IES Sky[IES 天光]、mr Sun[mr 太阳光]和 mr Sky[mr 天光]4 种类型的灯光进行介绍。

> 提示：在 Daylight［日光］系统中，灯光类型名称中有 IES 字符的，是 3ds Max 自带的太阳光和天光，在以前的版本中，被收录到 Photometric［光度学］灯光中；灯光类型名称中有 mr 字符的，是 mental ray 渲染器提供的太阳光和天光。

7.3.1 IES Sun［IES太阳光］

IES Sun[IES 太阳光]是一种模拟室外场景的太阳所需的强光源。与 Photometric［光度学］其他类型的灯光相比，该灯光在界面和参数上的区别仅体现在 Sun Parameters［阳光参数］卷展栏上，如图 7-38 所示，其他卷展栏参照本章 7.1 节的相关内容。

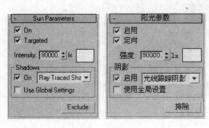

图 7-38

❖ On［启用］：用来切换 IES 太阳灯的启用和关闭状态。

❖ Targeted［定向］：选中该复选框，则把 IES 太阳灯的目标设定到日光系统的罗盘中心。

❖ Intensity［强度］：设定 IES 太阳灯的强度。单击其右侧的颜色样板，可通过打开 Color Selector［颜色选择器］对话框来设置灯光的颜色。

［实例 16］IES 太阳光的应用

Step1： 运行 3ds Max 程序。

Step2： 在 Create［创建］面板中，单击 ![img] 按钮，进入系统的创建面板。

Step3： 在 Object Type［对象类型］卷展栏下，单击 Daylight［日光］按钮，然后在弹出的 Daylight System Creation［日光系统创建］对话框中单击 Yes［是］按钮，如图 7-39 所示；确认开始准备创建日光系统。

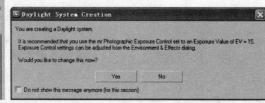

图 7-39

Step4： 在场景中拖动鼠标，创建一个日光系统 Daylight01 对象，如图 7-40 所示。

Step5： 保持 Daylight01 对象处于被选择的状态，在命令面板中单击 ![img] 标签，进入 Modify［修改］面板。

Step6： 在 Daylight Parameters［日光参数］卷展栏下，打开 Sunlight［太阳光］的下拉列表，选择 IES Sun［IES 太阳光］类型，如图 7-41 所示。

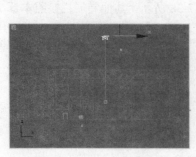

图 7-40

图 7-41

7.3.2 IES Sky [IES天光]

IES Sky [IES 天光] 是一种与自然天光相似的穹顶灯，是基于物理学的灯光，其设置主要针对建筑可视化设计的表现。与 Photometric [光度学] 其他类型的灯光相比，该灯光在界面和参数上的区别仅体现在 IES Sky Parameters [IES 天光参数] 卷展栏上，如图 7-42 所示，其他卷展栏参照本章 7.1 节的相关内容。

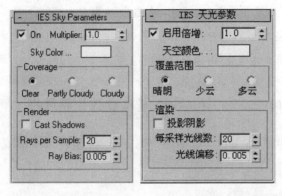

图 7-42

❖ On [启用]：用来控制视图中 IES 天空灯的启用或关闭。

❖ Multiplier [倍增]：用来调整 IES 天空灯的强度，以加强或减弱场景中的天空灯的效果。

❖ Sky Color [天空颜色]：单击颜色样板，可通过打开 Color Selector 对话框来选择天空颜色。

■ **Coverage [覆盖] 选项组**

❖ Clear/Partly Cloudy/Cloudy [晴朗/少云/多云]：设置天空的云量，主要影响阴影的虚化程度。

■ **Render [渲染] 选项组**

❖ Cast Shadows [投影阴影]：选中时，天空灯可以投射阴影。默认为关闭。

❖ Rays per Sample [每采样光线数]：设置用于计算照射到场景中给定点上的天空灯光的光线数量，默认值为 20。制作动画时，需要将此值调高（30 左右）以消除摇曳现象。

❖ Ray Bias [光线偏移]：设置对象可以在场景中给定点上投射阴影的最小距离。若此值为 0，对象可以在自身投射阴影；将此值设大些，可以避免对象对其附近的点投射阴影。默认值为 0.005。

注意：只有当前使用的是默认扫描线渲染器，且光线跟踪未被激活时，Render
[渲染] 选项组中的参数才有效。使用光能传递或光线跟踪时，Cast Shadows
[投影阴影] 选项无效。

7.3.3　mr Sun［mr太阳光］

mr Sun［mr 太阳光］主要在 mental ray 渲染器的"太阳和天空"组合系统中
使用，它用来模拟来自太阳的直射光。下面主要介绍 mr Sun［mr 太阳光］特殊的
卷展栏界面和参数，其他卷展栏可以参考前面的内容。

7.3.3.1　mr Sun Basic Parameters［mr Sun 基本参数］卷展栏

mr Sun Basic Parameters［mr Sun 基本参数］卷展栏的界面如图 7-43 所示。

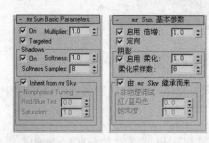

图 7-43

■ **Shadows［阴影］选项组**

❖ On［启用］：用于切换灯光阴影的启用和关闭。默认设置为启用。

❖ Softness［柔化］：用于设置阴影边的柔软程度。默认值 1.0，精确地与真实太阳
阴影的柔软程度相匹配。值越低，阴影越尖锐；值越高，阴影越柔和。

❖ Softness Samples［柔化采样数］：用于设置柔和阴影的阴影采样数。若设置为 0，
则不会生成柔和阴影。默认值为 8。

❖ Inherit from mr Sky［由 mr Sky 继承而来］：此为 3ds Max 2009 的新增功能，用来
从 mr 的天光继承太阳光的参数。如果取消选中 Inherit from mr Sky［由 mr Sky 继
承而来］复选框，则可利用 Nonphysical Tuning［非物理调整］组的参数，以手动
设置的方式修改阳光的颜色。

■ **Nonphysical Tuning［非物理调试］选项组**

通过 Nonphysical Tuning［非物理调试］选项组，可以用非常艺术化的手法来

设置阳光的颜色。

❖ Red/Blue Tint［红/蓝染色］：设置阳光颜色的偏向，默认值为 0，是比较真实的效果，相当于 6500K 的色温。取值范围为-1～1，当数值为-1 时，颜色为极度的蓝色；当数值为 1 时颜色为极度的红色。

❖ Saturation［饱和度］：设置阳光中颜色的饱和度。

7.3.3.2 mr Sun Photons［mr Sun 光子］卷展栏

通过设置 mr Sun Photons［mr Sun 光子]卷展栏将全局照明光子聚焦在兴趣中心。例如，已经创建了一个巨大的城市作为背景，但是只希望渲染一个房间内部，而不想让 mental ray 对整个城市发射光子，就可以利用 mr Sun Photons [mr Sun 光子]卷展栏让阳光光子在一定范围内产生。mr Sun Photons［mr Sun 光子］卷展栏的界面如图 7-44 所示。

图 7-44

❖ Use Photon Target［使用 Photon 目标］：启用后，使用灯光目标的 Radius［半径］设置。

❖ Radius［半径］：设置 mr Sun［mr 太阳光］投射 GI 光子的目标的径向距离。

7.3.4 mr Sky［mr Sky］

mental ray 的 mr Sun［mr 太阳光］和 mr Sky［mr Sky］是为启用物理模拟日光和精确渲染日光场景而设计的解决方案。其中，mr Sky［mr Sky］主要在 mental ray 渲染器的"太阳和天空"组合系统中使用，它用于模拟大气层中因太阳光的散射而产生间接光照明的真实现象。

7.3.4.1 mr Sky Parameters［mr Sky 参数］卷展栏

mr Sky Parameters［mr Sky 参数］卷展栏的界面如图 7-45 所示。

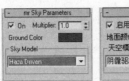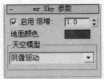

图 7-45

❖ On［启用］：用于启用和禁用天空光。

❖ Multiplier［倍增］：用于设置灯光输出的标量倍增。默认值为 1.0。

❖ Ground Color［地面颜色］：虚拟地平面的颜色。

■ Sky Model［天空模型］选项组

Sky Model［天空模型］选项组是 3ds Max 2009 的新特性，其下拉列表中有 3 种不同类型的天空模型，分别为 Haze Driven、Perez All Weather（Perez 所有天气）和 CIE，利用它们可以让天光照明效果非常真实，默认为 Haze Driven（阴霾驱动）。关于它们的界面如图 7-46 所示。

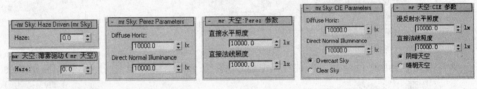

图 7-46

7.3.4.2　mr Sky: Haze Driven［mr 天空：阴霾驱动］卷展栏

mr Sky: Haze Driven［mr 天空：阴霾驱动］卷展栏中的参数主要用来控制大气中水汽和尘埃的密度，继而对天光的照明产生影响，效果如图 7-47 所示。该卷展栏的界面非常简单，仅提供一个 Haze 控制参数。

图 7-47

❖ Haze：用于设置空气中悬浮微粒的含量。取值范围为 0.0（非常晴朗的天气）～15.0（非常阴暗的天气或撒哈拉沙尘暴）。默认值为 0.0。

7.3.4.3　mr Sky: Perez Parameters 卷展栏

这种模式是根据工业标准来对天光进行非常精确的模拟。mr Sky: Perez Parameters 卷展栏提供了两个控制参数对天空靠近地平线和太阳的亮度进行设置。

❖ Diffuse Horiz [直接水平照度]：设置靠近地平线处的照明亮度，默认值为 10000.0 lx。

❖ Direct Normal Illuminance [直接法线照度]：设置针对太阳的照明亮度，默认值为 10000.0 lx。

7.3.4.4　mr Sky: CIE Parameters 卷展栏

这种模式比 Perez All Weather 多出两个参数项，用来设置天空是多云还是晴朗。

❖ Overcast Sky [阴暗天空]：设置为多云的天空，此为默认设置。

❖ Clear Sky [晴朗天空]：设置为晴朗的天空。

7.3.4.5　mr Sky Advanced Parameters [mr 天空高级参数] 卷展栏

mr Sky Advanced Parameters [mr 天空高级参数] 卷展栏中提供了更多的控制参数，用来进一步对天空进行设置。mr Sky Advanced Parameters [mr 天空高级参数] 卷展栏的界面如图 7-48 所示。

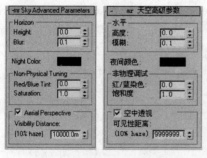

图 7-48

■ **Horizon [地平线] 选项组**

❖ Height [高度]：表示地平线的垂直位置。默认值为 0.0。

❖ Blur [模糊]：用于渲染地平线所使用的模糊程度。默认值为 0.1。

❖ Night Color [夜间颜色]：天空颜色的最小值，这是最暗的天空颜色。这个颜色很适合添加月亮、星星，以及在日落后仍能保持长时间照明的高海拔卷云等。随着太阳落山、黑夜来临，"夜间颜色"的效果不会受到什么影响，而且会保持在基本光水平。

■ **Aerial Perspective [空中透视] 选项组**

空中透视是绘画中使用的术语，指将越远处的对象表现得越模糊，色调越偏蓝的手法。

❖ **Visibility Distance** [可见性距离]：mr 天空使用"可见性距离"参数对"空中透视"进行设置。当该值为非零时，它定义 10%的距离，也就是说，在 Haze 级别为 0.0 时，大约 10%的距离可见。

7.4　mr Physical Sky [mr 物理天光]

准确地讲，mr Physical Sky [mr 物理天光] 并不是光源，而是 mental ray 的一个明暗器，也可以理解为环境背景贴图，但它始终与 mr Sun [mr 太阳光] 密切相关，并与之配合使用。它的目的不是为了照明，而是提供与照明相匹配的可视化背景效果。因此，在这个部分对它进行介绍。

mr Physical Sky [mr 物理天光] 明暗器仅提供了一个 mr Physical Sky Parameters 卷展栏，界面如图 7-49 所示。

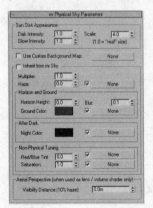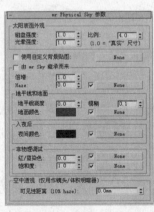

图 7-49

■ **Sun Disk Appearance [太阳表面外观] 选项组**

❖ **Disk Intensity** [磁盘强度]：太阳的亮度。

❖ **Glow Intensity** [光晕强度]：太阳周围的光晕亮度。

❖ **Scale** [比例]：太阳圆盘的大小。

❖ Use Custom Background Map［使用自定义背景贴图］：启用该项，但没有指定背景贴图时，渲染的背景将为适合外部合成的透明黑色。

❖ None［无］：单击该按钮，添加背景明暗器或指定贴图和明暗器。

■ Inherit from mr Sky［由 mr Sky 继承而来］选项组

将 mr Sky Parameters 卷展栏中的相同设置应用于 mr Physical Sky Parameters 卷展栏设置（不包括空中透视）。默认设置为启用。

■ Horizon and Ground［地平线和地面］选项组

❖ Horizon Height［地平线高度］：即地平线的垂直位置，默认值是 0.0。

❖ Blur［模糊］：用于渲染地平线所使用的模糊程度，默认值是 0.1。

> 提示：值为 0.0 时地平线是非常尖锐的。通常，只有值低于 0.5 时才有用，但如果地平线只包含模糊则其全值将达到 10.0，那么这时候也就没有地平线了。

❖ Ground Color［地面颜色］：即虚拟地平面的颜色。

■ After Dark［入夜后］选项组

❖ Night Color［夜间颜色］：即天空颜色的最小值，这是最暗的天空颜色。

> 提示：这个颜色很适合添加月亮、星星，以及在日落后仍能保持长时间照明的高海拔卷云等。随着太阳落山、黑夜来临，"夜间颜色"的效果不会受到影响，而且会保持在基本光水平。

■ Non-Physical Tuning［非物理调试］选项组

❖ Red/Blue Tint［红/蓝染色］：对天光的红色度进行艺术化控制。默认值 0.0 是物理校正值（针对 6500K 白点计算得出），但可以对此参数进行修改，取值范围为-1.0（极蓝）～1.0（极红）。

❖ Saturation［饱和度］：对天光的饱和度进行艺术化控制。默认值 1.0 是物理计算的饱和度级别。取值范围为 0.0（黑和白）～2.0（极高的饱和度）。

■ Aerial Perspective［空中透视］选项组

❖ Visibility Distance［可见性距离］：空中透视是一种将越远处的对象表现得越模糊，色调越偏蓝的手法。mr 天空通过"可见性距离"参数对此进行设置。当该值为非零时，它定义 10%的距离，即在 Haze 级别为 0.0 时，大约 10%的距离可见。

7.5　实例练习——创建自然光照效果

　　光能传递是 mental ray 渲染器在渲染计算时所使用的渲染技术,这也是真实世界中的一种普通的光学现象。在本练习中,将使用天光对象来学习光能传递在 mental ray 渲染器中是如何实现的,并使用 mental ray 的摄影曝光控制来调整整个场景的光照效果。

■　**为场景布置照明环境**

Step1:　打开本书配套光盘中提供的“Light.max”文件,如图 7-50 所示,场景文件提供了一个简单的建筑空间,下面就通过该模型讲解光能传递的使用方法。

Step2:　在 Creat [创建] 面板中,单击 ⚊ 按钮,进入灯光创建面板。

Step3:　在 Object Type [对象类型] 卷展栏下,单击 Skylight [天光] 按钮,如图 7-51 所示。

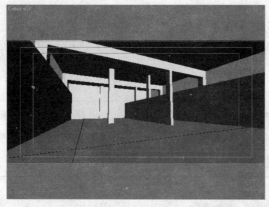

图 7-50　　　　　　　　　　　　　　　　图 7-51

Step4:　在 Top [顶] 视图中,单击视图,在建筑模型的右边创建一个“Sky01”对象,如图 7-52 所示。

Step5:　右击视图结束创建,并在主工具栏中单击 ✛ 按钮,在 Left [左] 视图中,沿着 Y 轴方向,向上拖动对象到建筑模型的上方,如图 7-53 所示。

Step6:　激活 Camera01 视图,在主工具栏中单击 ◉ 按钮,渲染当前场景,结果如图 7-54 所示。

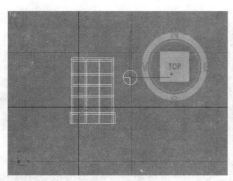

图 7-52

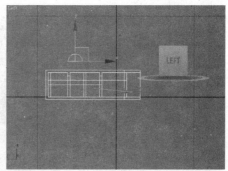

图 7-53

图 7-54

从图 7-54 中可以看到，虽然为场景中添加了天空光的照明光源，但我们没有在场景中看到任何光照效果，整个空间漆黑一片。

■ **打开最终聚集**

Step1: 在主工具栏中单击 ![按钮] 按钮，调出 Render Setup［渲染设置］窗口。

Step2: 在 Render Setup［渲染设置］窗口中，进入 Indirect Illumination［间接照明］面板，如图 7-55 所示。

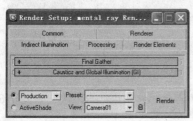

图 7-55

Step3: 在 Final Gather［最终聚集］卷展栏下的 Basic［基本］选项组中，选中 Enable Final Gather［启用最终聚集］复选框，并设置 FG Precision Presets 的级别为 Draft［草图］，如图 7-56 所示。

Step4: 在主工具栏中单击 ![按钮] 按钮，渲染 Camera01 视图，结果如图 7-57 所示。

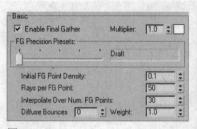

图 7-56

图 7-57

在图 7-57 中可以看到，在应用了最终聚集效果后，场景中出现了天空光的照明效果，但此时的天空光照明比较弱，不符合最终效果，下面就通过曝光控制，来调整天空光的亮度。

■ 使用曝光控制

Step1： 在菜单栏中选择 Rendering＞Environment［渲染＞环境］命令，调出 Environment and Effects［环境与效果］窗口，如图 7-58 所示。

Step2： 在 Exposure Control［曝光控制］卷展栏下，打开 Exposure Control［曝光控制］下拉列表，从中选择 mr Photographic Exposure Control［mr 摄影曝光控制］选项，如图 7-59 所示。

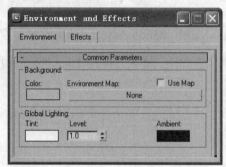

图 7-58

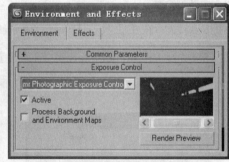

图 7-59

Step3： 在主工具栏中单击 按钮，渲染 Camera01 视图，结果如图 7-60 所示。

图 7-60

从图 7-60 中可以看到，在使用了 mr 摄影曝光控制后，场景中天空光的照明效果得到了改善，整个空间被柔和的漫反射光线照亮了。但如果想让空间的照明环境得到进一步的改善，只依靠天光与 mr 的摄影曝光控制是无法得到完美的效果的，还需要为场景添加一个直接光照，以进一步增加照明的亮度。

■ 添加直接光照

Step1： 在 Create［创建］面板的 Object Type［对象类型］卷展栏下，单击 Target Direct［目标平行光］按钮，如图 7-61 所示。

图 7-61

Step2： 在 Top［顶］视图中，由左下角向右上角拖动鼠标，创建一个"Direct01"对象，如图 7-62 所示。

Step3： 在主工具栏中单击 ✛ 按钮，在 Front［前］视图中，调整"Direct01"对象到如图 7-63 所示的位置。

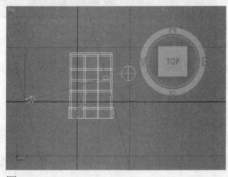

图 7-62   图 7-63

Step4： 确认"Direct01"对象处于被选择状态，在命令面板中单击 ／ 按钮，进入 Modify［修改］面板。

Step5： 在 General Parameters［常规参数］卷展栏下，选中 Shadows［阴影］选项组中的 On［启用］复选框。

Step6： 打开 Shadow Map［阴影贴图］下拉列表，从中选择 Ray Traced Shadows［光线跟踪阴影］选项，如图 7-64 所示。

Step7： 在 Intensity/Color/Attenuation［强度/颜色/衰减］卷展栏下，修改

Multiplier［倍增器］的值为 1.5，如图 7-65 所示。

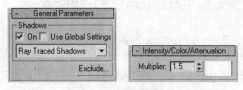

图 7-64   图 7-65

Step8：   单击 Multiplier［倍增器］右侧的颜色样本，调出 Color Selector［颜色选择器］对话框。

Step9：   在 Color Selector［颜色选择器］对话框中修改灯光颜色，具体的 RGB 值如图 7-66 所示，然后单击 OK［确定］按钮，退出该对话框。

Step10：激活 Camera01 视图，在主工具栏中单击 ⚙ 按钮，渲染当前视图，结果如图 7-67 所示。

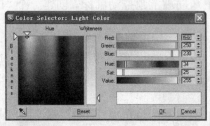　　

图 7-66   图 7-67

在图 7-67 中可以看到，场景中有了直接光照的效果，而且照明环境也得到了改善。

■ **整体提高亮度**

Step1：   在菜单栏中选择 Rendering＞Environment［渲染＞环境］命令，调出 Environment and Effects［环境与效果］窗口。

Step2：   在 mr Photographic Exposure Control［mr 摄影曝光控制］卷展栏下的 Exposure［曝光］选项组中，选中 Photographic Exposure［摄影曝光］单选按钮，并修改 Shutter Speed［快门速度］的值为 0.01，如图 7-68 所示。

Step3：   在主工具栏中单击 ⚙ 按钮，渲染 Camera01 视图，结果如图 7-69 所示。

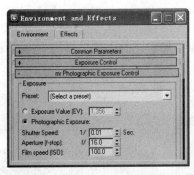

图 7-68

图 7-69

从图 7-69 中可以看到，场景中的照明效果得到了明显的改善，但是在阴影处有很多黑斑，需要进一步修改其中的参数值。

■ 提高渲染质量

Step1： 在主工具栏中单击 按钮，调出 Render Setup［渲染设置］窗口，进入 Indirect Illumination［间接照明］面板。

Step2： 在 Caustics and Global Illumination(GI)［焦散和全局照明（GI）］卷展栏下的 Global Illumination（GI）［全局照明（GI）］选项组中，选中 Enable［启用］复选框，如图 7-70 所示。

Step3： 在 Render Setup［渲染设置］窗口中，单击 Render［渲染］按钮，渲染当前视图，结果如图 7-71 所示。

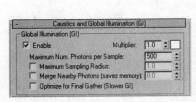

图 7-70

图 7-71

从图 7-71 中可以看到，在启用了全局照明后，场景中出现了曝光过度的现象。

Step4： 在菜单栏中选择 Rendering＞Environment［渲染＞环境］命令，调出 Environment and Effects［环境与效果］窗口。

Step5： 在 mr Photographic Exposure Control［mr 摄影曝光控制］卷展栏下的 Image Control［图像控制］选项组中，修改 Highlights(Burn)［高光区（发光）］的值为 0.5，修改 Midtones［中间影调］的值为 0.65，修改 Shadows

［阴影］的值为 0.6，如图 7-72 所示。

Step6： 在主工具栏中单击 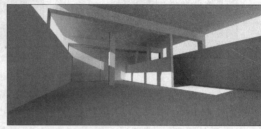 按钮，渲染当前视图，结果如图 7-73 所示。

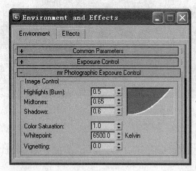

图 7-72   图 7-73

从图 7-73 中可以看到，场景已经得到了很好的全局照明的效果，阴影中的黑斑也消失了。到此为止，就完成了对 mental ray 全局照明的学习。在这个过程中可以了解到，要想得到光能传递的效果，除了场景中必须具备光源之外，还要打开 mental ray 渲染器的最终聚集或全局照明效果，否则，得到的渲染效果与使用默认的扫描线渲染所得到的效果相同。而使用曝光控制，可以方便地对场景中的光照环境进行调整。

Chapter 08 材质效果

8.1 使用材质编辑

材质的调节和指定，主要是在 Material Editor［材质编辑器］和 Material/Map Browser［材质/贴图浏览器］中进行的。Material Editor［材质编辑器］用于创建、调节材质，并最终将其指定到场景中；Material/Map Browser［材质/贴图浏览器］用于指定材质类型和选择现有的纹理贴图。

8.1.1 Material Editor ［材质编辑器］

在主工具栏中单击 按钮，即可打开 Material Editor［材质编辑器］窗口，如图 8-1 所示。

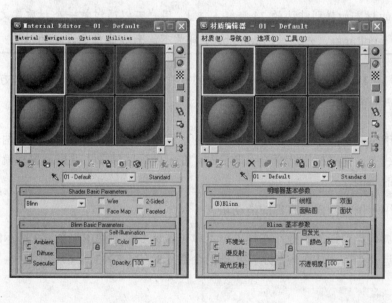

图 8-1

8.1.2 材质示例窗口

在将一个材质应用于对象前，可以在材质示例窗口中看到该材质。材质示例窗口中的每个窗口都包含有一个材质或贴图，它可以被渲染器渲染。一次只能激活一个示例窗口，四周有白色线框的示例窗表示是当前激活的材质样本，它是当前正在编辑的材质样本，而在示例窗 4 个角上有白色三角材质表示它已经指定给场景对象，这时它也被称为同步材质（热材质）。同步材质不仅存在于材质编辑器中，也存在于场景中。对同步材质做任何修改都会改变场景中相应物体的材质。3ds Max 允许将某一个示例窗放大到任意大小。用户可以双击激活的示例窗来放大或使用右键菜单中的 Magnify［放大］命令放大，如图 8-2 所示。通过用鼠标拖曳对话框的一角也可以调整示例窗的大小。

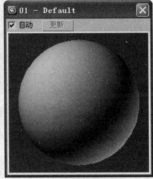

图 8-2

提示：当打开材质编辑器时，系统会把 Matlibs 子目录中的 medit.mat 材质库中的材质加载到默认的 24 个样本球上。用户可以通过把一个材质库文件改名为 medit.max，并且放到 Matlibs 子目录下，来加载自己设定的材质。

在默认情况下，工作区中能看到 6 个示例窗。用户可通过 3 种方法查看其他的示例窗，介绍如下。

❖ 平推示例窗工作区：在材质编辑器的示例窗区域，将鼠标指针放在两个窗口的分隔线上，待鼠标指针变为手形状时，在示例窗区域单击并拖动鼠标就可以看到更多的示例窗。

❖ 使用示例窗侧面和底部的滑动块。

❖ 增加可见窗口的个数：在样本球上单击鼠标右键，弹出如图 8-3 所示的菜单，可以选择当前工作区中显示样本球的个数［3×2、5×3 或 6×4］。

图 8-3

8.1.3　材质编辑器工具栏

　　使用材质编辑器的工具栏按钮，可以方便、快捷地对材质进行设定。在材质示例窗口的右边和下面各有一行工具栏。

■　垂直工具栏

　　当创建材质时，经常需要调整默认的材质编辑器设置，例如，改变示例窗口对象的形状、打开和关闭背光、显示示例窗口的背景和设置重复次数等。所有定制的设置都可用示例窗区域右边的工具栏来访问，右边的工具栏包括下列工具。

❖　　Sample Type［采样类型］：允许改变示例窗中样本材质的显示形式。单击该按钮，会弹出示例球显示方式按钮条　　，其中提供了球形显示、圆柱体显示及立方体显示 3 种显示方式。

❖　　Backlight［背光］：决定样本球是否打开背光灯，用来显示材质受背光照射的样子。当创建 Metal［金属］或 Strauss 明暗类型的材质时很有用，可以方便地观察和调整背光所产生的高光。

❖　　Background［背景］：决定是否在示例窗中增加一个彩色方格背景，通常制作透明、折射与反射材质时开启方格背景，如图 8-4 所示。在"材质编辑器选项"对话框中，可以指定一幅图像作为背景。

❖　　Sample UV Tiling［采样 UV 平铺］：允许改变编辑器中材质的重复次数而不影响应用于对象的重复次数。单击此按钮弹出按钮条　　，可将样本球上的贴图重复 4 倍、9 倍、16 倍的效果。但它只改变样本球中的显示，对场景中指定材质的对象本身没有影响，这只是方便查看材质重复的效果，如图 8-5 所示。如果使对象上的材质重复，需要在贴图的 Coordinates［坐标］卷展栏中设定重复的次数。

❖　　Video Color Check ［视频颜色检查］：检查无效的视频颜色，它检查除 NTSC和 PAL 制式以外的视频信号色彩是否超过视频界限。用户可以在 Preferences［首选项］对话框的 Rendering［渲染］面板中设定无效的视频颜色，无效的视频颜色被渲染为黑色，如图 8-6 所示。

图 8-4　　　　　　　　图 8-5　　　　　　　　图 8-6

❖  Make Preview [生成预览]：允许生成预览动画材质。它是一个弹出按钮条 ，分别为生成预览、播放预览和保存预览。单击 按钮，将弹出如图 8-7 所示的对话框，用来生成一个动画材质预览；播放预览用来播放保存的预览；单 击"保存预览"按钮，可以把生成的预览动画保存到一个文件中。

图 8-7

❖  Options [选项]：单击此按钮，将弹出"材质编辑器选项"对话框，用来控 制材质和贴图如何在样本球中显示。

❖ Select By Material [按材质选择]：使用 Select Object 对话框选择场景中的对 象。单击该按钮会弹出材质选择对话框，用来按当前激活的样本球的材质，将场 景中使用同种材质的对象选择出来。

❖ Material/Map Navigator [材质/贴图导航器]：单击此按钮，将弹出"材质/贴 图导航器"对话框，如图 8-8 所示。它允许查看当前材质样本球组织好的层级中 的材质层次，并且可以在材质层次中导航，材质编辑器窗口下面的参数卷展栏也 会随之切换到层次中相应的参数。

图 8-8

■ **水平工具栏**

❖ Get Material [获取材质]：单击此按钮后会弹出"材质/贴图浏览器"对话框， 从对话框中可以进行材质选择。关于"材质/贴图浏览器"对话框，将在后面进行 介绍。

❖ Put Material to Scene [将材质放入场景]：在对材质编辑后，单击此按钮将更 新场景中对象的材质。只有在下列情况下此按钮才可用：激活的材质样本球与场 景中对象材质有相同的名称，而且处于激活的材质样本球没有指定到一个对象，即它是一个冷材质。

❖ Assign Material to Selection［将材质指定给选定对象］：单击此按钮将激活的样本材质指定给场景中的一个或多个选中的对象。指定了对象的样本材质叫热材质，没有指定给对象的材质叫冷材质。

❖ Reset Map/Mtl to Default Settings［重置贴图/材质为默认设置］：当改变了示例窗中的样本材质时，可用此按钮恢复初始状态。如果当前材质是场景中正在使用的热材质，会弹出一个对话框，让我们在只恢复示例窗中的材质和连同场景中的材质一起恢复中选择其一。

❖ Make Material Copy［生成材质副本］：用来复制当前材质，它只能复制热材质。某一材质如果被赋予场景中的对象，当我们修改该材质时会影响到场景中的对象。如果修改该材质时不想影响到场景中的对象，就用 Make Material Copy 按钮进行材质复制，然后再进行材质编辑。

❖ Make Unique［使唯一］：在使用 Multi/Sub-Object 材质类型时，它能确保次材质的名称是唯一的。

❖ Put to Library［放入库］：将选定的材质放到材质库中，主要是为了保存新材质或者编辑过的材质。单击该按钮将弹出名称输入对话框，输入名称后，将把当前材质存储到材质库中，在材质/贴图浏览器中可以看到保存的材质。

❖ Material ID Channel［材质效果通道］：用来为 Video Post 指定一个渲染效果通道，使材质产生特殊效果，如发光特效等。单击此按钮且按住不放将弹出如图 8-9 所示的按钮框，可以为材质选择 1～15 渲染效果通道值，通道值为 0 表示材质不能被应用渲染效果。

图 8-9

❖ Show Map in Viewport［在视口中显示贴图］：单击该按钮将使热材质的贴图在视图中显现出来。在系统预定状态下，交互视图中不能显示贴图效果，通过该按钮可以使贴图效果在视图中得到显示。在 3ds Max 中，交互视图中可以显示 3D 程序贴图，还可以显示多重贴图。

❖ Show Hardware Map in Viewport［在视口中显示纹理贴图］：该按钮在材质编辑器工具栏的下拉列表中可以找到，单击它可以将该材质的纹理贴图在视口中显示出来。与 按钮不同的是，它利用计算机的硬件渲染，可以在视口中显示真实的凹凸、高光等效果，使用户不用渲染就可以在视口中观察到最终的效果，但是如果显卡不能支持，则该按钮不会出现在材质编辑器中。如图 8-10 所示，就是在使用两种纹理显示功能时在视口中看到的不同效果。

图 8-10

❖ Show End Result［显示最终结果］：单击此按钮后，材质样本球将显示材质的最终效果；弹起时，只显示当前层级的材质效果。该按钮对于带有层级的材质是很有用的。

❖ Go to Parent［转到父级］：转到当前层级的上一级，用于复合材质中。如果当前处在次材质层级，该按钮是可用的。当然，也可以使用材质/贴图导航器来跳转。

❖ Go Forward to Sibling［转到下一个同级项］：单击该按钮，可以在当前层级内快速跳到下一个贴图或材质。当然，也可以使用材质/贴图导航器来跳转。

❖ Pick Material from Object［从对象拾取材质］：获取场景中对象材质的工具。单击此按钮，当把鼠标指针移动到视图中时，它会变为吸管形状，当移动到一个指定了材质的对象上时单击鼠标，在当前激活的样本球上将显示这个对象的材质，同时这个样本球成为这个对象的指定材质，变为热材质。

❖ 01 - Default ▼ 材质名称下拉列表框：用来为当前材质取名和重新命名。

8.1.4　材质编辑器选项

在 Material Editor Options［材质编辑器选项］对话框中，可以对材质编辑器中的一些常规属性进行设置，如图 8-11 所示。

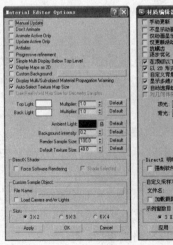

图 8-11

❖ Manual Update［手动更新］：选中时，使自动更新材质无效，必须通过单击一次示例窗来更新材质。当 Manual Update 被激活后，我们对材质所做的改变并不是实时地反映出来，只有在更新示例窗时才能看到这些变化。

❖ Don't Animate［不显示动画］：如果材质编辑器中有几个动画材质，选中后将不显示材质的动画效果。

❖ Animate Active Only［仅动画显示活动示例］：和 Don't Animate［不显示动画］的功能类似，但是它只允许在当前激活的示例窗和视图中播放动画。

❖ Update Active only［仅更新活动示例］：与 Manual Update［手动更新］类似，它只允许激活的示例窗实时更新。

❖ Antialias［抗锯齿］：是否打开样本球的抗锯齿效果。

❖ Progressive refinement［逐步优化］：选中时，对样本球使用快速的渲染方法。

❖ Simple Multi Display Below Top Level［在顶级下简化多维/子对象材质显示］：选中时，对于有次材质的样本球，面片只显示在顶级材质，次材质显示在整个样本球上。

❖ Display Maps as 2D［以 2D 形式显示贴图］：选中时，样本球显示应用的 2D 贴图，包括标准贴图；未选中时，贴图作为材质显示在样本球上。

❖ Custom Background［自定义背景］：选中时，单击后面的长按钮，可以为样本球窗口选择一幅图像作为背景。

❖ Display Multi/Sub-object Material Propagation Warning［显示多维/子对象材质传播警告］：选中时，在对实例化的 ADT 基于样式的对象应用多维/子对象材质时，弹出切换警告对话框。

❖ Auto-Select Texture Map Size［自动选择纹理贴图大小］：当场景中的纹理贴图设置为"使用真实世界比例"的材质时，启用该选项可以确保贴图在材质样本球上的正确显示，禁用该选项后，会启用几何体采样的"使用真实世界大小"需要注意的是，如果材质在不同级别上使用了几个纹理贴图，且仅有一个设置为"使用真实世界比例"，那么材质样本球将使用真实世界大小坐标进行渲染。

❖ Use Real-World Map Size for Geometry Samples［对几何体采样使用真实世界贴图大小］：这是一个全局设置，它允许手动选择使用的纹理坐标的样式。选中时，真实世界坐标用于示例窗显示。

❖ Top Light［顶光］：顶光也是主光，它是照在对象上最亮的光，同时使表面的大部分富于光彩。调整它不仅可以改变光的颜色和亮度，而且可以改变材质的表面效果。图 8-12 是把顶光设为红色的图示。

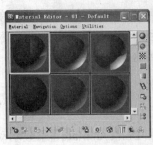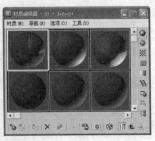

图 8-12

❖ Back Light［背光］：为使对象突出于背景，需要在对象后面加入灯光，这就是 Back Light［背光］。图 8-13 是把背光设置为蓝色后得到的效果。

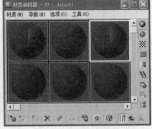

图 8-13

❖ Ambient Light［环境灯光］：这是场景中对象的反射光。Ambient Light［环境灯光］不是来自直接的光源，它仅在对象的周边放出微弱的光彩。图 8-14 是把环境灯光设置为绿色的效果。

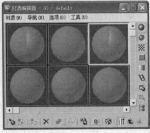

图 8-14

❖ Multiplier［倍增］：用于设置灯光的强度。在多数情况下，3ds Max 提供默认的灯光设置就可以很好地满足要求。如果改变了设置，又想改回默认设置，单击它们后面的 Default［默认］按钮即可。

❖ Background intensity［背景强度］：用于设置样本球背景的强度，取值范围为 0～1.0。

❖ Render Sample Size［渲染采样大小］：运用该选项可将示例球的比例设置为任意大小，使它与其他对象或场景中带有纹理的对象相一致。

❖ Default Texture Size［默认纹理大小］：用于控制新创建的真实纹理的初始大小。

■ **DirectX Shader** [DirectX 明暗器] **选项组**

❖ Force Software Rendering [强制软件渲染]：启用此项后，会强制"DirectX 9 明暗器"使用选择的软件来对视口的样式进行渲染；而禁用此项后，若该材质的局部 Force Software Rendering [强制软件渲染] 切换没有启用，那么将使用"DirectX 9 明暗器"中指定的 FX 文件进行渲染。

❖ Shade Selected [明暗处理选定对象]：在启用 Force Software Rendering [强制软件渲染] 后，只有选中的对象会被"DirectX 9 明暗器"着色。

■ **Custom Sample Object** [自定义采样对象] **选项组**

❖ File Name [文件名]：可通过右侧的按钮自行指定一个 Max 文件，以它的造型作为示例窗中的样本对象，并允许使用它自身的摄像机和灯光。在图 8-15 中，就是用了自定义的样本模型。

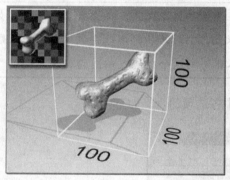

图 8-15

❖ Load Camera and/or Lights [加载摄像机和/或灯光]：启用该项，可将自定义文件中的摄像机和灯光指定给示例样本。

■ **Slots** [示例窗数目] **选项组**

　　Slots [示例窗数目] 选项组用来设置当前窗口中可以显示的材质样本球数量，有 3×2、5×3、6×4 共 3 种选项。

❖ Apply [应用]：若单击该按钮，则可以在不关闭对话框的情况下，使修改后的设置发生作用，以便观察设置修改的影响。

8.1.5　Material/Map Browser [材质/贴图浏览器]

　　单击 🔧 按钮，会弹出 Material/Map Browser [材质/贴图浏览器] 对话框，如图 8-16 所示。它与单击材质类型按钮打开的对话框相同，在更改材质类型时可以选择新的贴图。该对话框中存储了所有的材质和贴图，它可以对当前材质导航，并且允许访问与管理材质库。用户可以在 Material/Map Browser［材质/贴图浏览器］中进行以下操作：

❖ 当双击一个材质/贴图时，处于激活的样本球上将显示这个材质/贴图，它会自动在关联或拷贝间选择。

❖ 当选择 New Materials［新材质］时，在激活样本球上生成一个新材质。

❖ 当选择一个 Library［材质库］时，在激活的样本球上生成一个副本。

❖ 当选择 Material Editor［材质编辑器］、Scene［场景］或 Selected Objects［选定对象］时，在激活的样本球上生成的是关联复制还是拷贝，取决于材质或贴图的状态。

> 提示：如果这个材质或贴图已经在激活的样本球上，那么什么也不做；如果这个材质或贴图已经在其他样本球上，则激活的样本球得到这个材质或贴图的副本。其他情况下，激活的样本球得到这个材质或贴图的关联复制。

Material/Map Browser 对话框中各选项的含义如下。

图 8-16

❖ ［□□□］：可以在此文本框中输入要选择的材质/贴图的名称，在右侧显示被选择材质/贴图的名称，在下面的材质/贴图预览框中显示材质/贴图的预览。

❖ ：以列表形式显示材质/贴图。材质用蓝色的球表示，贴图用绿色四边形表示，如果按下 按钮，并且某个材质/贴图被指定到场景对象，则它是红色的。

❖ ：用带小图标的列表形式显示材质/贴图。

❖ ：以小图标形式显示材质/贴图。

❖　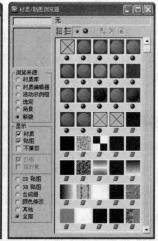：以大图标形式显示材质/贴图。

> 提示：图 8-17 是使用带小图标的列表形式，显示当前材质编辑器示例窗中的材质/贴图。

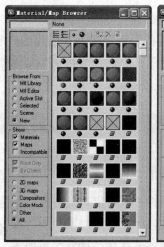

图 8-17

❖　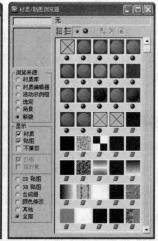：单击此按钮，存储在材质库中的材质将更新场景中同名的材质。单击此按钮将弹出对话框，列出材质库中与当前场景中对象同名的材质。只有在浏览材质库时才可以使用此按钮。

❖　✖ Delete from Library［从库中删除］：当浏览一个材质库时，单击此按钮将把选择的材质从库中删除，且直到保存材质库完才生效，可在保存前重新打开材质库。

❖　▣ Clear Material Library［清除材质库］：当浏览一个材质库时，单击此按钮将把当前材质库中的所有材质清除，且直到保存材质库后才生效。

■ Browse From［浏览自］选项组

❖　Mtl Library［材质库］：从材质库中显示材质。选择此选项后，File 选项组中的按钮处于可用状态。用户可以使用 Open 按钮打开一个 Max 文件来浏览这个文件中对象的所有材质，还可以把它们保存到一个材质库中。

❖　Mtl Editor［材质编辑器］：选择此选项，显示当前示例窗中所有的材质。

❖　Active Slot［活动示例窗］：选择此选项，显示当前激活样本球的材质，这样可以对活动示例窗材质层级导航。

❖　Selected［选定对象］：选择此选项，将显示场景中选中对象所指定的材质。

❖　Scene［场景］：选择此选项，显示指定到场景中对象的所有材质，它包括指定到场景的所有贴图，例如，环境背景贴图、聚光灯投影贴图等。

❖ New［新建］：选择此选项，显示固定的材质/贴图类型，用来生成一个新的材质。

■ Show［显示］选项组

❖ Materials［材质］：启用或禁用材质或子材质的显示。

❖ Maps［贴图］：启用或禁用贴图的显示。

❖ Incompatible［不兼容］：选中时，显示与当前的活动渲染器不兼容的材质、贴图和明暗器，不兼容材质显示为灰色。此时，可以将不兼容的材质、贴图或明暗器指定给材质球，但结果可能会不正确。

■ Root/Object［根/对象］选项组

❖ Root Only［仅根］：选中时，材质/贴图列表仅显示材质层次的根；未选中时，列表中会显示整个层次。仅根中的默认状态取决于浏览器中的显示方式。

❖ By Object［按对象］：选中时，列表按场景中的对象指定列出材质。左侧是按字母顺序排列的对象名称，带有黄色立方体图标。所应用的材质显示为对象的子对象。未选中时，该列表仅显示材质名称。但该选项仅在从场景中或所选中进行浏览时才可用。

■ Display［显示］选项组

　　Display［显示］选项组只有在 Browse From［浏览自］选项组选中 New［新建］单选按钮时才处于可用状态，用来控制在列表中显示的贴图类型。

❖ 2D maps［2D 贴图］：只显示 2D 类型的贴图。

❖ 3D maps［3D 贴图］：只显示 3D 类型的贴图。

❖ Compositors［合成器］：只显示复合类型的贴图。

❖ Color Mods［颜色修改］：只显示颜色修改器类型的贴图。

❖ Other［其他］：只显示反射和折射类型的贴图。

❖ All［全部］：显示所有类型的贴图。

8.2　合成贴图

　　Composite［合成］贴图使用 Alpha 通道把指定数量的贴图合成为一幅贴图。由于它是通过贴图的 Alpha 通道来合成的，所以底层被覆盖的贴图必须包含 Alpha 通道。当然，每层之间还可以选择不同的混合算法，这有点类似 Photoshop 的图层混合。

8.2.1 Composite Layers［合成层］卷展栏

新版的 3ds Max 2009 对 Composite［合成］贴图做了很大的修改、增强，除了可以预览每一层纹理的效果外，还内置了 Color Correction［颜色修正］控制。Composite［合成］贴图的效果及参数卷展栏如图 8-18 所示，从这个界面可以看出贴图空间的变化。

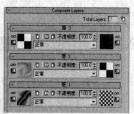

图 8-18

❖ Total Layers［总的层］：用来显示在 Composite 贴图中使用的子贴图的数量。单击右侧的 🗋 按钮可以添加贴图层。

● **Layer［层］卷展栏**

每增加一个子贴图，就会增加一个 Layer［层］卷展栏。

❖ 👓 Hide this layer［隐藏该层］：打开后，这个层将被隐藏，意味着不对最后的输出产生影响。当单击 👓 按钮后，该按钮会变成 👓 ，再次单击会显示该层。

❖ 🖼 Color Correct This Texture［颜色修正该纹理］：应用 Color Correction［颜色修正］纹理，并进入 Color Correction［颜色修正］纹理的界面。

❖ None Map［贴图］：单击该按钮，可以在 Material/Map Browser［材质/贴图浏览器］中指定贴图类型。

> 提示：在子贴图的右侧，也有 👓/🖼/None 按钮，它们的使用方法都是相同的，只是针对的是遮罩通道上的贴图。

❖ 🗋 Delete this layer［删除该层］：删除子贴图的层，但至少保留一个层。

❖ 🗋 Rename this layer［重命名该层］：对子贴图层重命名，新的名字会出现在 Layer［层］卷展栏上。

❖ Duplicate this layer [复制该层]：复制当前的子贴图层，作为新的层添加到 Composite [合成] 贴图上。

❖ Opacity [不透明度]：设置子贴图层的不透明度。

❖ blend mode [混合方式]：在下拉列表中提供了 25 种类型的混合方式，每种类型都决定了当前层与下面层以何种方式混合。

8.2.2 实例练习——利用合成贴图制作环境

在这个练习中，将使用合成贴图对场景中的环境进行处理。下面首先在场景中添加一个环境贴图。

8.2.2.1 添加环境贴图

Step1： 运行 3ds Max 程序，打开本书配套光盘提供的 "Composite.max" 文件，在主工具栏中单击 👁 按钮，可以看到默认的渲染结果，如图 8-19 所示。

图 8-19

从图 8-19 中可以看到，当前的场景没有使用任何背景贴图作为环境，只是将背景环境的颜色修改为了淡蓝色，接下来就先为场景添加背景贴图。

Step2： 在菜单栏中选择 Environment＞Environment [环境＞环境] 命令，打开 Environment and Effects [环境和效果] 窗口。

Step3： 在 Common Parameters [公用参数] 卷展栏＞Background [背景] 选项组中，单击 Environment Map [环境贴图] 的通道按钮。

Step4： 在打开的 Material/Map Browser [材质/贴图浏览器] 对话框中，双击 Bitmap [位图] 贴图，如图 8-20 所示。

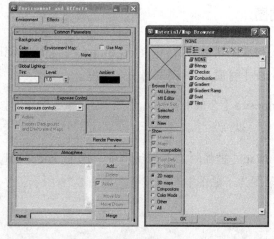

图 8-20

Step5： 在弹出的 Select Bitmap Image File［选择位图文件］对话框中，选择本书
配套光盘提供的"Mountains.jpg"文件，如图 8-21 所示，然后单击［打
开］按钮，退出该对话框。

图 8-21

Step6： 将添加的位图贴图拖动到 Material Editor［材质编辑器］窗口中一个空白
材质球上，并以实例的方式复制该贴图，如图 8-22 所示，以进一步对其
进行编辑。

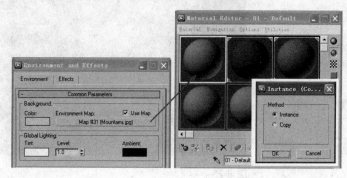

图 8-22

8.2.2.2　修改贴图类型为合成贴图

Step1:　在 Material Editor［材质编辑器］窗口中单击 Bitmap［位图］按钮，打开 Material/Map Browser［材质/贴图浏览器］对话框。

Step2:　在列表中选择 Composite［合成］贴图，然后单击 OK［确定］按钮，修改贴图的类型。

Step3:　在弹出的 Replace Map［替换材质］对话框中，选中 Keep old map as sub-map［保留旧贴图为子贴图］单选按钮，如图 8-23 所示。

图 8-23

Step4:　单击 OK［确定］按钮，退出 Replace Map［替换材质］对话框，进入合成贴图的编辑面板。

8.2.2.3　编辑 Layer1

Step1:　在 Layer1［层 1］卷展栏下，单击右侧的贴图按钮，进入环境贴图的编辑层级。

Step2:　在 Coordinates［坐标］卷展栏下，修改 V 方向上的 Offset［偏移］为 0.18，如图 8-24 所示。

Step3:　在主工具栏中单击 👁 按钮，对当前场景进行渲染，效果如图 8-25 所示。

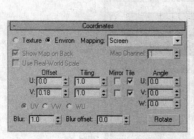

图 8-24

图 8-25

8.2.2.4　为 Layer1 编辑渐变贴图

Step1: 在 Material Editor［材质编辑器］窗口中，单击 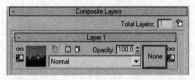 按钮，返回材质的根层级。

Step2: 单击 Layer1［层 1］卷展栏下右侧的贴图按钮，如图 8-26 所示，在打开的 Material/Map Browser［材质/贴图浏览器］对话框中，选择 Gradient［渐变］贴图，然后单击 OK［确定］按钮，为该层添加一张渐变贴图。

图 8-26

Step3: 在 Gradient Parameters［渐变参数］卷展栏下，将 Color#3［颜色 3］的颜色样本拖动到 Color#1［颜色 1］上，如图 8-27 所示。

Step4: 在弹出的 Copy or Swap Colors 对话框中，单击 Swap［交换］按钮，如图 8-28 所示，交换 Color#1［颜色 1］和 Color#3［颜色 3］的颜色。

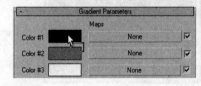

图 8-27

图 8-28

Step5: 在 Gradient Parameters［渐变参数］卷展栏下，修改 Color 2 Position［颜色 2 位置］为 0.23，如图 8-29 所示。

图 8-29

8.2.2.5　添加并编辑 Layer2

Step1: 在 Material Editor［材质编辑器］窗口中，单击 按钮，返回材质的根层级。

Step2: 在 Composite Layers［合成层］卷展栏下，单击 按钮，添加一个新图层，并将 Layer2 [层 2] 卷展栏拖动到 Layer1 [层 1] 卷展栏的下方。

提示：此时，包含了环境贴图的原 "Layer1" 名称将自动更新为 "Layer2"。

Step3： 在 Layer1 [层 1] 卷展栏下，单击右侧的贴图按钮，打开 Material/Map Browser [材质/贴图浏览器] 对话框，双击 Bitmap [位图] 贴图。

Step4： 在弹出的 Select Bitmap Image File [选择位图文件] 对话框中，选择本书配套光盘中的 "SKYSUN2.jpg" 文件，如图 8-30 所示，然后单击 [打开] 按钮，退出该对话框。

提示：双击示例窗中的材质球，使其放大显示，可以更为清楚地查看贴图的叠加效果，如图 8-31 所示。

图 8-30

图 8-31

Step5： 在 Material Editor [材质编辑器] 窗口中，单击 ⬆ 按钮，返回材质的根层级。

8.2.2.6 修改整体贴图的效果

Step1： 在 Layer2 [层 2] 卷展栏下，单击右侧的贴图按钮，进入衰减贴图通道。

Step2： 在 Gradient Parameters [渐变参数] 卷展栏下，单击 Color1 [颜色 1] 的颜色样本，打开 Color Selector [颜色选择器] 对话框，对其颜色进行修改，具体的 RGB 值如图 8-32 所示。

Step3： 单击 OK [确定] 按钮，退出 Color Selector [颜色选择器] 对话框，然后在 Material Editor [材质编辑器] 窗口中，单击 ⬆ 按钮，返回材质的根层级。

Step4： 在主工具栏中单击 ◉ 按钮，对当前场景进行渲染，结果如图 8-33 所示。

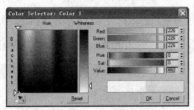

图 8-32   图 8-33

从图 8-33 中可以看到，在背景画面的雪山上，出现了夕阳照射所产生的红色效果。

Step5： 在 Layer2［层 2］卷展栏下，打开下拉列表，选择 Lighten［变亮］叠加方式，如图 8-34 所示。

Step6： 在主工具栏中单击 [icon] 按钮，对当前场景进行渲染，结果如图 8-35 所示。

图 8-34   图 8-35

不同的叠加方式可以得到很多特殊效果，这就是 Composite［合成］贴图的基本应用方法。

8.3 材质与贴图的应用

材质与贴图在 3ds Max 中的应用，可以说是十分复杂，这主要是因为它们的变化多而造成的。在本节中，将通过几个实例练习介绍几种常用材质的编辑方法，希望可以通过这几个实例练习，能让读者掌握材质编辑的一些基本技巧。

8.3.1 实例练习——酒杯材质

　　mental ray 材质是完全独立于 3ds Max 的一种高级材质类型，在本节的练习中，将使用这种 mental ray 材质类型来制作酒杯的玻璃材质与红酒的材质。首先要将当前的渲染器修改为 mental ray 渲染器，才会使 mental ray 材质类型正常地应用；然后为模型指定 mental ray 材质，并应用 Glass［玻璃］明暗器来编辑玻璃的效果；再使用绝缘体材质来编辑红酒的材质效果。

　　打开本书配套光盘中的"mr-glass.max"场景文件，如图 8-36 所示。在这个场景中，有酒杯模型和酒杯的液体模型，下面就来利用 mental ray 材质类型为它们编辑材质。

图 8-36

8.3.1.1 编辑玻璃杯材质

Step1: 在主工具栏中，单击 按钮，调出 Render Setup［渲染场景］窗口。

Step2: 在 Common［公用］面板中，展开 Assign Renderer［指定渲染器］卷展栏，然后单击 Production［产品］右侧的 按钮，打开 Choose Renderer［选择渲染器］对话框。

Step3: 在 Choose Renderer［选择渲染器］对话框中，选择 mental ray Renderer［mental ray 渲染器］选项，如图 8-37 所示，然后单击 OK［确定］按钮。

Step4: 在 Render Setup［渲染场景］窗口中，单击右上角的 按钮，关闭该窗口。

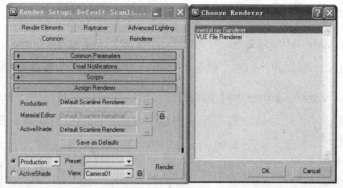

图 8-37

■ 使用 mental ray 材质

Step1: 在 Camera01 视图中，选择酒杯——"glass"对象，然后在主工具栏中单击 ▓ 按钮，打开 Material Editor [材质编辑器] 窗口。

Step2: 在 Material Editor [材质编辑器] 窗口的示例窗中选择一个空白的材质样本球，并将该材质的名称修改为"glass"，如图 8-38 所示。

Step3: 在 Material Editor [材质编辑器] 窗口中，单击工具栏中的 ▓ 按钮，将"glass"材质赋予场景中选择的对象。

Step4: 单击 Standard [标准] 按钮，打开 Material/Map Browser [材质/贴图浏览器] 对话框，在列表中选择 mental ray 材质，如图 8-39 所示，单击 OK [确定] 按钮。

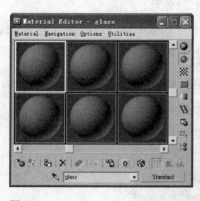

图 8-38

图 8-39

■ 添加 Glass 明暗器

Step1: 在 Material Shaders [材质着色器] 卷展栏下的 Basic Shaders [基本着色器] 选项组中，单击 Surface [曲面] 右侧的贴图通道按钮，打开

Material/Map Browser［材质/贴图浏览器］对话框。

Step2： 在 Material/Map Browser 对话框的列表中选择 Glass (lume)［玻璃（lume）］材质，然后单击 OK［确定］按钮，为其添加一个玻璃明暗器。

Step3： 在 Material Editor［材质编辑器］窗口的竖排工具栏中，单击 ⊞ 按钮，显示材质的背景，然后在示例窗中双击"glass"材质球，最大化显示该材质样本球，如图 8-40 所示。

Step4： 在主工具栏中单击 ◎ 按钮，渲染 Camera01 视图，结果如图 8-41 所示。

图 8-40　　　　　图 8-41

■ 修改玻璃颜色

Step1： 在 Material Editor［材质编辑器］窗口的 Glass (lume) Parameters［玻璃（lume）参数］卷展栏下，单击 Diffuse［漫反射］右侧的颜色按钮，打开 Color Selector［颜色选择器］对话框。

Step2： 在 Color Selector［颜色选择器］对话框中修改漫反射颜色，具体的 RGB 值如图 8-42 所示，然后单击 OK［确定］按钮，退出该对话框。

Step3： 在主工具栏中单击 ◎ 按钮，渲染 Camera01 视图，结果如图 8-43 所示。

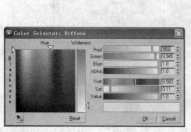 

图 8-42　　　　　图 8-43

从图 8-43 中可以看到，酒杯的颜色变成了浅蓝色。注意，这里的漫反射颜色不宜设置得过深，不然会影响酒杯的透明度。

■ **设置模糊透明效果**

Step1：　在 Blur Transparency［模糊透明度］卷展栏下，选中 On［开启］复选框，并修改 Spread［伸展］的值为 2，修改 Samples［采样数］的值为 6，如图 8-44 所示。

Step2：　在主工具栏中单击 按钮，再次渲染当前的 Camera01 视图，结果如图 8-45 所示。

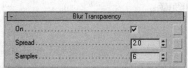

图 8-44　　　　　　　　　图 8-45

Step3：　在 Blur Transparency［模糊透明度］卷展栏下，取消选中 On［开启］复选框。

Step4：　在 Glass (lume) Parameters［玻璃（lume）参数］卷展栏下，单击 Diffuse［漫反射］右侧的颜色样本，在打开的 Color Selector［颜色选择器］对话框中修改其颜色，具体的 RGB 值如图 8-46 所示，然后单击 OK［确定］按钮，关闭该对话框。

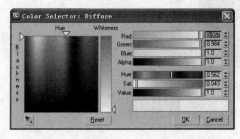

图 8-46

Step5：　在主工具栏中单击 按钮，再次渲染当前的 Camera01 视图，结果如图 8-47 所示。

Step6：　在键盘上按下 F3 键，以线框模式显示场景中的对象。

Step7: 选择酒杯中的"酒"对象，右击 Camera01 视图，在弹出的四元菜单中，选择 Hide Selection [隐藏当前选择] 命令，将"酒"对象隐藏起来。

Step8: 在主工具栏中单击 ◉ 按钮，渲染当前视图，结果如图 8-48 所示。

图 8-47　　　　　图 8-48

Step9: 右击 Camera01 视图，在弹出的四元菜单中，选择 Unhide All [取消所有隐藏] 命令，取消"酒"对象的隐藏。

8.3.1.2　编辑酒的材质

Step1: 在 Camera01 视图中，选择酒杯中的"酒"对象，然后在 Material Editor [材质编辑器] 窗口的示例窗中选择一个空白的材质样本球，并将该材质的名称修改为"wine"，如图 8-49 所示。

图 8-49

Step2: 在 Material Editor [材质编辑器] 窗口中，单击工具栏中的 ◆ 按钮，将"wine"材质赋予场景中所选择的对象。

Step3: 单击 Standard [标准] 按钮，打开 Material/Map Browser [材质/贴图浏

览器］对话框，在列表中选择 mental ray 材质，单击 OK［确定］按钮。

■ **绝缘材质明暗器**

Step1: 在 Material Editor［材质编辑器］窗口的竖排工具栏中，单击 ▓ 按钮，显示材质的背景 ，然后在示例窗中双击"wine"材质球，最大化显示该材质样本球。

Step2: 在 Material Shaders［材质着色器］卷展栏下的 Basic Shaders［基本着色器］选项组中，单击 Surface［曲面］右侧的贴图通道按钮，打开 Material/Map Browser［材质/贴图浏览器］对话框。

Step3: 在 Material/Map Browser 对话框的列表中，选择 Dielectric Material (3dsmax)［绝缘体材质（3dsmax）］材质，如图 8-50 所示，然后单击 OK［确定］按钮，为其添加一个玻璃明暗器。

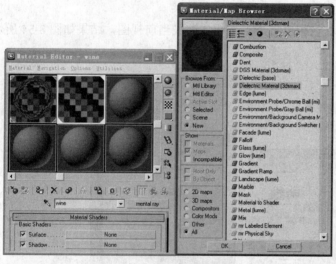

图 8-50

Step4: 在 Dielectric Material (3dsmax) Parameters［绝缘体材质（3dsmax）参数］卷展栏下，单击 Light Persistence［灯光持续性］的颜色样本，打开 Color Selector［颜色选择器］对话框。

Step5: 在 Color Selector 对话框中对颜色进行修改，具体的 RGB 值如图 8-51 所示，然后单击 OK［确定］按钮，退出该对话框。

Step6: 在主工具栏中单击 ◉ 按钮，渲染当前视图，结果如图 8-52 所示。

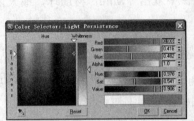

图 8-51   图 8-52

Step7:   在 Dielectric Material (3dsmax) Parameters［绝缘体材质（3dsmax）参数］
         卷展栏下，修改 Persistence Distance［持续距离］的值为 1.5cm，如图
         8-53 所示。

Step8:   在主工具栏中单击  按钮，渲染当前视图，结果如图 8-54 所示。

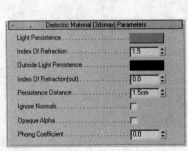

图 8-53   图 8-54

　　使用 mental ray 材质，可以得到真实可信的材质效果，特别是在玻璃、液体
的表现上。在这个练习中，可以了解到 mental ray 材质的控制参数比较少，它主
要是通过各种组件加载不同的明暗器来实现对材质的编辑。这些设置与 3ds Max
标准材质的 mental ray Connection ［mental ray 连接］卷展栏中的设置完全相同。
明暗器的作用就像纹理贴图，但纹理贴图是通过纹理效果来达到目的，而明暗器
却是用于计算灯光效果的函数。一个明暗器只适用于指定的设置，并不会在所有
设置中通用。

8.3.2 实例练习——海水表面材质

液体的效果可以分为很多种，本节就来学习海水材质的编辑方法。海水的效果是通过光线跟踪材质类型来实现的。在制作海水材质时，首先要将材质类型修改为光线跟踪材质，然后利用颜色值来修改水面的反射与折射效果，并为水面添加波纹的细节。

打开本书配套光盘中提供的"water.max"文件，如图 8-55 所示。在这个场景文件中，已经设置好了一个球体模型和水面模型，并为它们布置好了环境和灯光照明效果。

图 8-55

8.3.2.1 指定基本材质

Step1: 在 Camera01 视图中，选择"water"对象，然后在主工具栏中单击 ⠿ 按钮，打开 Material Editor［材质编辑器］窗口。

Step2: 在 Material Editor［材质编辑器］窗口的示例窗中选择一个空白的材质样本球，并将该材质的名称修改为"water"。

Step3: 在 Material Editor［材质编辑器］窗口中，单击工具栏中的 按钮，将"water"材质赋予场景中所选择的对象。

Step4: 单击 Standard［标准］按钮，打开 Material/Map Browser［材质/贴图浏览器］对话框，在列表中选择 Raytrace［光线跟踪］材质，如图 8-56 所示，然后单击 OK［确定］按钮，关闭该对话框。

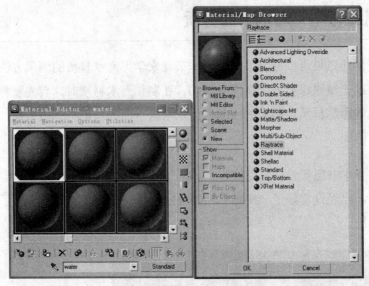

图 8-56

Step5:　在 Raytrace Basic Parameters［光线跟踪基本参数］卷展栏下的 Specular
　　　　 Highlight［高光］选项组中，修改 Specular Level［高光级别］的值为 220，
　　　　 修改 Glossiness［光泽度］的值为 75，如图 8-57 所示。

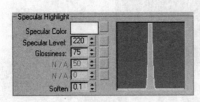

图 8-57

8.3.2.2　修改材质表面颜色

Step1:　在 Raytrace Basic Parameters［光线跟踪基本参数］卷展栏下，单击 Diffuse
　　　　 ［漫反射］的贴图通道按钮，打开 Material/Map Browser［材质/贴图浏览
　　　　 器］对话框。

Step2:　在 Material/Map Browser 对话框的列表中选择 Falloff［衰减］贴图，如
　　　　 图 8-58 所示，单击 OK［确定］按钮，退出该对话框。

Step3:　在 Falloff Parameters［衰减参数］卷展栏下，打开 Fall Type［衰减类型］
　　　　 的下拉列表，选择 Fresnel［菲涅尔］选项。

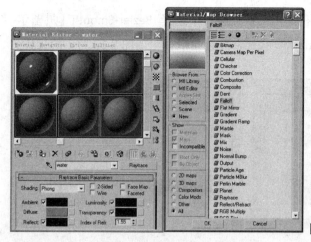

图 8-58

Step4： 单击 Color 1［颜色 1］的颜色样本，打开 Color Selector［颜色选择器］
对话框，对颜色进行修改，具体的 RGB 值如图 8-59 所示。

Step5： 单击 Color 2［颜色 2］的颜色样本，打开 Color Selector［颜色选择器］
对话框，对颜色进行修改，具体的 RGB 值如图 8-60 所示，单击 OK［确
定］按钮，退出该对话框。

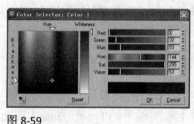

图 8-59   图 8-60

8.3.2.3 设置反射效果

Step1： 在 Material Editor［材质编辑器］窗口的工具栏中，单击 [图标] 按钮，返回
材质的根层级。

Step2： 在 Raytrace Basic Parameters［光线跟踪基本参数］卷展栏下，单击 Reflect
［反射］的贴图通道按钮，打开 Material/Map Browser［材质/贴图浏览器］
对话框。

Step3： 在 Material/Map Browser 对话框的列表中，选择 Falloff［衰减］贴图，
单击 OK［确定］按钮。

Step4： 在 Mix Curve［混合曲线］卷展栏下，单击 [图标] 按钮，使其呈高亮显示，
然后在曲线上单击鼠标，添加一个 Bezier 角点，如图 8-61 所示。

Step5: 右击鼠标，在弹出的快捷菜单中选择 Bezier-Smooth［贝塞尔-平滑］命令，然后单击 按钮，将该角点移至如图 8-62 所示的位置。

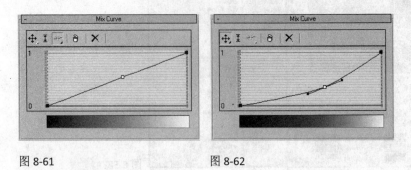

图 8-61   图 8-62

Step6: 在 Material Editor［材质编辑器］窗口的工具栏中，单击 🔙 按钮，返回材质的根层级。

8.3.2.4 设置折射效果

Step1: 在 Raytrace Basic Parameters［光线跟踪基本参数］卷展栏下，单击 Transparency［透明度］的贴图通道按钮，打开 Material/Map Browser［材质/贴图浏览器］对话框。

Step2: 在 Material/Map Browser 对话框的列表中，选择 Falloff［衰减］贴图，单击 OK［确定］按钮。

Step3: 在 Falloff Parameters［衰减参数］卷展栏下的 Front:Side［前面：侧面］选项组中，单击 🔁 按钮，交换前部和边缘的颜色。

Step4: 单击 Color 2［颜色 2］的颜色样本，打开 Color Selector［颜色选择器］对话框，对颜色进行修改，具体的 RGB 值如图 8-63 所示，单击 OK［确定］按钮，退出该对话框。

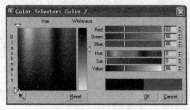

图 8-63

Step5: 在 Material Editor［材质编辑器］窗口的工具栏中，单击 🔙 按钮，返回材质的根层级。

Step6: 在主工具栏中单击 🔘 按钮，渲染当前视图，结果如图 8-64 所示。

图 8-64

　　在图 8-64 中可以看到，当前水面的颜色和透明度都已经有了海面的效果，但还需要进一步编辑水面的细节。

8.3.2.5 添加水波纹细节

Step1：　在 Raytrace Basic Parameters［光线跟踪基本参数］卷展栏下，单击 Bump［凹凸］的贴图通道按钮，打开 Material/Map Browser［材质/贴图浏览器］对话框。

Step2：　在 Material/Map Browser 对话框的列表中选择 Noise［噪波］贴图，如图 8-65 所示，然后单击 OK［确定］按钮，退出该对话框。

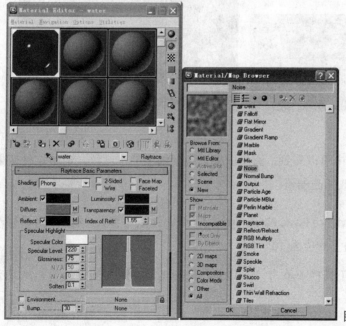

图 8-65

Step3：　在 Noise Parameters［噪波参数］卷展栏下，选中 Fractal［分形］单选按钮 ，然后修改 Size［大小］的值为 10，如图 8-66 所示。

Step4: 在 Material Editor［材质编辑器］窗口中，单击 ▥ 按钮，查看当前贴图的效果，如图 8-67 所示。

Step5: 在 Coordinates［坐标］卷展栏下，修改 Y 方向上的 Tiling［平铺］值为 2，修改 Z 方向上的 Angle［角度］值为 35，如图 8-68 所示。

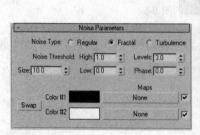

图 8-66

图 8-67

Step6: 在 Material Editor［材质编辑器］窗口的工具栏中，单击 ⚡ 按钮，返回材质的根层级。

Step7: 在主工具栏中单击 👁 按钮，渲染当前视图，结果如图 8-69 所示。

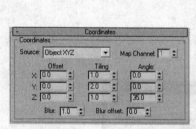

图 8-68

图 8-69

从图 8-69 中可以看到，海平面上出现了细小的水波纹，但是这种效果过于强烈了，需要修改凹凸的值。

Step8: 在 Raytrace Basic Parameters［光线跟踪基本参数］卷展栏下，修改 Bump［凹凸］的值为 10。

Step9: 在主工具栏中单击 👁 按钮，渲染当前视图，结果如图 8-70 所示。

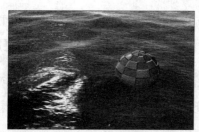

图 8-70

此时，就得到了真实的海面水波纹的效果。

8.3.2.6 修正高光效果

Step1：展开 Mapping［贴图］卷展栏，拖动 Bump［凹凸］右侧通道按钮上的贴图，到 Specular Level［高光级别］贴图通道上按钮上释放，以实例形式复制该贴图。

Step2：在主工具栏中单击 按钮，渲染当前视图，结果如图 8-71 所示。

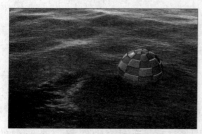

图 8-71

使用光线跟踪材质，可以得到真实质感的海面效果。水的材质表现是比较复杂的一种材质效果，它不仅需要有合适的反射效果，还要具有适当的折射率，折射率在一定程度上可以控制海水的透明度。

当然，简单地利用折射颜色来调整，很难得到真实的海面效果，因为海水的深度与颜色的原因，会使它的水质看上去很浑浊，但是在比较接近水面的地方，又可以看到水质的透明感是十分好的，所以在编辑海水材质时，我们在透明度通道中添加了一个衰减贴图，来模拟海水效果的这种特性。这是编辑海水质感时的一个关键。

8.3.3 实例练习——金属材质

金属材质是工业中常会用到的一种材质效果，在本节中将使用 mental ray 的建筑与设计材质来编辑铬金属效果。这是一种具有磨砂表面的金属效果，在编辑过程中，首先修改当前的材质类型，然后指定它的颜色、反射等基本效果，并修改表面的光泽度来模拟磨砂效果，最后修改反射率函数，使金属的效果更加真实。

打开本书配套光盘中提供的"MR-Metal.max"场景文件，如图 8-72 所示。这个场景已经提供了一个罐子的模型，并设置好了它周边的环境和光照效果，且已经将渲染器设置为了 mental ray 渲染器。

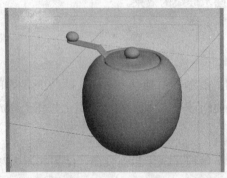

图 8-72

8.3.3.1　制作金属基本属性

Step1：　在 Camera01 视图中，选择罐子的所有组成部分，如图 8-73 所示。

Step2：　在主工具栏中单击 按钮，打开 Material Editor［材质编辑器］窗口。

Step3：　在 Material Editor［材质编辑器］窗口的示例窗中选择一个空白的材质样本球，并将该材质的名称修改为"metal"，如图 8-74 所示。

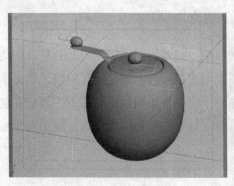

图 8-73

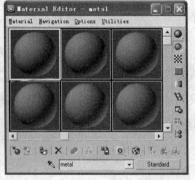

图 8-74

Step4：　在 Material Editor［材质编辑器］窗口中，单击工具栏中的 按钮，将"metal"材质赋予场景中所选择的对象。

Step5：　单击 Standard［标准］按钮，打开 Material/Map Browser［材质/贴图浏

览器] 对话框，在列表中选择 Arch & Design (mi)［建筑与设计（mi）］材质，如图 8-75 所示，然后单击 OK［确定］按钮，关闭该对话框。

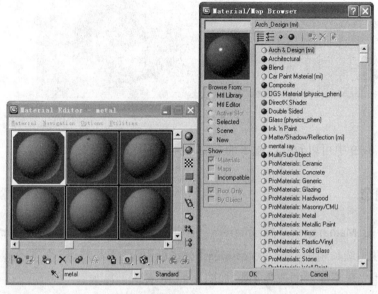

图 8-75

Step6： 在 Main material parameters［主要材质参数］卷展栏下，单击 Color［颜色］的样本，打开 Color Selector［颜色选择器］对话框，对颜色进行修改，具体的 RGB 值如图 8-76 所示，最后单击 OK［确定］按钮，退出该对话框。

Step7： 在 Reflection［反射］选项组中，修改 Reflectivity［反射率］的值为 1，如图 8-77 所示。

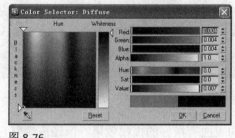

图 8-76

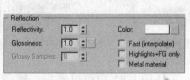

图 8-77

Step8： 在 BRDF 卷展栏下的 Custom Reflectivity Function［自定义反射率函数］选项组中，修改 0 deg. refl［0 度反射率］的值为 0.85，如图 8-78 所示。

Step9： 在主工具栏中单击 👁 按钮，渲染当前视图，结果如图 8-79 所示。

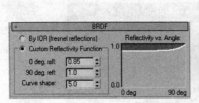

图 8-78

图 8-79

从图 8-79 中可以看到，罐子的金属表面有很好的反射效果。

8.3.3.2　添加细节

Step1： 在 Main material parameters［主要材质参数］卷展栏下的 Reflection［反射］选项组中，修改 Glossiness［光泽度］的值为 0.25，修改 Glossy Samples ［光泽采样］的值为 16，如图 8-80 所示。

Step2： 在主工具栏中单击 按钮，渲染当前视图，结果如图 8-81 所示。

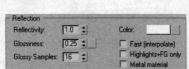

图 8-80

图 8-81

从图 8-81 中可以看出，罐子的表面有很好的模糊效果，但还需调整它的反射率的强度。

Step3： 在 Reflection［反射］选项组中，修改 Reflectivity［反射率］的值为 0.8。

Step4： 在主工具栏中单击 按钮，渲染当前视图，结果如图 8-82 所示。

图 8-82

从图 8-82 中可以看出，要实现这种金属材质的效果，最重要的是将表面的模糊反射表现出来。好的模糊反射可以让金属表面的那种细腻感觉充分地表现出来，这是 mental ray 建筑设计材质的特色，它可以支持大多数硬表面材质，并可以很好地模拟表面的模糊反射效果。

8.3.4 实例练习——汽车油漆材质

在 mental ray 的材质类型中，提供了一种专门表现汽车表面效果的材质类型——Car Paint Material（mi）［汽车油漆材质］。在本节中，将学习这种材质的应用方法，设置汽车表面油漆效果，包括表面颜色的设置、薄片效果的设置、高光效果的设置等。

打开本书配套光盘中提供的"mr-CAR.max"文件，如图 8-83 所示。在这个场景中，已经将渲染器设置为了 mental ray 渲染器。

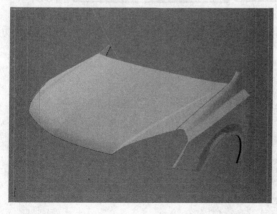

图 8-83

8.3.4.1 使用 Car Paint Material 材质

Step1： 在 Camera01 视图中，选择汽车引擎盖的所有部件，然后在主工具栏中单击 ▓▓ 按钮，打开 Material Editor［材质编辑器］窗口。

Step2： 在 Material Editor［材质编辑器］窗口的示例窗中选择一个空白的材质样本球，并将该材质的名称修改为"car"。

Step3： 在 Material Editor［材质编辑器］窗口中，单击工具栏中的 ▓▓ 按钮，将"car"材质指定给场景中所选择的对象。

Step4： 在 Material Editor 窗口中单击 Standard［标准］按钮，打开 Material/Map Browser［材质/贴图浏览器］对话框。

Step5： 在列表中选择 Car Paint Material (mi)［汽车油漆材质（mi）］材质，如图 8-84 所示，然后单击 OK［确定］按钮，关闭该对话框。

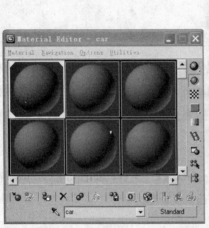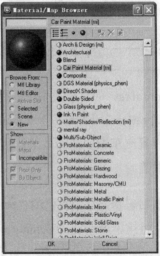

图 8-84

Step6： 在主工具栏中单击 ▓▓ 按钮，渲染当前视图，结果如图 8-85 所示。

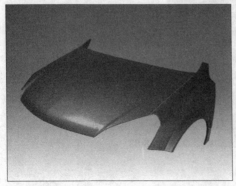

图 8-85

从图 8-85 中可以看到，使用默认的汽车颜料材质，汽车表面就可以得到比较理想的油漆效果。

8.3.4.2 修改材质表面颜色

Step1： 在 Diffuse Coloring［漫反射颜色］卷展栏下，单击 Base Color［基础颜色］的样本，打开 Color Selector［颜色选择器］对话框，对颜色进行修改，具体的 RGB 值如图 8-86 所示，单击 OK［确定］按钮，退出该对话框。

Step2： 单击 Lighting Facing Color［朝向光的颜色］的样本，打开 Color Selector［颜色选择器］对话框，对颜色进行修改，具体的 RGB 值如图 8-87 所示，单击 OK［确定］按钮，退出该对话框。

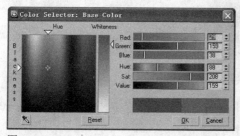
图 8-86

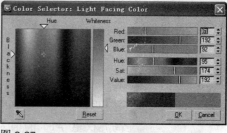
图 8-87

Step3： 在主工具栏中单击 按钮，渲染当前视图，结果如图 8-88 所示。

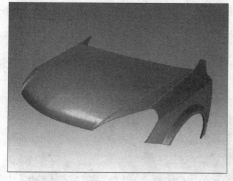
图 8-88

Step4： 在 Flakes［薄片］卷展栏下，单击 Flake Color［薄片颜色］的样本，打开 Color Selector［颜色选择器］对话框，对颜色进行修改，具体的 RGB 值如图 8-89 所示，单击 OK［确定］按钮，退出该对话框。

Step5： 在 Specular Reflections［高光反射］卷展栏下，修改 Specular Weight #1［高光权重 #1］的值为 0.8，如图 8-90 所示。

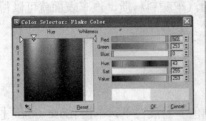

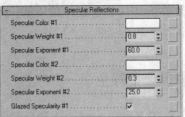

图 8-89　　　　　　　　　　　　　　图 8-90

Step6:　在主工具栏中单击 按钮，渲染当前视图，结果如图 8-91 所示。

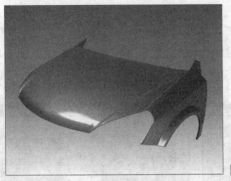

图 8-91

Step7:　在 Specular Reflections［高光反射］卷展栏下，修改 Specular Weight #1
　　　　［高光权重 #1］的值为 0.4。

Step8:　在 Diffuse Coloring［漫反射颜色］卷展栏下，单击 Edge Color［边缘颜
　　　　色］的样本，打开 Color Selector［颜色选择器］对话框，对颜色进行修
　　　　改，具体的 RGB 值如图 8-92 所示，单击 OK［确定］按钮，退出该对话
　　　　框 。

Step9:　在主工具栏中单击 按钮，渲染当前视图，结果如图 8-93 所示。

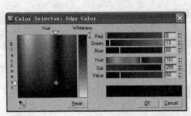

图 8-92　　　　　　　　　　　　　　图 8-93

到此为止，汽车表面的油漆材质就制作好了。使用 mental ray 的这种汽车油漆材质，可以很容易地得到真实的汽车表面油漆效果。

8.3.5　实例练习——SSS快速材质

SSS 材质是次表面散射效果的简称，也叫做半透明效果。在前面的内容中，学习过如何使用 3ds Max 的标准材质来制作半透明效果的方法，主要是通过顶点颜色来完成的，这种方法要先对模型进行处理。而在 mental ray 中，提供了一系列可以快速实现这种半透明效果的材质类型，在这一节中，来学习 mental ray 中 SSS Fast Material［SSS 快速材质］的使用方法。

8.3.5.1　修改渲染器

Step1： 打开本书配套光盘中的"mental ray SSS.max"文件，如图 8-94 所示。

图 8-94

Step2： 在主工具栏中，单击 🔘 按钮，调出 Render Setup［渲染场景］窗口。

Step3： 在 Common［公用］面板中，展开 Assign Render［指定渲染器］卷展栏，然后单击 Production［产品］右侧的 🔳 按钮，打开 Choose Renderer［选择渲染器］对话框。

Step4： 在 Choose Renderer［选择渲染器］对话框中，选择 mental ray Renderer［mental ray 渲染器］，如图 8-95 所示，然后单击 OK［确定］按钮。

Step5： 在 Render Setup［渲染场景］窗口中，单击右上角的 ✖ 按钮，关闭该窗口。

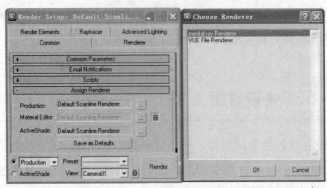

图 8-95

8.3.5.2 使用 SSS 材质

Step1: 在主工具栏中单击 按钮，打开 Material Editor［材质编辑器］窗口。

Step2: 在 Material Editor［材质编辑器］窗口的示例窗中，选择"SSS"的材质样本球，然后单击 Standard［标准］按钮，打开 Material/Map Browser［材质/贴图浏览器］对话框。

Step3: 在 Material/Map Browser 对话框的列表中选择 SSS Fast Material(mi)［SSS 快速材质（mi）］材质，如图 8-96 所示，然后单击 OK［确定］按钮，关闭该对话框。

> 提示：在 Material/Map Browser［材质/贴图浏览器］对话框中，用黄颜色球体标注出来的材质是 metal ray 材质类型。

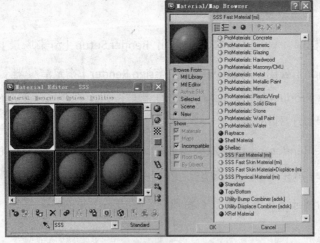

图 8-96

Step4: 在 Diffuse Sub Surface Scattering［漫反射次曲面散射］卷展栏下，单击 Front surface scatter color［前面散射颜色］的样本，打开 Color Selector

[颜色选择器] 对话框。

Step5：　在 Color Selector 对话框中修改其颜色，具体的 RGB 值如图 8-97 所示，然后单击 OK [确定] 按钮，退出该对话框。

Step6：　在 Diffuse Sub Surface Scattering [漫反射次曲面散射] 卷展栏下，修改 Front surface scatter weight [前面散射权重] 的值为 2。

Step7：　在主工具栏中单击 按钮，渲染当前视图，结果如图 8-98 所示。

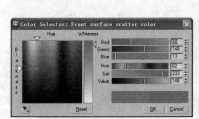

图 8-97　　　　　　　　　　图 8-98

这时就已经得到了真实的半透明效果，下面继续调整它的细节部分。

8.3.5.3　设置受光面的 SSS 效果

Step1：　在 Diffuse Sub Surface Scattering [漫反射次曲面散射] 卷展栏下，修改 Front surface scatter weight [前面散射权重] 的值为 1.5。

Step2：　在主工具栏中单击 按钮，再次渲染当前视图，结果如图 8-99 所示。

图 8-99

提示：在修改了受光面的散射权重之后，可以在当前的渲染效果中看到，这时表面的透光处曝光过度的现象得到了修正。

Step3： 在 Diffuse Sub Surface Scattering［漫反射次曲面散射］卷展栏下，修改 Front surface scatter radius［前面散射半径］的值为 15。

Step4： 在主工具栏中单击 按钮，再次渲染当前视图，结果如图 8-100 所示。

图 8-100

8.3.5.4　设置背面光的 SSS 效果

Step1： 在 Diffuse Sub Surface Scattering［漫反射次曲面散射］卷展栏下，单击 Back surface scatter color［背面散射颜色］的样本，打开 Color Selector［颜色选择器］对话框，对颜色进行修改，具体的 RGB 值如图 8-101 所示，单击 OK［确定］按钮，退出该对话框。

Step2： 修改 Back surface scatter weight［背面散射权重］的值为 2.5，修改 Back surface scatter radius［背面散射半径］的值为 15，修改 Back surface scatter depth［背面散射深度］的值为 25，如图 8-102 所示。

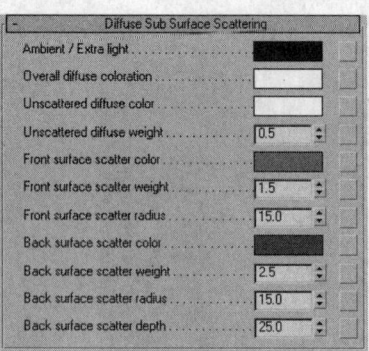

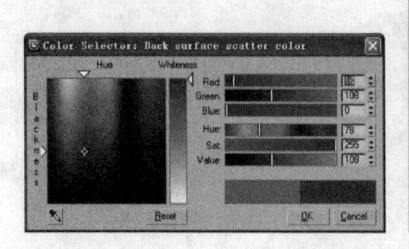

图 8-101　　　　　　　　图 8-102

Step3: 在主工具栏中单击  按钮，渲染当前视图，结果如图 8-103 所示。

图 8-103

从图 8-103 中可以看到，模型的背光区域也有了很好的半透明效果。mental ray 的快速 SSS 材质是从表面的受光面效果与背光面效果两个方面来处理半透明效果的。这种快速 SSS 材质可以用来处理石蜡、大理石、奶油、皮肤等特有的次表面散射效果，比使用 3ds Max 的标准材质来模拟更快、更方便，但是在渲染速度上，mental ray 的快速 SSS 材质所花费的渲染时间会更多。

8.3.6　实例练习——火球的材质

在本节的实例练习中，要制作一个火球的材质效果，火球的基本效果是在自发光通道中使用 Noise［噪波］贴图来创建的，然后再为噪波的参数设置动画效果，来简单模拟火球的燃烧效果。

8.3.6.1　添加贴图

Step1: 打开本书配套光盘提供的"Fireball.max"场景文件。

Step2: 在主工具栏中单击 按钮，打开 Material Editor ［材质编辑器］窗口。

Step3: 在 Material Editor ［材质编辑器］窗口中，选择一个空白的材质样本球，并将其名称修改为"火球"。

Step4: 在 Blinn Basic Parameters［Blinn 基本参数］卷展栏下，选择 Self-Illumination［自发光］选项组中的 Color［颜色］选项。

Step5: 在 Maps [贴图] 卷展栏下，单击 Self-Illumination [自发光] 选项右侧
的贴图通道按钮，打开 Material/Map Browser [材质/贴图浏览器] 对话
框。

Step6: 在 Material/Map Browser [材质/贴图浏览器] 对话框的列表中，双击
Noise [噪波] 选项，如图 8-104 所示，将其添加到贴图通道中。

图 8-104

8.3.6.2 修改贴图颜色

Step1: 在 Noise Parameters [噪波参数] 卷展栏下，单击 Color#1 [颜色 1] 右
侧的颜色样本，打开 Color Selector [颜色选择] 对话框。

Step2: 在 Color Selector [颜色选择] 对话框中，将颜色调整为红色，具体设置
如图 8-105 所示。

Step3: 使用同样的方法，将 Color#2 [颜色 2] 的颜色调整为黄色，具体设置如
图 8-106 所示。

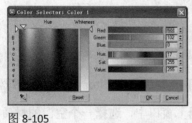

图 8-105   图 8-106

Step4: 在 Material Editor [材质编辑器] 窗口中，单击 按钮，将编辑好的
材质指定给场景中的几何球体，然后单击 按钮，使材质在视图中显
示出来。

Step5: 将时间滑块放置在第 12 帧的位置上，然后在主工具栏中单击 按钮，对当前场景进行渲染，效果如图 8-107 所示。

图 8-107

从图 8-107 中可以看到，吊球已经改变了颜色，但是此时火球的效果并不明显，接下来继续对其进行编辑。

8.3.6.3 添加细节

Step1: 打开 Material Editor ［材质编辑器］窗口，然后双击"火球"材质球，将其放大显示，如图 8-108 所示。

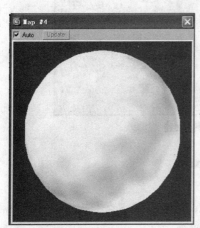

图 8-108

Step2: 在 Noise Parameters ［噪波参数］卷展栏下，修改 Size ［大小］的值为 61.5，然后在 Noise Type ［噪波类型］后选择 Turbulence ［紊流］，如图 8-109 所示，此时的材质球效果如图 8-110 所示。

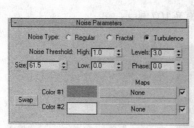

图 8-109

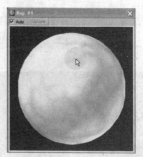

图 8-110

Step3: 在视图导航控制栏中单击 👁 按钮，然后调整视图的显示角度，再单击
主工具栏中的 👁 按钮，对当前视图进行渲染，效果如图 8-111 所示。

Step4: 在 Noise Parameters［噪波参数］卷展栏下，修改 Size［大小］的值为
46.5，修改 Phase［相位］的值为 11.7，此时可以在示例窗中查看火球的
材质效果，结果如图 8-112 所示。

图 8-111

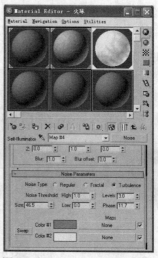

图 8-112

8.3.6.4 设置动画

Step1: 在关键点控制栏中单击 Auto Key［自动关键点］按钮，将其激活，然后
将时间滑块拖动到第 0 帧的位置上。

Step2: 在 Noise Parameters［噪波参数］卷展栏下，将 Phase［相位］值设为 0。

Step3: 将时间滑块拖动到第 200 帧的位置上，然后将 Phase［相位］值设为 7。

Step4: 在关键点控制栏中单击 Auto Key［自动关键点］按钮，将其关闭。

设置完成后，用户可以拖动时间滑块，观察示例窗中火球材质的变化。随着

时间滑块的移动，火球材质中的噪波纹理也会发生变化，就像火焰燃烧一样。到此为止，火球的材质就已经制作完成了。

8.3.7 实例练习——X光射线

在本节的实例练习中，主要介绍如何制作 X 光射线的效果。在这个过程中，要使用到衰减贴图，大概的流程是为材质指定自发光效果，然后在不透明通道中添加衰减贴图，并利用衰减曲线来控制它的效果，从而创建出 X 光射线的效果。

8.3.7.1 添加材质

Step1：　打开本书配套光盘提供的"Xray.max"文件，激活视口中的 Camera 01 视图，然后在工具栏中单击  按钮，在默认情况下渲染当前视图，结果如图 8-113 所示。

图 8-113

Step2：　在视图中选择头骨对象，然后在主工具栏中单击 ❖ 按钮，打开 Material Editor［材质编辑器］窗口。

Step3：　在 Material Editor［材质编辑器］窗口中，选择第一个空白的材质样本球，并将其名称修改为"xray"。

Step4：　在 Material Editor［材质编辑器］窗口中，单击 ❖ 按钮，将材质指定给头骨对象。

8.3.7.2 添加漫反射效果

Step1：　在 Blinn Basic Parameters［Blinn 基本参数］卷展栏下，单击 Diffuse［漫反射］的颜色样本，打开 Color Selector［颜色选择器］对话框，对颜色

进行修改，具体的 RGB 值如图 8-114 所示，单击 OK［确定］按钮，退出该对话框 。

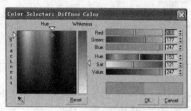

图 8-114

Step2： 在 Blinn Basic Parameters［Blinn 基本参数］卷展栏下，修改 Self-Illumination［自发光］选项组中 Color［颜色］的值为 100，如图 8-115 所示。

Step3： 在主工具栏中单击 ◎ 按钮，对当前场景进行渲染，效果如图 8-116 所示。

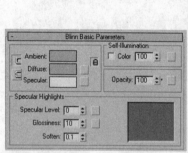

图 8-115

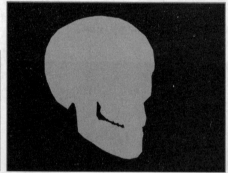

图 8-116

从图 8-116 中可以看出，此时的头骨对象只能看到一个轮廓，而没有细节效果，接下来对其进行一些修改。

8.3.7.3 添加衰减贴图

Step1： 在 Blinn Basic Parameters［Blinn 基本参数］卷展栏下，修改 Specular Highlights［高光］选项组中 Glossiness［光泽度］的值为 0，然后单击 Opacity［不透明度］右侧的贴图通道按钮，打开 Material/Map Browser ［材质/贴图浏览器］对话框。

Step2： 在 Material/Map Browser［材质/贴图浏览器］对话框的列表中，选择 Falloff［衰减］选项，如图 8-117 所示，然后单击 OK［确定］按钮，退出该对话框。

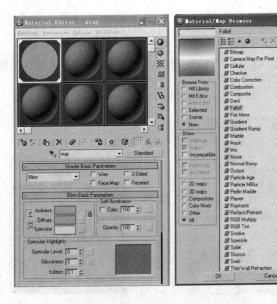

图 8-117

Step3: 双击材质球，将其放大，可以看到当前的材质预览效果，如图 8-118 所示。

Step4: 在主工具栏中单击 按钮，渲染当前场景，效果如图 8-119 所示。

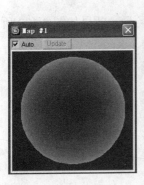

图 8-118

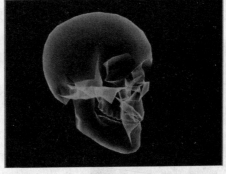

图 8-119

从图 8-119 所示的渲染效果中可以看出，X 光射线的基本效果已经基本产生了，但是整个线条过渡显得有点生硬，接下来要对细节进行一下修改。

8.3.7.4　添加细节

Step1: 在 Falloff Parameters［衰减参数］卷展栏下的 Front:Side［前面：侧面］选项组中，单击白色色块右侧的贴图通道按钮，打开 Material/Map Browser［材质/贴图浏览器］对话框。

Step2: 在 Material/Map Browser [材质/贴图浏览器] 对话框的列表中，选择 Falloff [衰减] 选项，如图 8-120 所示，然后单击 OK [确定] 按钮，退出该对话框，此时可以在材质预览窗口中查看材质球的效果，如图 8-121 所示。

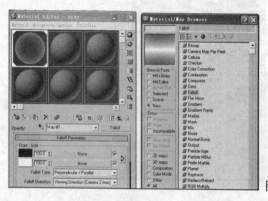
图 8-120

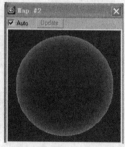
图 8-121

Step3: 在 Falloff Parameters [衰减参数] 卷展栏的 Front:Side [前面：侧面] 选项组中，单击色块右侧的 ⬆ 按钮，将衰减的颜色交换一下，然后在 Falloff Type [衰减类型] 右侧的下拉列表中选择 Shadow/Light [阴影/照明] 选项。

Step4: 在主工具栏中单击 ⬤ 按钮，渲染当前场景，效果如图 8-122 所示。

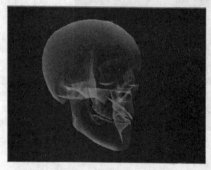
图 8-122

从图 8-122 中可以看出，此时材质球中光线的衰减效果更加强烈，光线的过渡比较自然，但是头骨边缘的线条还是有点生硬，接下来要修改头骨边缘。

说明：对于衰减贴图来讲，黑色表示透明，而白色则表示不透明。

Step5: 在 Material Editor [材质编辑器] 窗口中，单击 ⬆ 按钮，返回到上一层级。

Step6: 在 Mix Curve［混合曲线］卷展栏下，单击 按钮，在曲线上添加两个
点，然后单击 按钮，调整曲线的形状。

Step7: 选择曲线上的第二个点，然后单击鼠标右键，在弹出的快捷菜单中选择
Bezier-Smooth［贝赛尔-平滑］命令，再单击 按钮，调整曲线的形态，
结果如图 8-123 所示。

Step8: 在主工具栏中单击 按钮，渲染当前场景，效果如图 8-124 所示。

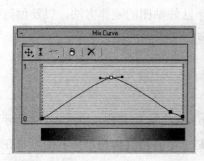

图 8-123

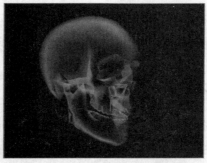

图 8-124

从图 8-124 中可以看出，头骨的边缘已经柔和了很多，整个头骨的透明度也降
低了，接下来继续添加细节。

8.3.7.5 完善细节部分

Step1: 在 Material Editor［材质编辑器］窗口中单击 按钮，返回到根层级。

Step2: 在 Extended Parameters［扩展参数］卷展栏下的 Advanced Transparency
［高级透明］选项组中，选择 Type［类型］的 Additive［相加］选项，
如图 8-125 所示。

Step3: 在主工具栏中单击 按钮，渲染当前场景，效果如图 8-126 所示。

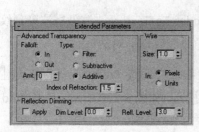

图 8-125

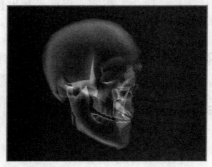

图 8-126

从图 8-126 中可以看出，在骨骼相叠加的地方有更明亮的效果。利用衰减贴图，可以创建出一种由明到暗的衰减影响，将它应用在不透明通道中时，就可以产生衰减的透明效果了。在衰减贴图为纯黑色的区域是完全透明的，而白色区域就是完全不透明的。如果将这种贴图用于自发光通道，还可以产生光晕的效果。

8.3.8 实例练习——法线贴图技术

在本节的实例练习中，将来了解一下法线贴图的制作方法，以及如何使用法线贴图对低精度的模型进行高细节的表现。

8.3.8.1 基本设置

打开本书配套光盘中的 "NormalMap.max" 场景文件，如图 8-127 所示，在场景中提供了两个不同精度的模型，左侧是一个高精度模型，而右侧则是在左侧的基础上克隆过来的一个低精度模型。首先单击主工具栏中的 ⊙ 按钮，查看当前的默认渲染效果，如图 8-128 所示。

图 8-127   图 8-128

Step1: 在视图中选择低精度模型，在主工具栏中单击 ⊙ 按钮并按住不放，然后选择 ✍ 按钮，再在高精度模型上单击一下，将其对齐到高精度模型上，结果如图 8-129 所示。

Step2: 在菜单栏中选择 Rendering＞Render To Texture［渲染＞渲染到纹理］命令，打开 Render To Texture［渲染到纹理］对话框。

Step3: 在 Objects to Bake［烘焙对象］卷展栏下的 Projection Mapping［投影贴图］选项组中单击 Pick［拾取］按钮，如图 8-130 所示，打开 Add Targets［添加目标］对话框。

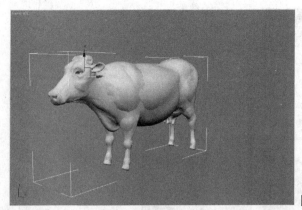

图 8-129

Step4：　在 Add Targets［添加目标］对话框的列表中，选择 H 对象，如图 8-131
　　　　所示，然后单击 Add［添加］按钮，退出该对话框，这样就可以将低精
　　　　度的模型投影到高精度的模型上。

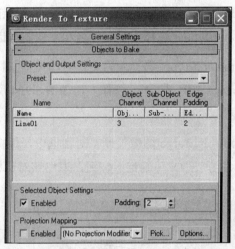

图 8-130

图 8-131

8.3.8.2　渲染输出法线贴图

Step1：　在 Output［输出］卷展栏下，单击 Add［添加］按钮，如图 8-132 所示，
　　　　打开 Add Texture Elements ［添加纹理元素］对话框。

Step2：　在 Add Texture Elements 对话框的列表中，选择 NormalsMap［法线贴图］
　　　　选项，如图 8-133 所示，然后单击 Add Elements ［添加元素］按钮，退
　　　　出该对话框。

图 8-132　　　　　　　　　　　　图 8-133

Step3: 确认 Target Map Slot［目标贴图示例］的类型是 Bump［凹凸］贴图，然后单击 File Name and Type［文件名和类型］右侧的通道按钮，打开 Select Element File Name and Type［选择元素文件名和类型］对话框。

Step4: 在 Select Element File Name and Type［选择元素文件名和类型］对话框中，确定保存类型为 Targa Image File［Targa 图像］，如图 8-134 所示，然后单击［保存］按钮，退出该对话框。

Step5: 在弹出的 Targa Image Control［Targa 图像控制］对话框中，保持默认设置不变，如图 8-135 所示，单击 OK［确定］按钮，退出该对话框。

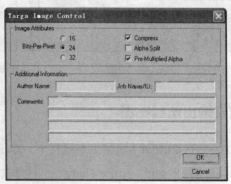

图 8-134　　　　　　　　　　　　图 8-135

Step6: 在 Use Automatic Map Size［使用自动贴图大小］下面选择"1024×1024"，在 Selected Element Unique Settings［选定元素单独设置］选项组中，选中 Output into Normal Bump［输出到法线贴图］复选框，最后单击 Render［渲染］按钮，如图 8-136 所示，渲染出来的结果如图 8-137 所示。

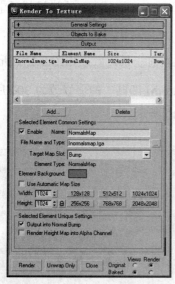

图 8-136

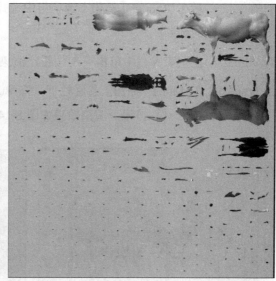

图 8-137

Step7： 激活 Top［顶］视图，在视图中选择低精度模型，将其往右侧移动一点，然后再激活 Camera01 视图，并将其充满视窗。

8.3.8.3 增强低精度模型细节

Step1： 在主工具栏中单击 按钮，打开 Material Editor［材质编辑器］窗口，在该窗口中单击 按钮，然后在低精度模型上单击一下，可以获取模型的材质类型。

Step2： 在 Shell Materials Parameters［壳材质参数］卷展栏下，单击 Baked Materials［烘焙材质］的贴图通道，进入该层级。

Step3： 在 Maps［贴图］卷展栏下，修改 Bump［凹凸］的值为 80，如图 8-138 所示。

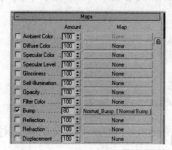

图 8-138

Step4： 在 Material Editor［材质编辑器］窗口中单击 按钮，回到根层级，然后在 Render［渲染］选项组中选择 Baked Materials［烘焙材质］方向上的选项。

Step5: 在主工具栏中单击 ⚫ 按钮，渲染当前场景，效果如图 8-139 所示。

Step6: 在 Maps［贴图］卷展栏下，将 Bump［凹凸］的值修改为 300 后，再次单击 ⚫ 按钮，渲染效果如图 8-140 所示。

图 8-139

图 8-140

从图 8-139 中可以看出，低精度模型上也出现了与高精度模型相似的细节。为了强化这种细节，我们可以增加它的凹凸值。图 8-140 所示的渲染效果是增加凹凸值以后的渲染效果，低精度模型上的细节效果明显增强了。到此为止，法线贴图的制作方法就已经介绍完了。

8.3.9 实例练习——每像素摄像机贴图技术

全局光照的渲染可以使场景得到真实的光照环境，但是在进行动画渲染时，这种方法会耗费大量的渲染时间。在本节的实例练习中，将要介绍每像素摄像机贴图技术的相关知识，这种技术可以应用到摄像机静止，只有场景中的对象发生运动的情况下。

8.3.9.1 输出环境贴图

Step1: 打开本书配套光盘提供的"CameraMap.max"场景文件。

Step2: 在主工具栏中单击 ⚫ 按钮，打开 Render Setup［渲染场景］对话框，然后打开 Advanced Lighting［高级照明］面板，在 Select Advanced Lighting［选择高级照明］卷展栏下设置场景的渲染方式为 Light Tracer［光线跟踪］，如图 8-141 所示。

Step3： 在主工具栏中单击 按钮，对当前 Camera01 视图中的默认场景进行
渲染，效果如图 8-142 所示。

图 8-141

图 8-142

> 提示：用户可以在状态栏中查看图 8-142 的渲染时间为 1 分 51 秒。

Step4： 在 Clone of Camera01 窗口中单击 按钮，打开 Save Image［保存图像］
对话框，然后将文件名改为"摄像机"，将保存类型设置为"JPEG File"，
如图 8-143 所示，然后单击［保存］按钮。

Step5： 在弹出的 JPEG Image Control［JPEG 图像控制］对话框中，保持默认的设
置不变，如图 8-144 所示，然后单击 OK［确定］按钮，退出该对话框。

图 8-143

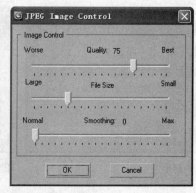

图 8-144

接下来关闭场景中的所有灯光。

8.3.9.2 修改场景设置

Step1： 在场景中选择一个日光灯模型，然后在命令面板中单击 标签，打开
修改面板，在 Daylight Parameters［日光参数］卷展栏下，取消选中 On

[开] 复选框，将日光关闭，如图 8-145 所示。

图 8-145

Step2: 使用同样的方法，选择场景中的天光对象，并将其关闭。

Step3: 在主工具栏中单击 ⬚ 按钮，打开 Render Setup [渲染场景] 对话框，在 Select Advanced Lighting [选择高级照明] 卷展栏下，选择< no lighting plug-in> [<无照明插件>] 选项，如图 8-146 所示。

Step4: 在弹出的 Change Advanced Lighting Plug-in [更改高级照明插件] 对话框中，保持默认设置不变，单击 Yes [是] 按钮，退出该对话框。

Step5: 在主工具栏中单击 ⬚ 按钮，打开 Select From Scene [从场景选择] 对话框，单击 ⬚ 按钮，将列表中的对象都显示出来，再单击 ⬚ 按钮，将对象全选，如图 8-147 所示，单击 OK [确定] 按钮，退出该对话框。

图 8-146

图 8-147

8.3.9.3 添加贴图

Step1: 在场景中选择窗户上面的挡雨板和路灯，然后在主工具栏中单击 ⬚ 按钮，打开 Material Editor [材质编辑器] 窗口。

Step2: 在 Material Editor [材质编辑器] 窗口中，选择一个空白的材质样本球，单击 ⬚ 按钮，将其指定给所选对象，并将其名称修改为 Camer。

Step3: 在 Blinn Basic Parameters [Blinn 基本参数] 卷展栏下，单击 Diffuse [漫

反射］的贴图通道按钮，打开 Material/Map Browser ［材质/贴图浏览器］
对话框，在列表中选择 Camera Map Per Pixel ［每像素摄像机贴图］选
项，如图 8-148 所示，单击 OK ［确定］按钮，退出该对话框 。

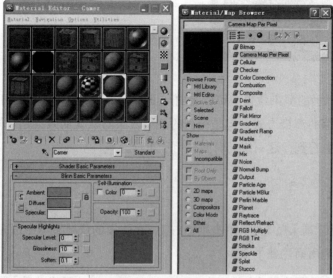

图 8-148

Step4： 在 Camera Map Parameters ［摄像机贴图参数］卷展栏下，单击 Camera
［摄像机］右侧的通道按钮，然后在 Left ［左］视图中单击选择摄像机对
象。

Step5： 单击 Texture ［纹理］的贴图通道按钮，打开 Material/Map Browser ［材
质/贴图浏览器］对话框，在列表中选择 Bitmap ［位图］选项，单击 OK
［确定］按钮，打开 Select Bitmap Image File ［选择位图文件］对话框。

Step6： 在 Select Bitmap Image File ［选择位图文件］对话框中，选择之前保存的
"摄像机" 图像文件，然后单击 ［打开］按钮，退出该对话框。

Step7： 在 Material Editor ［材质编辑器］窗口中，单击 按钮，返回到根层级
中。

Step8： 在 Blinn Basic Parameters ［Blinn 基本参数］卷展栏下，选择 Diffuse ［漫
反射］的贴图，将其拖动复制到 Self-Illumination ［自发光］的贴图通道
中，在弹出的 Copy ［复制贴图］对话框中选中 Copy ［复制］复选框，
然后单击 OK ［确定］按钮，再在 Self-Illumination ［自发光］选项组中，
选中 Color ［颜色］复选框。

Step9： 在主工具栏中单击 按钮，渲染当前场景，效果如图 8-149 所示。

图 8-149

从图 8-149 所示的渲染效果中可以看出，虽然关闭了场景中的所有灯光效果，也关闭了光线跟踪的渲染方式，但是得到的渲染效果与默认的效果是一样的，而且可以在状态栏中看到，这一次的时间只用了 1 秒。

8.3.9.4　添加运动对象

Step1：　在 Front［前］视图中，单击鼠标右键，在弹出的快捷菜单中选择 Unhide All［取消所有隐藏］命令。

Step2：　在场景中选择太阳光，然后在 Daylight Parameters［日光参数］卷展栏下，选中 On［开］复选框，将太阳光打开，再单击 Exclude［排除］按钮，打开 Exclude/Include［排除/包含］对话框，如图 8-150 所示。

Step3：　在 Exclude/Include［排除/包含］对话框中，选择左侧列表中的"小球"，然后单击 ⟩⟩ 按钮，将小球移动到右侧的列表中，并在列表上方选中 Include［包含］单选按钮，单击 OK［确定］按钮，退出该对话框。

Step4：　激活 Camera01 视图，然后在主工具栏中单击 按钮，渲染当前场景，效果如图 8-151 所示。

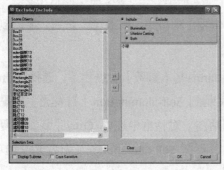

图 8-150

图 8-151

从图 8-151 中可以看到，小球也得到了很好的照明效果。利用每像素摄像机贴图技术，可以将使用高级光照技术渲染好的场景作为背景，然后在场景中添加新的对象后，只对运动对象进行渲染，这样可以极大地减少渲染时间。

8.3.10 实例练习——燃烧的星球

前面已经在自发光通道中使用噪波贴图来模拟过火球的材质效果，在本节中，将使用另外一种全新的方法来制作燃烧的星球效果，就是使用细胞贴图来模拟，这种燃烧的效果更类似于岩浆效果。

8.3.10.1 添加漫反射贴图

Step1: 在菜单栏中选择 File＞Open［文件＞打开］命令，在弹出的 Open File［打开文件］对话框中，选择"星球 1.max"文件，然后单击［打开］按钮，退出该对话框，此时的场景如图 8-152 所示。

图 8-152

> 说明：这个场景中的地面材质已经编辑完成了，接下来编辑星球的材质。

Step2: 在视图中选择"星球"对象，然后在主工具栏中单击 按钮，打开 Material Editor［材质编辑器］窗口。

Step3: 在 Material Editor［材质编辑器］窗口中，选择一个空白的材质样本球，并将其名称修改为"星球"，然后单击 按钮，将材质指定给星球模型。

Step4: 在 Blinn Basic Parameters［Blinn 基本参数］卷展栏下，单击 Diffuse［漫反射］的贴图通道按钮，打开 Material/Map Browser［材质/贴图浏览器］对话框，在列表中选择 Cellular［细胞］选项，如图 8-153 所示，然后单击 OK［确定］按钮，退出该对话框。

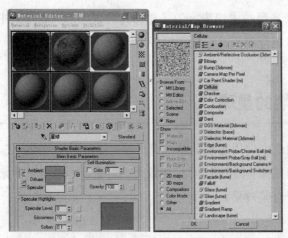

图 8-153

Step5： 在 Cellular Parameters［细胞参数］卷展栏下，修改 Cell Characteristics ［细胞特征］选项组中 Size［大小］的值为 45，然后选中 Chips［碎片］ 单选按钮，如图 8-154 所示，此时的材质效果如图 8-155 所示。

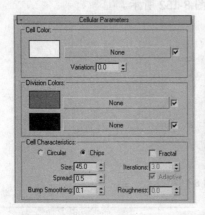

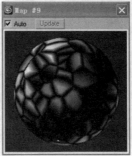

图 8-154   图 8-155

图 8-155 所示的图案显得太规则了，在 Cell Characteristics［细胞特征］选项 组中选中 Fractal［分形］单选按钮，此时的材质球效果如图 8-156 所示。

图 8-156

8.3.10.2 修改颜色

Step1: 在 Cellular Parameters［细胞参数］卷展栏下，单击 Color［颜色］的颜色样本，打开 Color Selector［颜色选择器］对话框，对颜色进行修改，具体的 RGB 值如图 8-157 所示，单击 OK［确定］按钮，退出该对话框。

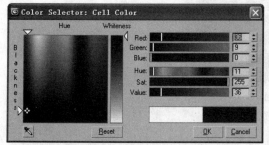

图 8-157

Step2: 在 Cellular Parameters［细胞参数］卷展栏下的 Division Colors［间隙颜色］选项组中，单击第一个颜色样本，打开 Color Selector［颜色选择器］对话框，对颜色进行修改，具体的 RGB 值如图 8-158 所示。

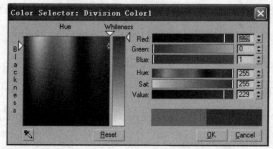

图 8-158

Step3: 单击第二个颜色样本，使用同样的方法修改其颜色，具体设置如图 8-159 所示，然后单击 OK［确定］按钮，退出该对话框，此时预览窗口中的材质球效果如图 8-160 所示。

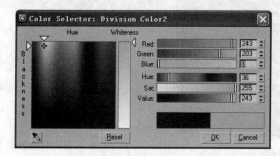

图 8-159

Step4: 在 Cell Characteristics［细胞特征］选项组中，修改 Interations［迭代次

数］的值为 6，并修改 Thresholds［阈值］选项组中的 Mid［中］值为 0.4，此时的材质效果如图 8-161 所示。

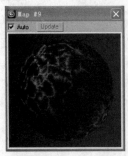
图 8-160

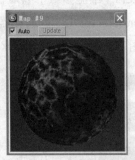
图 8-161

8.3.10.3 添加细节

Step1： 在 Material Editor［材质编辑器］窗口中，单击 ⬆ 按钮，回到根层级。

Step2： 在 Maps［贴图］卷展栏下，将 Diffuse Color［漫反射颜色］的贴图拖动复制到 Bump［凹凸］的贴图通道中，在弹出的 Copy［复制］对话框中选中 Instance［实例］单选按钮，单击 Ok［确定］按钮，退出该对话框。

Step3： 在 Maps［贴图］卷展栏下，将 Bump［凹凸］的值修改为 150，此时的材质表面出现了明显的凹凸效果，如图 8-162 所示。

Step4： 使用同样的方法，在 Maps［贴图］卷展栏下，将 Diffuse Color［漫反射颜色］的贴图以 Copy［复制］的方式，复制到 Self-Illumination［自发光］贴图通道中，然后单击进入该通道。

Step5： 在 Output［输出］卷展栏下，修改 Output Amount［输出数量］的值为 2，此时的材质效果如图 8-163 所示。

图 8-162

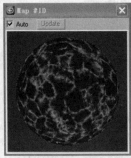
图 8-163

在自发光通道中添加了细胞贴图，并将它的输出量增加后，从图 8-163 所示的材质效果中可以看到，这时材质中红色的岩浆部分更加明亮了。

Step6： 在 Material Editor［材质编辑器］窗口中，单击  按钮，回到根层级。

Step7： 在主工具栏中单击  按钮，渲染当前场景，效果如图 8-164 所示。

图 8-164

　　星球的这种燃烧效果主要是通过细胞贴图来完成的，但只在漫反射贴图中添加细胞贴图，是不足以表现出这种燃烧效果的。在自发光通道中添加相同的贴图类型后，明亮的色彩才会让燃烧的效果表现得更充分。

Chapter 09　ProMaterials 材质

ProMaterials［Pro 材质］是 3ds Max 2009 中 mental ray 渲染器最大的新增特性，它提供了 14 种常用于建筑、设计、产品效果的材质类型，界面如图 9-1 所示。与 Arch & Design［建筑与设计］材质非常类似，它也是基于参数模板式的用户界面，可以非常快速地使用内置的材质类型，获得近乎完美的效果。

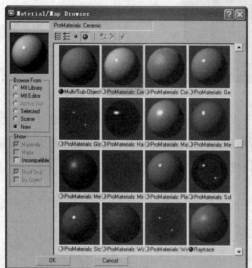

图 9-1

> 提示：只有把当前渲染器设置为 mental ray 后，才会显示这些 ProMaterials［Pro 材质］。关于如何修改当前渲染器，请参考 9.15 节的相关内容。

由于 ProMaterials［Pro 材质］材质也是基于真实物理属性来表现对象质感的，因此，在使用该材质的时候，最好配合 3ds Max 的 Photometric［光度学］灯光和全局照明渲染器，以获得最完美的渲染效果。另外，ProMaterials［Pro 材质］的最大特色在于它的"模板化"，也就是说可以根据对象的材料，选择相应的材质类型，几乎不用做过多的调整和测试，就能获得非常逼真的质感效果。下面就对这 14 种材质类型及其参数一一进行介绍，便于使用者正确地选择。

9.1　Ceramic［陶器］材质

Ceramic［陶器］材质用于表现不同光滑度的陶器和瓷器的表面质感，例如瓷砖、瓷器用品等。

9.1.1　Ceramic Material Parameters［陶器材质参数］卷展栏

Ceramic Material Parameters［陶器材质参数］卷展栏的界面如图 9-2 所示。

图 9-2

❖　Type［类型］：提供两种不同的选项，分别为 Ceramic［陶器］和 Porcelain［瓷器］，它们的材质外观非常相似，效果如图 9-3 所示。

图 9-3

> 提示：在图 9-3 中，左侧为 Ceramic［陶器］类型，右侧为 Porcelain［瓷器］类型。由此可以看出，陶器的反射效果比瓷器更强。

❖　Color (Reflectance)［颜色（反射率）］：设置材质表面反射的颜色。

❖　Surface Finish［表面抛光］：提供 3 种不同光滑度的表面质感，分别为 High Gloss［高光泽］、Satin［缎子］和 Matte［无光］，不同的设置将会改变材质表面反射的清晰度，效果如图 9-4 所示。默认设置为 High Gloss［高光泽］。

❖　Surface Bumps［表面凹凸］：设置材质表面的凹凸纹理效果，默认为 None［无］。Wavy［波形］将产生细微的、类似水波纹的凹凸感。当然，用户也可以选择 Custom［自定义］来添加 3ds Max 的纹理或位图作为凹凸贴图。

图 9-4

> 提示：图 9-4 显示了同一材质在不同的 Surface Finish［表面抛光］属性时的
> 效果，左侧为 High Gloss［高光泽］类型，中间为 Satin［缎子］类型，右侧
> 为 Matte［无光］类型。

- Custom Map［自定义贴图］：当在 Surface Bumps［表面凹凸］下拉列表中选择 Custom［自定义］选项后，可以单击 None［无］按钮来增加纹理贴图。

- Amount［数量］：控制材质表面凹凸效果的程度，数值越大，效果越明显。

❖ Tiling Pattern［平铺图案］：设置材质表面的平铺纹理，通常用于表现瓷砖的缝隙。默认为 None［无］，选择 Custom［自定义］后可增加纹理。

> 提示：在图 9-5 中，左侧的材质表面仅使用 Wavy［波形］凹凸，而右侧的材
> 质则在原有的凹凸效果上，又增加了 Tiles［铺砖］纹理效果。因此，Tiling Pattern
> ［平铺图案］可以理解为多层凹凸设置。与 Surface Bumps［表面凹凸］属性
> 配合使用，可以产生有着丰富细节的凹凸效果。

图 9-5

- Custom Map［自定义贴图］：单击 None［无］按钮来增加纹理贴图。

- Height［高度］：控制 Tiling Pattern［平铺图案］纹理贴图的凹凸程度。

9.1.2 Special Effects［特殊效果］卷展栏

Special Effects［特殊效果］是 mental ray 非常有特色的功能之一，它让原本复杂的 Ambient Occlusion［环境阻光］设置变得异常简单。Special Effects［特殊效果］卷展栏的界面如图 9-6 所示。

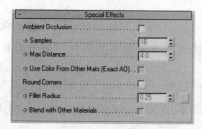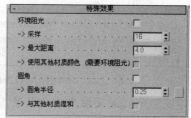

图 9-6

❖ Ambient Occlusion［环境阻光］：控制是否激活环境阻光，默认为不激活。选中该复选框，表示激活环境阻光，将改善环境光照明的阴影效果。

> 提示：在图 9-7 中，左侧为 Ambient Occlusion［环境阻光］关闭状态下的效果，右侧为 Ambient Occlusion［环境阻光］开启后的效果。注意对比直升机底部阴影的颜色深度变化。

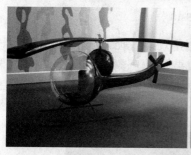

图 9-7

- Samples［采样］：控制 Ambient Occlusion［环境阻光］阴影的质量，默认值为 16，数值越大质量越高，但渲染时间也越长。

- Max Distance［最大距离］：控制 Ambient Occlusion［环境阻光］阴影产生的范围，使用系统设置的单位。由于环境阻光阴影总是出现在对象相互靠近的部位，因此，该距离实际上就是对象投射阴影的最远距离。

> 提示：在图 9-8 中，左侧为较高 Max Distance［最大距离］值时的效果，右侧为较低 Max Distance［最大距离］值时的效果。

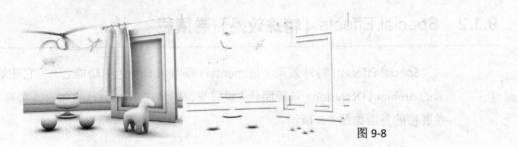

图 9-8

- Use Color from Other Mats (Exact AO)［使用其他材质颜色（需要环境阻光）］：
  设置环境阻光阴影的颜色，默认为系统环境光的颜色，但效果并不真实。

> 提示：图 9-9 为 Use Color from Other Mats (Exact AO)［使用其他材质颜色（需
> 要环境阻光）］关闭状态下的效果，图 9-10 为 Use Color from Other Mats (Exact
> AO)［使用其他材质颜色（需要环境阻光）］开启后的效果。

图 9-9   图 9-10

❖ Round Corners［圆角］：控制是否激活圆角效果，默认为不激活。选中该复选框
后，会在对象的边界上产生光滑的圆角效果。由于该效果仅影响渲染结果，并不
会改变模型，因此，即使是简单模型，也能产生高细节的圆角，常用于工业产品
设计的表现，如图 9-11 所示。

图 9-11

> 提示：在图 9-11 中，左侧为 Round Corners［圆角］关闭状态下的效果，右
> 侧为 Round Corners［圆角］开启后的效果。

- Fillet Radius［圆角半径］：设置圆角产生的半径，使用系统设置的单位。

- Blend With Other Materials［与其他材质混合］：默认情况下，圆角效果仅产生在相同材质的表面，打开 Blend With Other Materials［与其他材质混合］后，就可以在多种材质表面产生效果。默认情况下，该项是关闭的。

> 提示：在图 9-12 中，虽然淹没在巧克力中的多个对象材质不同，但融化的巧克力与多个对象接触的地方都产生了圆角效果。事实上，这个融化的巧克力模型是一个绝对的平面。

图 9-12

9.1.3 Performance Tuning Parameters［性能调整参数］卷展栏

Performance Tuning Parameters［性能调整参数］卷展栏的界面如图 9-13 所示。

图 9-13

- ❖ Reflection Glossy Samples［反射光泽采样］：当反射效果为模糊反射，例如 Surface Finish［表面抛光］采用 Satin［缎子］时，设置采样的大小。大的采样值意味着更好的模糊反射效果，但渲染的时间会更长。

- ❖ Reflection Max Trace Depth［反射最大跟踪深度］：设置反射光线最大的追踪深度，当达到这里设置的次数时，反射光线则停止计算。常用于优化光线追踪中的计算，默认值为 0，表示使用系统的全局设置。

9.1.4 Maps［贴图］卷展栏

Maps［贴图］卷展栏的界面如图 9-14 所示。Pro 材质的 Maps［贴图］卷展栏用法与标准材质的用法相同，在其他卷展栏中也可以找到同名的参数，在其他的 Pro 材质中就不再进行介绍了。

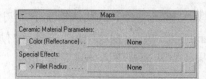

图 9-14

9.2 Concrete［混凝土］材质

Concrete［混凝土］材质可用于表现不同形式的混凝土的质感，常用于建筑、土木工程可视化设计。该材质的部分参数与 Ceramic［陶器］材质相同，下面仅对 Concrete［混凝土］材质特有的参数进行讲解。

9.2.1 Concrete Material Parameters［混凝土材质参数］卷展栏

Concrete Material Parameters［混凝土材质参数］卷展栏的界面如图 9-15 所示。

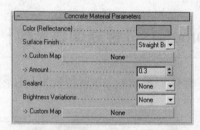

图 9-15

❖ Color (Reflectance)［颜色（反射率）］：设置材质表面反射的颜色。

❖ Surface Finish［表面抛光］：提供 5 种不同光滑度的表面质感，除了 Custom［自定义］可以人工指定纹理贴图外，其余 4 种均为预置的效果，如图 9-16 所示。

图 9-16

> 提示: 在图 9-16 中, 从左至右依次为 Straight Broom［直帚纹］、Curved Broom［曲帚纹］、Smooth［平滑］、Polished［磨光的］。

• Custom Map［自定义贴图］：当在 Surface Finish［表面抛光］下拉列表中选

择 Custom［自定义］选项后，可以单击 None［无］按钮来增加纹理贴图。

- **Amount［数量］**：配合自定义贴图使用，控制材质表面凹凸效果的程度。数值越大，效果越明显。

❖ **Sealant［密封胶］**：控制材质表面的光泽度，对反射强度的影响明显。默认为 None［无］。另外，提供了 Epoxy［环氧树脂］和 Acrylic［聚丙烯］两个选项。效果如图 9-17 所示。

图 9-17

> 提示：在图 9-17 中，从左至右依次为 None［无］、Epoxy［环氧树脂］和 Acrylic［聚丙烯］，注意反射效果的变化。

❖ **Brightness Variations［亮度变化］**：设置材质表面亮度的变化，即调节材质的明暗效果。默认为 None［无］。另外，提供了 Automatic［自动］和 Custom［自定义］两个选项。效果如图 9-18 所示。

> 提示：在图 9-18 中，从左至右依次为 None［无］、Automatic［自动］和 Custom［自定义］，注意明暗效果的变化。其中，Custom［自定义］使用了图 9-19 的棋盘格纹理。

图 9-18 　　　　　　　　　　　　　　　　　　　　　　　图 9-19

- **Custom Map［自定义贴图］**：当在 Brightness Variations［亮度变化］下拉列表中选择 Custom［自定义］选项后，可以单击 None［无］按钮来增加纹理贴图。

9.2.2 (Texture) Coordinates For Built-In Textures[内置纹理的（纹理）坐标]卷展栏

(Texture) Coordinates For Built-In Textures 卷展栏的界面如图 9-20 所示。

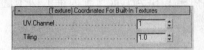 

图 9-20

❖ UV Channel［UV 通道］：由于 Concrete［混凝土］材质使用了预置的纹理来产生凹凸效果，因此，该参数用来设置预置纹理的通道。默认值为 1。

❖ Tiling［平铺］：设置预置纹理的平铺效果，用来控制凹凸纹理的大小。默认值为 1，不同参数的效果如图 9-21 所示。

图 9-21

> 提示：在图 9-21 中，从左至右 Tiling［平铺］参数分别为 0.1、0.5、1，注意凹凸纹理大小的变化。

9.3 Generic［通用］材质

Generic［通用］材质提供一系列自定义参数，用于创建个性化的材质，或者当 mental ray 提供的 Pro 材质模板无法满足需要时，使用它来满足特殊的需要。下面针对 Generic［通用］材质的特有参数进行详细的介绍。

9.3.1 Generic Material Parameters［通用材质参数］卷展栏

Generic Material Parameters［通用材质参数］卷展栏的界面如图 9-22 所示。

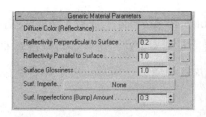 

图 9-22

❖ Diffuse Color (Reflectance) ［漫反射颜色（反射率）］：设置材质表面反射的颜色。

❖ Reflectivity Perpendicular to Surface［垂直于表面反射率］：当表面垂直于观察方向时（法线方向指向摄像机），表面的反射率。数值为 0 时表示不反射，数值为 1 时表示完全反射，默认值为 0.2。效果如图 9-23 所示。

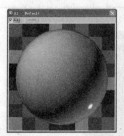  

图 9-23

提示: 图 9-23 中 3 个材质球的 Reflectivity Parrallel to Surface［平行于表面反射率］均为 1（默认值），从左至右 Reflectivity Perpendicular to Surface［垂直于表面反射率］参数分别为 0、0.2（默认值）和 1，注意圆球中部反射强度的变化。

❖ Reflectivity Parrallel to Surface［平行于表面反射率］：当表面与观察方向平行时（法线方向垂直于摄像机），表面的反射率。默认值为 1。效果如图 9-24 所示。

图 9-24

提示: 图 9-24 中 3 个材质球的 Reflectivity Perpendicular to Surface［垂直于表面反射率］均为 0.2（默认值），从左至右 Reflectivity Parrallel to Surface［平行于表面反射率］参数分别为 0、0.5 和 1（默认值），注意圆球边缘反射强度的变化。

合理地使用 Reflectivity Perpendicular to Surface［垂直于表面反射率］和 Reflectivity Parrallel to Surface［平行于表面反射率］这两个参数可以创建非常丰富的反射效果，实际上是在模拟“菲涅尔反射”效应。通常，对于非金属性材质的反射，都要求使用这种反射控制。

❖ Surface Glossiness［表面光泽度］：设置材质表面反射效果的模糊程度，取值范围为 0～1，数值越低，反射越模糊。默认值为 1。

> 提示：在图 9-25 中，从左至右 Surface Glossiness［表面光泽度］参数分别为 0、0.5 和 1（默认值），注意反射清晰度的变化。另外，反射越模糊，渲染所需要的时间越长。

图 9-25

❖ Surf. Imperfections（Bump）［表面缺陷（凹凸）］：可以单击 None［无］按钮来增加纹理贴图，以产生凹凸效果。

❖ Surf. Imperfections (Bump) Amount［表面缺陷（凹凸）数量］：控制材质表面凹凸效果的程度。默认值为 0.3。

9.3.2 Transparency［透明度］卷展栏

Transparency［透明度］卷展栏下的参数非常容易理解，界面如图 9-26 所示。

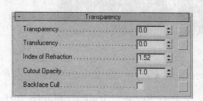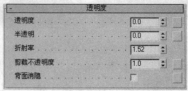

图 9-26

❖ Transparency［透明度］：设置材质的透明度，产生类似玻璃的透明效果。取值范围为 0～1，当值为 1 时为完全透明效果。默认值为 0。

❖ Translucency［半透明］：设置材质的半透明效果，产生类似蜡、玉石的透光效果。取值范围为 0～1，当值为 1 时为完全透明效果。默认值为 0。

❖ Index of Refraction［折射率］：设置材质的折射率，不同的透明物质折射率也不同，默认值为 1.52，为玻璃的折射率。

❖ Cutout Opacity［剪裁不透明度］：根据纹理的色值来剪裁对象，类似 3ds Max 的镂空贴图效果。通常在树叶、人物贴图上使用。单击参数右侧的空白按钮可以增加纹理贴图。效果如图 9-27 所示。

图 9-27

> 提示：图 9-27 显示了在 Cutout Opacity［剪裁不透明度］通道使用棋盘格纹理后的效果，注意黑色纹理是如何让材质的部分表面"消失"的。

❖ Backface Cull［背面消隐］：在透明材质中不显示对象的背面，也就是与法线方向相反的表面，默认为不消隐。效果如图 9-28 所示。

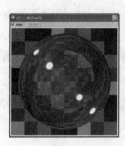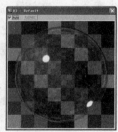

图 9-28

> 提示：在图 9-28 中，左侧是 Backface Cull［背面消隐］为默认设置时的效果，能看到材质的内部；右侧是选中 Backface Cull［背面消隐］复选框后的效果，透明材质不显示内部的表面。

9.3.3 Self Illumination ［自发光］卷展栏

Self Illumination ［自发光］卷展栏的参数非常容易理解，界面如图 9-29 所示。

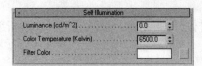 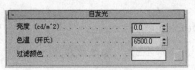

图 9-29

- ❖ Luminance (cd/m^2)［亮度(cd/m^2)］：设置自发光材质的亮度。

- ❖ Color Temperature (Kelvin)［色温（开氏）］：设置自发光颜色的色温。

- ❖ Filter Color［过滤颜色］：设置自发光的颜色，单击参数右侧的空白按钮可以增加纹理贴图。

9.4 Glazing ［上釉］材质

Glazing ［上釉］材质用于表现不同颜色的玻璃表面，主要指表面薄的透明图层，例如瓷器表面的釉。因此，该材质没有折射效果。下面对材质的特有参数 Glazing Material Parameter ［上釉材质参数］卷展栏进行详细的介绍，该卷展栏的界面如图 9-30 所示。

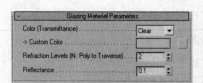 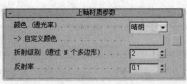

图 9-30

- ❖ Color (Transmittance)［颜色（透光率）］：在该下拉列表中，提供了 6 种预设选项，分别为 Clear［晴朗］、Green［绿色］、Gray［灰色］、Blue［蓝色］、Blue-Green［青绿］和 Bronze［青铜］，效果如图 9-31 所示。另外，用户也可以选择自定义选项，手动调整材质的颜色。

  - • Custom Color［自定义颜色］：除了预置的颜色外，还可以自定义材质的颜色，单击参数右侧的空白按钮可以增加纹理贴图。

- ❖ Refraction Levels (N. Poly to Traverse)［折射级别（透过 N 个多边形）］：设置折射的深度级别，取值范围为 1~6，默认值为 2。

- ❖ Reflectance［反射率］：设置材质表面反射的强度，取值范围为 0~1，0 为不反射，1 为完全反射，默认值为 0.1。

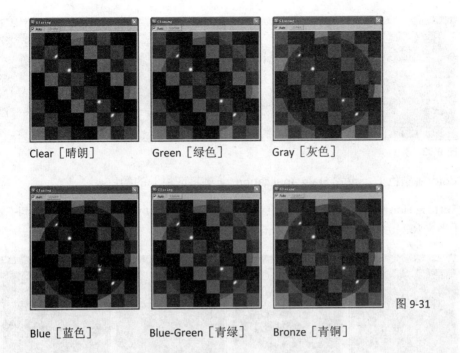

Clear［晴朗］ Green［绿色］ Gray［灰色］

图 9-31

Blue［蓝色］ Blue-Green［青绿］ Bronze［青铜］

9.5 Hardwood［硬木］材质

Hardwood［硬木］材质用于表现不同质感的木纹表面，可以快速地选择木地板或家具，内置 4 种表面加工模式，可以用来表现天然抛光木板表面和高光、半光、亚光等涂料表面。下面对该材质的特有参数 Hardwood Material Parameters［硬木材质参数］卷展栏进行详细的介绍，其界面如图 9-32 所示。

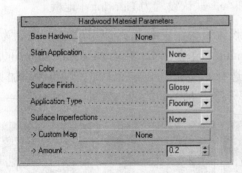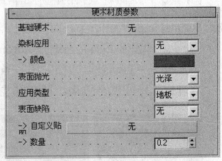

图 9-32

❖ Base Hardwood［基础硬木］：为材质添加基础纹理，否则，该材质看起来像是黑色的油漆。图 9-33 显示了使用纹理后材质的外观变化。

❖ Stain Application［染料应用］：设置是否对纹理进行染色处理，默认为 None［无］。选择 Enabled［启用］选项后，Color［颜色］将会影响 Base Hardwood［基础硬木］的纹理效果。

图 9-33

❖ Color［颜色］：设置 Stain Application ［染料应用］的颜色。

❖ Surface Finish［表面抛光］：提供了 4 种选项，分别为 Glossy［光泽］、Semi-Glossy ［半光泽］、Satin［缎子］和 Unfinished［未染色］，效果如图 9-34 所示。

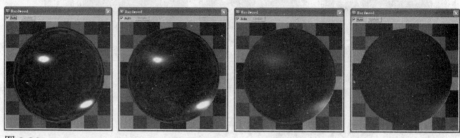

图 9-34

> 提示：在图 9-34 中，依次显示了 Glossy［光泽］、Semi-Glossy［半光泽］、
> Satin［缎子］和 Unfinished［未染色］的效果。注意表面光滑度的变化。

❖ Application Type［应用类型］：提供了两种选项，分别为 Flooring［地板］和 Furniture ［家具］，这两种效果的区别非常细微，默认设置为 Flooring［地板］。

❖ Surface Imperfection［表面缺陷］：设置是否在表面上显示凹凸效果，默认为 None ［无］，即没有凹凸。当选择 Automatic［自动］时，将从 Base Hardwood［基础硬 木］纹理中自动获取凹凸贴图；当选择 Custom［自定义］时，则可以添加其他的 纹理用于产生凹凸效果。图 9-35 显示了几种不同的凹凸效果。

图 9-35

> 提示：在图 9-35 中，依次显示了 None［无］、Automatic［自动］和 Custom
> ［自定义］的凹凸效果，其中最右侧的纹理是自定义的凹凸纹理。

- Custom Map［自定义贴图］：当在 Surface Imperfection［表面缺陷］下拉列
  表中选择 Custom［自定义］选项后，可以单击 None［无］按钮来增加纹理
  贴图。

- Amount［数量］：控制材质表面凹凸效果的程度。默认值为 0.2。

9.6 Masonry/CMU［砖石建筑/CMU］材质

Masonry/CMU［砖石建筑/CMU］材质用于表现各种加工成型的石材表面，无
论是经过抛光处理的还是天然未经过加工的，都有很好的表现。下面对该材质的
特有参数 Masonry/CMU Material Parameters［砖石建筑/CMU 材质参数］卷展栏进
行详细介绍，其界面如图 9-36 所示。

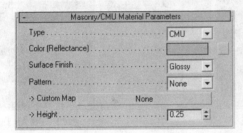
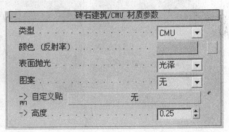

图 9-36

❖ Type［类型］：提供了两种选项，分别为 CMU 和 Masonry［石匠］，默认为 CMU。
  效果如图 9-37 所示。它们的区别在于反射效果不同。

图 9-37

❖ Color(Reflectance)［颜色（反射率）］：设置材质表面的反射颜色。

❖ Surface Finish［表面抛光］：提供了 3 种选项，分别为 Glossy［光泽］、Matte［无
  光］和 Unfinished［未染色］，效果如图 9-38 所示。

图 9-38

❖ Pattern［图案］：设置材质表面的凹凸效果，提供了两种选项，分别为 None［无］
和 Custom［自定义］。在选择 Custom［自定义］选项后，用户可以手动为材质选
择图案。效果如图 9-39 所示。

• Custom Map［自定义贴图］：当在 Pattern［图案］下拉列表中选择 Custom
［自定义］选项后，可以单击 None［无］按钮来增加纹理贴图。

• Height［高度］：控制材质表面凹凸效果的程度。默认值为 0.25。

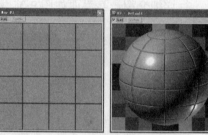

None［无］   Custom［自定义］   Height［高度］=3

图 9-39

> 提示：在图 9-39 中，显示了 None［无］凹凸和 Custom［自定义］凹凸效果
> 的区别，其中自定义的纹理使用了 Tiles［铺砖］，最右侧的图使用了更高的
> Height［高度］，产生了更加明显的凹凸效果。

9.7 Metal［金属］材质

Metal［金属］材质用于表现不同性质、不同表面光滑度金属的质感，如常见
的铝、铬合金、铜等。下面对该材质的特有参数 Metal Material Parameters［金属
材质参数］卷展栏进行详细介绍，其界面如图 9-40 所示。

图 9-40

❖ Type［类型］：提供了 8 种预设的金属类型，分别为 Aluminum［铝］、Anodized Aluminum［电镀铝］、Chrome［铬合金］、Copper［铜］、Brass［黄铜］、Bronze［青铜］、Stainless Steel［不锈钢］、Zinc［锌］，效果如图 9-41 所示。

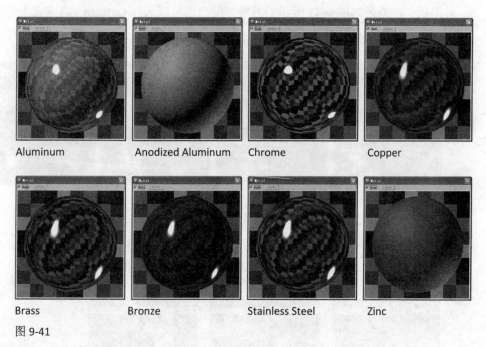

Aluminum　　　Anodized Aluminum　　　Chrome　　　Copper

Brass　　　Bronze　　　Stainless Steel　　　Zinc

图 9-41

❖ Color(Reflectance)［颜色（反射率）］：设置材质表面的反射颜色。

❖ Patina［绿锈］：仅对 Copper［铜］和 Bronze［青铜］金属类型有效，用于控制金属表面锈迹的覆盖率。取值范围为 0～1，默认值为 0。

❖ Surface Finish［表面抛光］：设置材质表面的光滑度，提供了 4 种不同的选项，分别为 Polished［磨光的］、Semi-Polished［半-磨光］、Satin［缎子］和 Brushed［拉丝］，效果如图 9-42 所示。

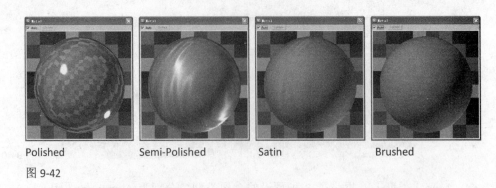

Polished　　　　Semi-Polished　　　　Satin　　　　Brushed

图 9-42

❖ Relief Pattern［浮雕图案］：设置材质表面的凹凸效果，提供了 4 种预设选项，分别为 None［无］、Knurl［滚花］、Diamond Plate［菱形板］和 Checker Plate［方形板］，效果如图 9-43 所示。另外，用户也可以选择 Custom［自定义］选项，手动为材质添加其他的浮雕图案。

None　　　　Knurl　　　　Diamond Plate　　　　Checker Plate

图 9-43

• Pattern Height［图案高度］：设置浮雕图案在材质表面凸出的高度，取值范围为 0.01～10.0，默认值为 0.3。不同参数的效果如图 9-44 所示。

图 9-44

> 提示：在图 9-44 中，从左至右 Pattern Height［图案高度］参数分别为 0.1、0.3、10，注意凹凸纹理高度的变化。

• Custom Map［自定义贴图］：当在 Relief Pattern［浮雕图案］下拉列表中选择 Custom［自定义］选项后，可以单击 None［无］按钮来增加纹理贴图。

❖ Cutouts/Perforations［裁剪/穿孔］：提供了 3 种预设选项，分别为 None［无］、Round Holes［圆形洞］和 Square Holes［方形洞］，效果如图 9-45 所示。另外，用户也可以选择 Custom［自定义］选项，手动为材质添加穿孔的形态。

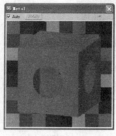

图 9-45

None　　　　　　　Round Holes　　　　　Square Holes

• Custom Map［自定义贴图］：当在 Cutouts/Perforation［裁剪/穿孔］下拉列表中选择 Custom［自定义］选项后，可以单击 None［无］按钮来增加纹理贴图。

9.8　Metallic Paint［金属漆］材质

Metallic Paint［金属漆］材质用于表现金属性的油漆或涂料的效果，金属漆常用于汽车工业和一些高档家电。下面对该材质的特有参数 Metallic Paint Material Parameters［金属漆材质参数］卷展栏进行详细介绍，其界面如图 9-46 所示。

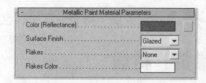

图 9-46

❖ Color（Reflectance［颜色（反射率）］：设置材质表面的反射颜色。

❖ Surface Finish［表面抛光］：设置表面的光滑度，提供了 3 种不同的选项，分别为 Glazed［砑光的］、Glossy［光泽］和 Satin［缎子］，效果如图 9-47 所示。

图 9-47

❖ Flakes［薄片］：设置是否在油漆的颜色中增加杂点，提供了两种不同的选项，分别为 None［无］和 Enable［启用］，效果如图 9-48 所示。

图 9-48

> 提示：在图 9-48 中，左侧的材质球没有 Flakes［薄片］效果，右侧使用了 Flakes［薄片］效果，注意高光周围颜色的变化。

❖ Flake Color［薄片颜色］：设置杂点的颜色。

9.9 Mirror［镜面］材质

Mirror［镜面］材质用于表现具有完美反射的镜子，它的参数相对比较简单，特有的参数 Mirror Material Parameters［镜面材质参数］卷展栏如图 9-49 所示。

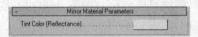

图 9-49

❖ Tint Color(Reflectance)［染色（反射率）］：设置镜子材质的反射颜色。

9.10 Plastic/Vinyl［塑料/乙烯基］材质

Plastic/Vinyl［塑料/乙烯基］材质用于表现乙烯、塑料的质感效果，塑料还分为透明和非透明，根据表面光滑度的不同，可以展现丰富的效果，常用于电子产品的表面材料。它的特有参数 Plastic/Vinyl Material Parameters［塑胶/乙烯基材质参数］卷展栏如图 9-50 所示。

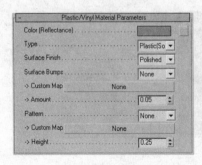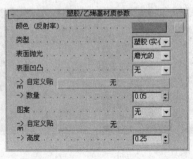

图 9-50

❖ Color（Reflectance）［颜色（反射率）］：设置材质表面的反射颜色。

❖ Type［类型］：设置塑料的类型，提供了 3 种不同的选项，分别为 Plastic(Solid) ［塑胶（实心）］、Plastic(Transparent)［塑胶（透明）］和 Vinyl［乙烯基］，效 果如图 9-51 所示。

 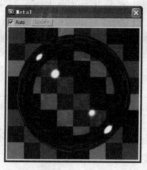 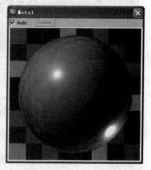

图 9-51

❖ Surface Finish［表面抛光］：设置表面的光滑度，提供了 3 种不同的选项，分别为 Polished［磨光的］、Glossy［光泽］和 Matte［无光］，效果如图 9-52 所示。

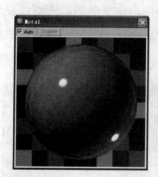  

图 9-52

❖ Surface Bump［表面凹凸］：设置材质表面的凹凸效果，默认为 None［无］，即 没有凹凸效果。选择 Custom［自定义］选项后，可以使用其他纹理贴图。

  • Custom Map［自定义贴图］：当在 Surface Bump［表面凹凸］下拉列表中选 择 Custom［自定义］选项后，可以单击 None［无］按钮来增加纹理贴图。

  • Amount［数量］：控制材质表面凹凸效果的程度。默认值为 0.25。

❖ Pattern［图案］：作用与 Surface Bump［表面凹凸］相同，相当于再叠加一层凹 凸效果，通常用于几何图案。效果如图 9-53 所示。

图 9-53

> 提示：在图 9-53 中，左侧材质球的 Surface Bump［表面凹凸］为 None［无］；
> 中间使用了细胞纹理作为表面凹凸；右侧则在原有细胞纹理凹凸的基础上，
> 又增加了 Pattern［图案］的凹凸效果。

9.11　Solid Glass［实心玻璃］材质

Solid Glass［实心玻璃］材质用于表现有厚度的实体玻璃的质感，与 Glazing［上釉］一样，也可以使用内置的颜色设置，或者使用自定义颜色，还可以表现不平整表面效果。它的特有参数 Solid Glass Material Parameters［实心玻璃材质参数］卷展栏如图 9-54 所示。

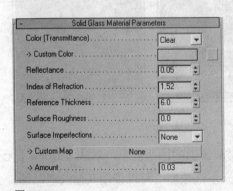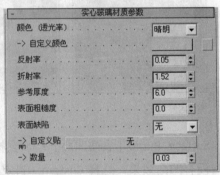

图 9-54

❖ Color (Transmittance)［颜色（透光率）］：设置玻璃的颜色，提供了 6 种不同的预设选项，分别为 Clear［晴朗］、Green［绿色］、Gray［灰色］、Blue［蓝色］、Blue-Green［青绿］和 Bronze［青铜］，效果如图 9-55 所示，另外，还可以选择Custom Color［自定义颜色］选项，修改为其他颜色。

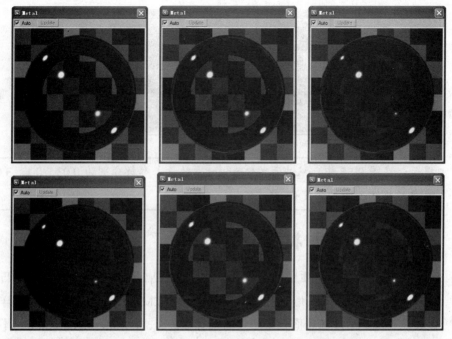

图 9-55

❖ Reflectance [反射率]：设置玻璃材质的反射率，默认值为 0.05。

❖ Index of Refraction [折射率]：设置玻璃材质的折射率，默认为玻璃的折射率 1.52。

❖ Reference Thickness [参考厚度]：设置玻璃材质的厚度。

❖ Surface Roughness [表面粗糙度]：设置玻璃材质的粗糙度，能模拟出磨砂玻璃的效果，但会增加渲染时间。

❖ Surface Imperfections[表面缺陷]：提供了 3 种不同的预设选项，分别为 None[无]、Rippled [沙纹] 和 Wavy [波状]。另外，用户还可以选择 Custom [自定义] 选项，手动设置纹理效果。

• Custom Map [自定义贴图]：当在 Surface Imperfection [表面缺陷] 下拉列表中选择 Custom [自定义] 选项后，可以单击 None [无] 按钮来增加纹理贴图。

• Amount [数量]：控制材质表面凹凸效果的程度。默认值为 0.03。不同的数值产生的凹凸效果如图 9-56 所示。

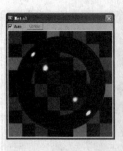 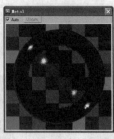 

图 9-56

> 提示：在图 9-56 中，从左至右 Amount［数量］参数分别为 0.03、0.1、3.0，
> 注意凹凸纹理密度的变化。

9.12 Stone［石头］材质

Stone［石头］材质用于表现那些表面有凹凸效果的石头，预设的凹凸效果有花岗石、大理石、石头墙等类型。与 Masonry / CMU［加工石材］材质一样，也可以表现不同光滑度的表面效果。它的特有参数 Stone Material Parameters［石头材质参数］卷展栏如图 9-57 所示。

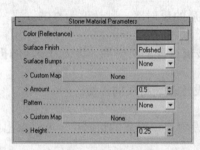 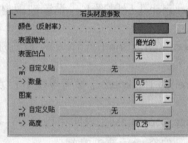

图 9-57

❖ Color（Reflectance）［颜色（反射率）］：设置石头材质的反射颜色。

❖ Surface Finish［表面抛光］：设置材质表面的光滑度，提供了 4 种不同的预设选项，分别为 Polished［磨光的］、Glossy［光泽］、Matte［无光］和 Unfinished［未染色］，效果如图 9-58 所示。

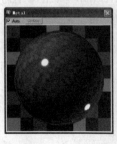  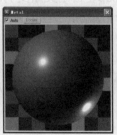 

图 9-58

❖ Surface Bump [表面凹凸]：设置材质表面的凹凸效果，提供了 4 种不同的预设选项，分别为 None [无]、Polished Granite [磨光的花岗岩]、Stone Wall [石墙] 和 Glossy Marble [平滑的大理石]，效果如图 9-59 所示。另外，还可以选择 Custom [自定义] 选项，手动设置表面的凹凸纹理。

图 9-59

- Custom Map [自定义贴图]：当在 Surface Bump [表面凹凸] 下拉列表中选择 Custom [自定义] 选项后，可以单击 None [无] 按钮来增加纹理贴图。

- Amount [数量]：定义 Surface Bump [表面凹凸] 效果的强度，取值范围为 0.0～10.0，默认值为 0.5。不同参数的效果如图 9-60 所示。

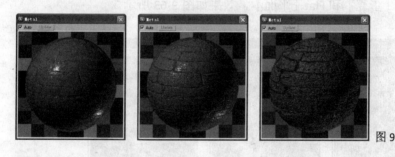

图 9-60

提示：在图 9-60 中，从左至右 Amount [数量] 参数分别为 0.5、1.0、5.0，注意凹凸纹理强度的变化。

❖ Pattern [图案]：作用与 Surface Bump [表面凹凸] 相同，相当于再叠加一层凹凸效果，通常用于几何图案。效果如图 9-61 所示。

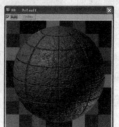

图 9-61

提示: 在图 9-61 中, 左侧材质球的 Surface Bump [表面凹凸] 为 None [无];
中间使用了 Polished Granite [磨光的花岗岩] 作为表面凹凸; 右侧则在原有
凹凸的基础上, 又增加了 Pattern [图案] 的凹凸效果。

9.13　WallPaint [墙漆] 材质

WallPaint [墙漆] 材质用于表现室内墙面的涂料, 通常指水性的乳胶漆。该
材质比较可贵的特性是, 可以模拟出滚筒、刷子、喷涂等操作方法产生的特殊表
面肌理。WallPaint Material Parameters [墙漆材质参数] 卷展栏如图 9-62 所示。

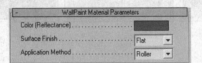
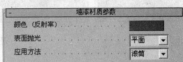

图 9-62

❖ Color (Reflectance) [颜色 (反射率)]: 设置材质表面的反射颜色。

❖ Surface Finish [表面抛光]: 设置表面的光滑度, 提供了 6 种不同的预设选项, 分
别为 Gloss [光泽]、Semi-Gloss [半-光泽]、Pearl [珍珠]、Platinum [白金]、
Eggshell [蛋壳] 和 Flat [平面], 效果如图 9-63 所示。

图 9-63

❖ Application Method [应用方法]: 设置材质表面的肌理效果, 提供了 3 种不同的
预设效果, 分别为 Roller [滚筒]、Brush [笔刷] 和 Spray [喷射]。默认设置为
Roller [滚筒]。

提示：在图 9-64 中，从左至右分别使用了 Roller［滚筒］、Brush［笔刷］和 Spray［喷射］的肌理效果。注意细微的凹凸颗粒的区别。

图 9-64

9.14　Water［水］材质

Water［水］材质用于表现不同的水面效果，无论是江河湖海，还是室内游泳池，都能在这个材质中找到相应的预设参数。该材质的特有参数 Water Material Parameters［水材质参数］卷展栏如图 9-65 所示。

 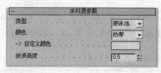

图 9-65

❖ Type［类型］：提供了 5 种不同的预设选项，分别为 Swimming Pool［游泳池］、Reflecting Pool［反光水池］、Stream/River［溪流/江河］、Pond/Lake［池塘/湖］和 Sea/Ocean［海/大洋］，效果如图 9-66 所示。

图 9-66

❖ Color［颜色］：设置水材质的颜色，提供了 7 种不同的预设选项，分别为 Tropical［热带］、Algae/Green［海藻/绿］、Murky/Brown［暗的/褐色］、Reflecting Pool［反光水池］、Stream/River［溪流/江河］、Pond/Lake［池塘/湖］和 Sea/Ocean［海/大洋］。另外，还可以选择 Custom Color［自定义颜色］选项，手动设置水的颜色。

- Custom Color［自定义颜色］：当 Color［颜色］设置为 Custom Color［自定义颜色］选项时，通过该颜色框修改材质的颜色。

❖ Wave Height［波浪高度］：设置水材质表面的波浪效果，数值越高，表面的波浪凹凸效果越明显，默认值为 0.5。不同的数值产生的波浪效果如图 9-67 所示。

图 9-67

提示：在图 9-67 中，从左至右 Wave Height［波浪高度］参数分别为 0.0、0.5、5.0，注意表面波浪强度的变化。

9.15 实例练习——使用 ProMaterials 编辑陶瓷材质

通过前面的介绍可以了解到，使用 mental ray 的 Pro 材质，可以十分方便地编辑出真实的建筑材质效果，下面将通过具体的实例来看一下这个过程到底是怎样的。

9.15.1 修改渲染器

Step1：运行 3ds Max 程序，在 3ds Max 的主工具栏中单击 [图] 按钮，打开 Render Setup［渲染配置］窗口。

Step2：在 Common［公用］面板＞Assign Renderer［指定渲染器］卷展栏下，单击 Production［产品级］右侧的 [图] 按钮，打开 Choose Renderer［选择渲染器］对话框。

Step3：在列表框中选择 mental ray Renderer［mental ray 渲染器］选项，如图 9-68 所示，修改当前的渲染器。

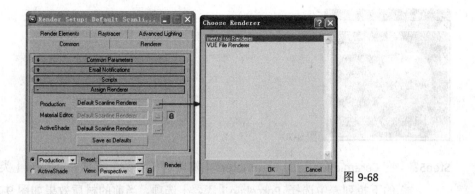

图 9-68

9.15.2 修改材质类型

Step1: 在 3ds Max 的主工具栏中单击 按钮，打开 Material Editor [材质编辑器] 窗口。

Step2: 在示例窗中选择一个空白材质球，然后单击 Standard [标准] 按钮，打开 Material/Map Browser [材质/贴图浏览器] 对话框。

Step3: 在列表框中双击 ProMaterials: Ceramic [ProMaterials：陶器] 材质，如图 9-69 所示，将材质类型修改为该材质。

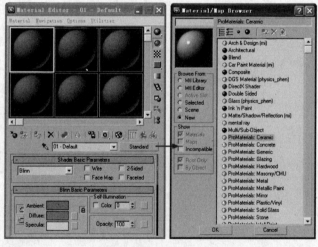

图 9-69

Step4: 在示例窗中双击材质球，使其放大显示，并单击工具栏中的 按钮，显示材质的背景，可以看到当前的材质效果如图 9-70 所示。

提示：当前的材质效果是采用预设值的材质效果，如有需要，还可以继续对相关参数进行修改。

图 9-70

Step5： 在 Ceramic Material Parameters［陶器材质参数］卷展栏＞Type［类型］的下拉列表中选择 Porcelain［瓷器］选项，当前的材质效果如图 9-71 所示。

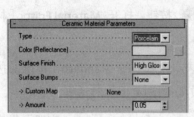

图 9-71

Chapter 10   渲染

　　渲染的过程就是将工作结果输出的一个过程，3ds Max 在每次升级中，都会对渲染功能进行改进。在这一次的升级中，3ds Max 2009 在渲染方面的最大改进还是集中在 mental ray 中，但同时也对帧渲染窗口进行了一些重大的改进。

10.1　渲染工具按钮

　　3ds Max 的主工具栏右侧，集中了几个用于渲染的工具按钮，利用这些按钮，除了可以快速地执行渲染外，还可以打开详细的渲染设置面板。3ds Max 还提供了一个 Render Shortcuts［快捷渲染设置］浮动工具栏。

- ❖ 　Render Scene［渲染场景］：单击该按钮将打开 Render Scene［渲染场景］对话框，设置渲染选项。

- ❖ 　View 　　 ▼ 　Render Type［渲染类型］：针对选定的区域或特殊对象进行渲染。

- ❖ 　Rendered Frame Window［渲染帧窗口］：打开渲染帧窗口并显示渲染的过程。3ds Max 2009 对渲染帧缓存窗口的改动较大。详解参见本书章 10.4 节的相关内容。

- ❖ 　Quick Render production［快速渲染产品级］：该按钮可以使用当前产品级渲染设置来渲染场景，而无须显示 Render Scene［渲染场景］对话框。

- ❖ 　Quick Render ActiveShade［快速渲染 ActiveShade］：位于　　 按钮的下拉列表中，可以在浮动窗口中创建 ActiveShade 渲染。

10.2　mental ray 特性

　　mental ray 能很好地模拟真实的渲染效果，它包含完整的灯光、光线跟踪、反射、折射、焦散、全局光等功能，对光线、阴影、模糊、景深等能实现高品质的处理效果。

■ 光线反射与折射

　　mental ray 可以通过光线跟踪方式计算反射和折射，这种方式对从光源发出的光线进行采样跟踪，生成的反射和折射结果符合物理规律，因此效果非常精确、真实。

mental ray 的光线跟踪算法非常优秀，不仅质感真实，在速度上也比 3ds Max 的默认扫描线渲染器快得多。用户可以对光线反射和折射的次数（即深度）进行设定，从而调整渲染时间。在渲染面板中也可以禁用光线跟踪，这时 mental ray 就会只使用扫描线渲染方式，同时 mental ray 特有的光线跟踪效果(如反射、折射、全局照明、焦散等)也将失效。

■ 阴影

mental ray 渲染器可以生成高质量的光线跟踪阴影和贴图阴影。在 mental ray 渲染器的"渲染器"设置面板的"阴影和置换"卷展栏中，有一个"阴影贴图"选项，它对 mental ray 生成阴影的方式有重要作用。当禁用"阴影贴图"选项时，场景中所有的阴影都采用光线跟踪方式。这种方式对从光源发出的光线进行采样跟踪，生成的阴影效果非常准确。如果使用 3ds Max 的标准点光源，生成的光线跟踪阴影边缘非常清晰；如果使用 mental ray 提供的面积光源，使用光线跟踪方式也可以生成边缘柔和的面积阴影效果。

当启用"阴影贴图"选项时，场景中的阴影效果取决于每个灯光的阴影类型设置。实际上，mental ray 只支持两种阴影类型，即光线跟踪类型和"mental ray 阴影贴图"类型。对于 3ds Max 的阴影类型，"阴影贴图"将转化为等同的"mental ray 阴影贴图"类型，而"光线追踪阴影"、"面积阴影"和"高级光线跟踪"都将转化为 mental ray 的光线跟踪阴影。

■ 运动模糊

在使用真实的摄像机或者照相机拍摄时，如果场景中的对象有运动，或者镜头与场景发生相对移动，拍摄出的画面将会模糊。这是由于摄像机(相机)具有快门速度，在快门时间内运动对象的影像叠加产生了模糊现象。mental ray 渲染器可以很好地模拟这种运动模糊效果，增强渲染画面的真实感。不过，计算运动模糊效果也会大大增加渲染时间。

使用 mental ray 渲染运动模糊效果，必须使用光线跟踪算法，即在"渲染场景 > 渲染器 > 渲染算法"中勾选"光线跟踪"选项组的"启用"选项，并勾选"渲染器"面板的"摄像机效果"卷展栏下的"运动模糊"选项组中的"启用"选项。

mental ray 通过"快门持续时间(帧)"参数控制运动模糊的程度。该值为 0 时，表示没有运动模糊效果。该值越大，运动影像越模糊。对于粒子系统，不建议使用 mental ray 运动模糊，因为这会极大地增加渲染时间。对于粒子系统应使用"粒子运动模糊"贴图。

■ 景深

景深是使用真实摄像机拍摄时的一种效果，距离镜头焦点平面越远的对象会越模糊。在摄影技术中常常利用景深来突出画面重点，或者引导观众的视线。Mental ray 渲染器可以模拟真实的景深效果，但同时也会大大增加渲染时间。

与运动模糊效果一样，使用 mental ray 渲染器计算景深效果也必须启用光线跟踪算法，还要在摄像机修改面板的"多过程效果"下启用"景深(mental ray)"方式。注意不应使用 3ds Max 自带的景深效果，否则可能会造成错误的渲染结果。

mental ray 使用摄像机的目标距离和"f 制光圈"参数控制景深效果。在摄像机修改面板的"参数"卷展栏的最下面可以看到"目标距离"值，mental ray 就是使用这个距离来确定焦平面。"f 制光圈"参数则用来测量光圈大小，"f 制光圈"值越小，光圈越大，景深效果越强烈，即远离焦平面的场景对象模糊越强烈，反之，"f 制光圈"值越大，景深效果越不明显。

■ 焦散

焦散是光线受到反射或折射后投射到对象表面产生的照明效果，例如游泳池中的水投射到墙面的光斑属于反射焦散，投射到池底的光斑则属于折射光斑。mental ray 渲染器可以渲染出焦散效果，它使用光子贴图技术，设置一些灯光发射出光子，并跟踪光子的传播路径，光子经过场景对象的反射和折射后到达对象表面，场景对象表面投射的光子信息就被存储在光子贴图中。为了渲染出焦散效果，需要具备以下几个条件：

- 在场景中必须有投射光子的灯光。

- 在场景中必须有产生焦散的对象。

- 在场景中必须有接受焦散的对象。

- 在 Render Scene > Indirect Illumination > Caustics and Global Illumination［渲染场景>间接照明>焦散和全局照明］面板中，要勾选 Caustics［焦散］选项组中的 Enable［启用］选项。

■ **全局照明**

使用早期的 3ds Max 版本进行渲染时，只能计算直接照明，即灯光直接投射的部分能够被照亮，而背光部分则完全不受灯光的影响。实际上这并不符合真实情况，因为光线会在场景中的物体之间来回反射，使得没有被光源直接照射的部位也能够被照亮。全局照明就可以模拟光线在物体间的反射，包括颜色渗透(色溢)效果，从而得到更加真实的渲染图像。

与计算焦散一样，mental ray 也是使用光子贴图技术来计算全局照明。为了渲染出全局照明效果，需要满足以下几个条件：

• 在场景中必须有能够发射光子的灯光。

• 在场景中必须有能够产生全局照明的对象。

• 在场景中必须有能够接受全局照明的对象。

• 在 Render Scene > Indirect Illumination > Caustics and Global Illumination〔渲染场景>间接照明>焦散和全局照明〕面板中，要勾选 Global Illumination(GI)〔全局照明(GI)〕选项组中的 Enable〔启用〕选项。

■ **体积着色**

体积着色是通过指定体积明暗器来对三维体积进行着色，通常可以用来产生烟、雾等效果。用户可以采用两种方式指定体积明暗器，如下。

1. 指定到摄像机

采用这种方式即相当于将整个场景作为一个体积进行着色，其具体的方法是：在 mental ray 的"渲染器"设置面板的"摄像机效果"卷展栏上，单击"体积"右侧的按钮，然后在弹出的"材质/贴图浏览器"对话框中选择一个体积明暗器类型即可。

2. 指定到材质

若要对指定此材质的对象应用体积着色效果，具体方法是：先打开材质编辑器，再在材质的"mental ray 连接"卷展栏中单击"体积"右侧的按钮，并且选择一种体积明暗器。除此之外，也可以使用 mental ray 材质，将明暗器指定给"体积"通道。

需要注意的是，通常在向材质指定体积明暗器时，应当先将物体的 Surface［曲面］设置为透明，否则，将会无法看到物体内进行的体积着色。要做到这点，可以在 mental ray Connection［mental ray 连接］卷展栏中将 Surface［曲面］右侧的锁定状态解除，然后单击"曲面通道"按钮为其指定一个 Transmat(physics)明暗器。如果要直接使用 mental ray 材质，则 Surface［曲面］通道没有锁定按钮，只需直接为其指定 Transmat(physics)明暗器即可。

■ 贴图置换

mental ray 的贴图置换与 3ds Max 的标准材质中的贴图置换功能是相同的，都是使用贴图来细分模型，控制模型表面的凹凸，增加模型的细节。但是与 3ds Max 的标准贴图置换材质不同的是，mental ray 的贴图置换增加的多边形只存储在 mental ray 场景数据库中，而不存储在 3ds Max 场景中，因此除了在渲染时，它们不会增加占用内存的空间。mental ray 的贴图置换功能非常出色，比 3ds Max 使用默认扫描线渲染器计算贴图置换的速度快很多，而且也更容易控制。

■ 轮廓着色

mental ray 的轮廓着色可以渲染出基于矢量的轮廓线，得到类似于卡通效果的图像。渲染出轮廓线要求满足以下条件：

* 要给对象赋予轮廓线材质。如果是 3ds Max 类型的材质，则应当在材质编辑面板的 mental ray Connection［mental ray 连接］卷展栏中为 Contour［轮廓］通道指定轮廓明暗器；若是 mental ray 类型的材质，那么应在其 Advanced Shaders［高级明暗器］卷展栏中为 Contour［轮廓］通道指定轮廓明暗器。

* 在 Renderer［渲染器］设置面板的 Camera Effects［摄像机效果］卷展栏中，勾选 Contours［轮廓］选项组中的 Enable［启用］选项。此时，Contours［轮廓］选项组中的各项参数用于对输出的轮廓效果进行控制。

> 注意：轮廓着色不能使用分布式块渲染。

10.3 对象的 mental ray 属性面板

对象的 mental ray 属性面板用于更加详细地设置对象在 mental ray 渲染器中的表现，3ds Max 2009 重新修订了该面板的设置选项，使对象获得了更多的局部控制，从而可以进一步优化 mental ray 的渲染。mental ray 面板如图 10-1 所示。

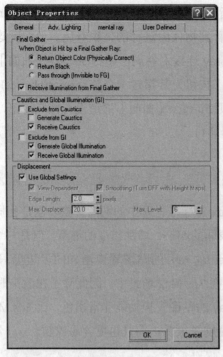 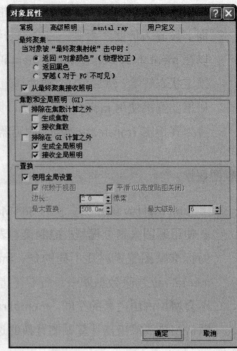

图 10-1

■ Final Gather [最终聚集] 选项组

❖ **When Object is Hit by a Final Gather Ray** [当对象被 "最终聚集射线" 击中时]：设置最终聚集光线如何影响对象的着色效果，有以下 3 种选项可供选择。

- **Return Object Color (Physically Correct)** [返回 "对象颜色"（物理校正）]：从最终聚集光线的相交点上，返回对象表面的材质颜色。这是默认的设置，可以获得真实的效果。

- **Return Black** [返回黑色]：由于最终聚集光线没有颜色，因此不对对象表面进行着色。

- **Pass through (Invisible to FG)** [穿越（对于 FG 不可见）]：这是一种优化方式，可以让对象不接受最终聚集光线，以忽略少量的光线影响。例如，像草这样复杂的薄片对象，最终聚集光线可以穿过草并碰撞到下面的对象，这样地面就较容易被着色处理。

❖ **Receive Illumination from Final Gather** [从最终聚集接受照明]：控制对象是否从最终聚集获得额外的照明。对于细微的物体，可以取消选中该复选框。

■ Caustics and Global Illumination [焦散和全局照明] 选项组

❖ **Exclude from Caustics** [排除在焦散计算之外]：勾选该项，则对象不参与焦散的计算。

❖ Generate Caustics［生成焦散］：控制对象是否可以产生焦散光线。默认为关闭。

❖ Receive Caustics［接收焦散］：控制对象是否可以接收焦散光线。默认为选中。

❖ Exclude from GI［排除在 GI 计算之外］：勾选该项，对象不参与全局照明的计算。

❖ Generate Global Illumination［生成全局照明］：控制对象是否可以产生全局光照。默认为关闭。

❖ Receive Global Illumination［接收全局照明］：控制对象是否可以接收全局光照。默认为选中。

■ Displacement［置换］选项组

❖ Use Global Settings［使用全局设置］：默认设置为启用，即使用 Render Scene［渲染场景］对话框中 Shadows & Displacement［阴影&置换］卷展栏下的设置。禁用该选项，可以为被选对象单独进行设置。

❖ View-Dependent［依赖于视图］：定义置换的空间。启用后，"边长"设置将以像素为单位指定长度；如果禁用此选项，将以世界空间单位指定"边长"。默认设置为启用。

❖ Smoothing［平滑］：禁用该选项，以使 mental ray 渲染器正确渲染高度贴图。高度贴图可以由法线贴图生成。启用后，mental ray 只使用插值的法线平滑几何体，从而使几何体看起来更好。

❖ Edge Length［边长］：定义允许的最小边长。只要边达到此大小，mental ray 渲染器将停止对其进行细分。默认设置为 2.0 个像素。

❖ Max. Displace［最大置换］：控制在移动顶点时向其指定的最大偏移，采用世界单位。该值可以影响对象的边界框。默认设置为 20.0。

❖ Max. Level［最大级别］：控制可以将三角形细分多少次。默认设置为 6。

10.4 渲染帧窗口

Rendered Frame Window［渲染帧窗口］用于显示渲染过程和渲染结果，3ds Max 2009 对该窗口的改动较大，进一步增强了 Rendered Frame Window［渲染帧窗口］的功能，也简化了渲染操作。改进后的 Rendered Frame Window［渲染帧窗口］界面如图 10-2 所示。由此可以看出，最大的变化就是在图像窗口的顶部和底部多出了一些控件。其中，工具栏基本上还是保留了原来的样貌。

图 10-2

■ Rendering Controls［渲染控制］选项组

  Rendering Controls［渲染控制］选项组在 工具栏的上面，提供了一些用于控制渲染过程的选项。如果对旧版本 3ds Max 有所了解，就不会对这些控件的作用感到陌生。它们基本上都是从 Render Setup［渲染设置］对话框中移植过来的。

❖ Area to Render［区域渲染］：设置不同类型的区域渲染方式，3ds Max 内置了 5种方式，默认为 View［视图］。另外，还有仅渲染选定对象的 Selected［选定对象］方式，以及 Region［区域］、Crop［裁剪］和 Blowup［放大］方式。

❖ Edit Region［编辑区域］：打开后，在 Rendered Frame Window［渲染帧窗口］和活动视口中显示矩形的范围框，可以交互地调整矩形的大小和位置，以确定区域渲染的范围，如图 10-3 所示。

❖ Auto Region Selected［自动选择区域］：根据场景中的被选对象来自动确定渲染的区域。图 10-4 是选择了场景中的吉普车，并激活 Auto Region Selected［自动选择区域］后的渲染过程。

❖ Viewport［视口］：选择要渲染的视图。在默认情况下，总是显示当前的活动视图。当然，也可在下拉列表中选择要渲染的视图。

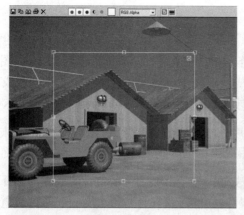
图 10-3

图 10-4

❖ 🔒 Lock To Viewport［锁定渲染视图］：打开后，总是渲染指定的视图；当处于关闭状态时，渲染的视图会随场景中活动视图的改变而改变。

❖ Render Preset［预设］：选择预设的渲染参数设置，或保存当前的渲染参数设置。

❖ 🖥 Render Setup［渲染设置］：单击该按钮，打开 Render Setup［渲染设置］对话框。

❖ ◉ Environment and Effects Dialog (Exposure Controls)［环境和效果对话框(曝光控制)］：单击该按钮，打开"环境和效果"对话框，并处于"曝光控制"卷展栏。

❖ Production/Iterative［产品/重复］：提供用于最终渲染和测试渲染的两种方式。

■ Toolbar［工具栏］

❖ 💾 Save Bitmap［保存位图］：单击该按钮，可以打开一个位图保存对话框，选择一种图像格式将当前缓存器中的图像保存。这时可以在看到满意的结果后再进行图像保存工作。

❖ 📄 Copy Bitmap［复制位图］：单击该按钮，可以将帧缓存器窗口中当前的渲染图像复制到 Windows 的剪贴板中，在需要时可以直接粘贴到其他的处理软件中。

❖ 🖼 Clone Rendered Frame Window［克隆渲染帧窗口］：单击此按钮，可以将当前帧缓存器进行复制，得到一个浮动式的缓存器，在下一次渲染时它将不会被刷新，这样可以将两幅图像进行比较。对于图像的观察，配合 Shift 键或者直接用鼠标中键可以平移图像，配合 Ctrl 键按鼠标左键则放大显示，配合 Ctrl 键按鼠标右键则缩小显示。

❖ 🖨 Print Image［打印图像］：发送图像到打印机，打印帧缓存窗口的图像。

❖ ✕ Clear［清除］：将当前缓存器中的图像清除。

❖ ▣▣▣ Enable Red/Green/Blue Channel［启用红/绿/蓝色通道］：控制 3 个颜色通

道是否有效。

❖ 　◐ Display Alpha Channel [显示 Alpha 通道]：观看当前图像的 Alpha 通道。对于默认的渲染设置，3ds Max 都会连同 Alpha 通道一同渲染，得到 32Bit 的图像，其中 8Bit 的 Alpha 通道用于抠像合成后期制作，使视频合成和平面设计合成非常容易，但是 Raytrace [光线跟踪] 材质无法算出透明的 Alpha 通道。

❖ 　◐ Monochrome [灰度]：以灰度方式显示渲染图像，对大多数摄影家来说，这是很有用的，可以更清楚地分析图像的明暗对比效果，且不受颜色的干扰。

❖ 　Channel Display List [通道显示列表]：显示渲染图像所包含的通道，选择的通道会显示在渲染帧窗口中。绝大多数的文件格式只有 RGB 与 Alpha 两种通道，但对于 RPF 或 RLA 文件格式则会显示出更多的通道。对于材质特效或 G-Buffer 之类的不可见通道，渲染帧窗口在显示时会随机指定颜色加以区别。

❖ 　Layer [层]：在渲染 RPF 或 RLA 文件格式时，这个调节按钮就会出现在渲染帧窗口的工具栏上，能够显示不同层的通道信息。

❖ 　Color Swatch [颜色块]：右侧的颜色块用于存放最后一次单击鼠标右键所选取的像素颜色。单击色块，打开"颜色选择器"对话框修改显示的颜色，但并不能改变渲染图像上的颜色。

> 提示：在缓存图像上单击鼠标右键，可以弹出一个图像信息框，显示当前图像的信息以及当前点的颜色 [这个颜色显示在缓存器顶部右侧色钮内]，如图 10-5 所示。如果当前渲染的图像为 RPF 或 RLA 文件格式，那么它的信息框内容与普通图像的会略有不同，如图 10-6 所示。

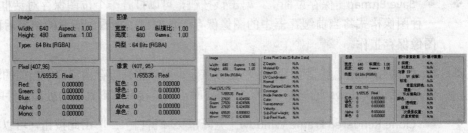

图 10-5　　　　　　　　　　图 10-6

❖ 　▦ Toggle UI Overlays [切换 UI 覆盖]：切换帧缓存中区域渲染范围框的显示状态。

❖ 　▪ Toggle UI [切换 UI]：切换渲染控制的显示状态。打开后，可以在帧缓存窗口顶部和底部显示附加的渲染控制，其中底部显示如图 10-7 的界面，用于快速的 mental ray 设置。

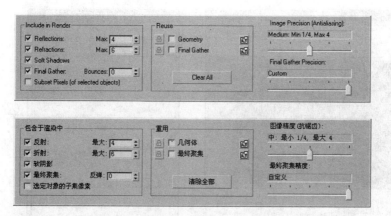

图 10-7

提示：Rendered Frame Window［渲染帧窗口］底部的附加面板中，提供了 mental ray 常用的渲染设置和全局照明设置。它们并不是新增加的功能，只是从 Render Setup［渲染设置］对话框中提取了部分设置，相当于渲染的"快捷方式"。

10.5 实例练习——渲染帧窗口的使用

在本节的内容中，将对渲染帧窗口的新增功能进行介绍。

10.5.1 帧渲染窗口的调用

Step1： 打开本书配套光盘中提供的"Rendering.max"文件，如图 10-8 所示。

图 10-8

Step2： 在主工具栏中单击 ▣ 按钮，调出 Rendered Frame Window［渲染帧窗口］，如图 10-9 所示。

Step3： 在 Rendered Frame Window［渲染帧窗口］的工具栏中，单击 ▣ 按钮，调出 Render Setup 窗口，如图 10-10 所示。

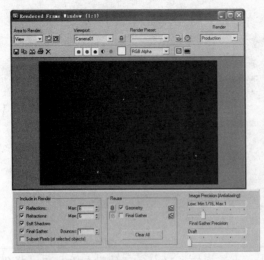

图 10-9 图 10-10

从图 10-9 中可以看到，相对于以前的 3ds Max 版本而言，在 3ds Max 2009 中，渲染帧窗口除了以前常用的基本命令按钮外，Rendered Frame Window［渲染帧窗口］的上下部分还增加了许多参数设置。

Step4: 在 Common Parameters［公用参数］卷展栏下的 Render Output［渲染输出］选项组中，选中 Save File［保存文件］复选框，如图 10-11 所示。

Step5: 单击 Files［文件］按钮，调出 Render Output File［渲染输出文件］对话框。

Step6: 在 Render Output File［渲染输出文件］对话框的 History［历史记录］下拉列表中，选择"D:\work\3ds max 2008 DFB\2009 New\07-Render\project Folder\scenes"路径。

Step7: 在［文件名］右侧的文本框中输入"car"，并将［保存类型］修改为 JPEG File，如图 10-12 所示，然后单击［保存］按钮，为渲染输出文件指定一个路径与名称。

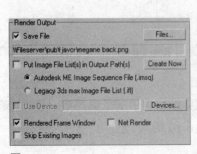

图 10-11 图 10-12

Step8: 在 Render Setup 窗口中，单击窗口右上角的 ⊠ 按钮，关闭该窗口。

Step9: 确认渲染的是 Camera01 视图，在 Rendered Frame Window［渲染帧窗口］中，单击 Render［渲染］按钮，这样就可以对视图进行渲染操作了，结果如图 10-13 所示。

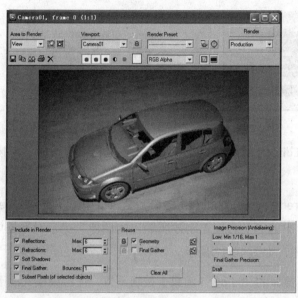

图 10-13

10.5.2 修改渲染模式

Step1: 在主工具栏中单击 ⚏ 按钮，调出 Material Editor［材质编辑器］窗口。

Step2: 在 Material Editor［材质编辑器］窗口的示例窗中选择"Map #43"材质样本球，如图 10-14 所示。

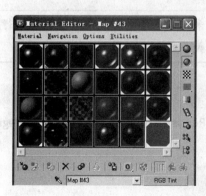

图 10-14

Step3: 在 RGB Tint Parameters［RGB 染色参数］卷展栏下，单击 B 右侧的颜色样本，在打开的 Color Selector［颜色选择器］对话框中修改其颜色，具体的 RGB 值如图 10-15 所示，然后单击 OK［确定］按钮，关闭该对话框。

Step4: 单击 R 右侧的颜色样本，在打开的 Color Selector［颜色选择器］对话框中，修改油漆的颜色具体的 RGB 值如图 10-16 所示，单击 OK［确定］按钮，关闭该对话框。

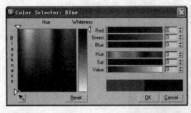

图 10-15

图 10-16

Step5: Material Editor［材质编辑器］窗口中，单击右上角的 ⊠ 按钮，关闭该窗口。

Step6: 在 Rendered Frame Window［渲染帧窗口］中，单击 Render［渲染］按钮，在弹出的"是否覆盖刚才所输出的图像"提示对话框中，单击 No［否］按钮，如图 10-17 所示。

Step7: 在渲染帧窗口的 Render［渲染］按钮下方，在渲染模式的下拉列表中选择 Iterative 选项，如图 10-18 所示。

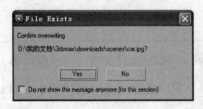

图 10-17

图 10-18

> 提示：在这种模式下是不会保存渲染出来的文件的，但是这样也无法进行网络渲染、动画渲染等，因此这个渲染方式一般用于测试渲染中。

■ 区域渲染

Step1: 在渲染帧窗口中，打开 Area to Render 的下拉列表，从中选择 Region［区域］选项，如图 10-19 所示。

 图 10-19

Step2: 这时在视图中会出现一个矩形框，如图 10-20 所示，使用该矩形框可以

定义所要渲染的区域。

图 10-20

Step3： 在渲染窗口中，选择如图 10-21 所示的矩形区域。

Step4： 在渲染帧窗口中单击 Render［渲染］按钮，结果如图 10-22 所示。从图中可以看到，在选定区域内，汽车表面的油漆颜色发生了改变。

图 10-21

图 10-22

- **选择渲染**

Step1： 在渲染帧窗口中，打开 Area to Render 的下拉列表，从中选择 Selected ［选择］选项，如图 10-23 所示。

图 10-23

Step2： 在 Camera01 视图中选择汽车盖——"HDM_01_09_hood"对象，如图 10-24 所示。

Step3： 在渲染帧窗口中单击 Render［渲染］按钮，结果如图 10-25 所示。

图 10-24

图 10-25

从图 10-25 中可以看到，只有当前被选择的汽车引擎盖被渲染了，其他没有被选择的对象都没有参加渲染。

10.5.3　效果设置

Step1：　在渲染帧窗口中，打开 Area to Render 的下拉列表，从中选择 View［视图］选项。

Step2：　在 Include in Render 选项组中，取消选中 Reflections［反射］、Refractions［折射］和 Soft Shadows 复选框，如图 10-26 所示。

Step3：　在 Image Precision 选项组中，设置修改器中的采样值的参数，然后在 Reuse［重使用］选项组中，选中 Final Gather［最终聚集］复选框，并单击右侧的 🔒 按钮，如图 10-27 所示。

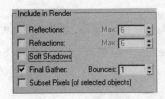

图 10-26

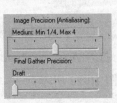

图 10-27

Step4：　在渲染帧窗口中，单击 Render［渲染］按钮，结果如图 10-28 所示。

图 10-28

从图 10-28 中可以看到，玻璃的颜色变成了黑色，这是因为在渲染前已经关闭了反射与折射效果。

10.5.4　锁定最终渲染

Step1： 在主工具栏中单击 按钮，调出 Material Editor［材质编辑器］窗口。

Step2： 在 Material Editor［材质编辑器］窗口的示例窗中选择"Map #43"材质样本球。

Step3： 在 RGB Tint Parameters［RGB 染色参数］卷展栏下，单击 R 右侧的颜色样本，在打开的 Color Selector［颜色选择器］对话框中修改其颜色，具体的 RGB 值如图 10-29 所示，然后单击 OK［确定］按钮，关闭该对话框。

Step4： 单击 B 右侧的颜色样本，在打开的 Color Selector［颜色选择器］对话框中，修改油漆的颜色，具体的 RGB 值如图 10-30 所示，然后单击 OK［确定］按钮，关闭该对话框。

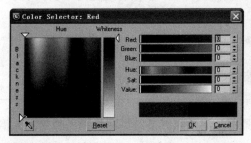

图 10-29

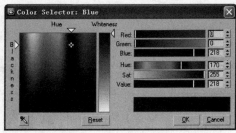

图 10-30

Step5： Material Editor［材质编辑器］窗口中，单击右上角的 按钮，关闭该窗口。

Step6： 在 Reuse［重使用］选项组中，单击 Final Gather［最终聚集］左侧的 按钮，锁定最终聚集的效果，这样在渲染过程中将不会对最终距离进行计算。

Step7： 在 Include in Render 选项组中，选中 Reflections［反射］、Refractions［折射］和 Soft Shadows 复选框，如图 10-31 所示。

Step8： 在渲染帧窗口中，单击 Render［渲染］按钮，结果如图 10-32 所示。

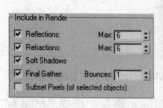

图 10-31

图 10-32

在完成所有的测试后，可以将当前的渲染模式恢复为 Production［产品］，然后对其进行渲染。以上就是 3ds Max 2009 中，关于渲染帧窗口中新增功能的使用方法。

10.6 渲染应用

在对产品做最后渲染的过程中，除了基本的渲染设置外，使用必要的特殊设置，可以使产品的效果得到最大程度上的体现，下面将通过几个实例展示 3ds Max 2009 中可以使用到的渲染方法。

10.6.1 实例练习——采样精度

采样是在渲染时，在 3D 场景中采集的点，是渲染图像原始像素的来源，采样点越多，图像品质越高，锯齿和动画中的闪烁越少。采样精度的设置将直接影响到图像渲染的速度与质量，在本节的实例练习中，将学习如何设置合适的采样精度。

10.6.1.1 修改渲染器

Step1： 打开本书配套光盘中提供的场景文件"MagicFox.max"，如图 10-33 所示，在这个场景中，已经提供了一个简单的 Logo 形象。

Step2： 在主工具栏中单击 ◎ 按钮，查看场景默认的渲染效果，结果如图 10-34 所示。

图 10-33　　　　　　　　　　　　　图 10-34

Step3:　在主工具栏中单击 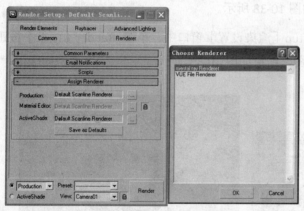 按钮，调出 Render Setup［渲染设置］窗口。

Step4:　在 Common［公用］面板中的 Assign Render［指定渲染器］卷展栏下，单击 Production［产品］右侧的 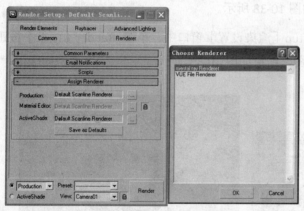 按钮，打开 Choose Renderer［选择渲染器］对话框。

Step5:　在 Choose Renderer［选择渲染器］对话框中，选择 mental ray Renderer［mental ray 渲染器］选项，如图 10-35 所示，然后单击 OK［确定］按钮。

图 10-35

10.6.1.2　设置采样精度

Step1:　在 Render Setup［渲染设置］窗口中，选择 Renderer［渲染器］面板。

Step2:　在 Sampling Quality［采样质量］卷展栏下的 Samples per Pixel［每像素采样数］选项组中，修改 Maximum［最大］的值为 1，如图 10-36 所示。

Step3:　在 Render Setup［渲染设置］窗口中，单击 Render［渲染］按钮，渲染当前视图，结果如图 10-37 所示。

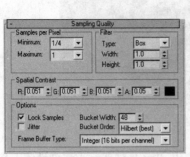

图 10-36

图 10-37

在修改了采样值的最大值后，对比图 10-34，在图 10-37 中可以看到，Logo 的边缘有明显的锯齿。

Step4: 在 Sampling Quality［采样质量］卷展栏下的 Samples per Pixel［每像素采样数］选项组中，修改 Maximum［最大］的值为 16，Minimum［最小］的值为 1，如图 10-38 所示。

Step5: 在 Render Setup［渲染设置］窗口中，单击 Render［渲染］按钮，渲染 Camera01 视图，结果如图 10-39 所示。

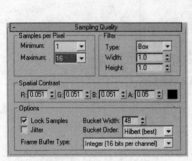

图 10-38

图 10-39

通过比较图 10-37 和图 10-39 发现，在修改了采样值后，得到的图像边缘比默认渲染图像的边缘更加细腻，因此在输出最终作品时，需要修改采样精度，但需要注意的是，在复杂场景中，采样精度越高，所要花费的渲染时间就越长。

10.6.1.3 使用可视化渲染方法

Step1: 在 Render Setup［渲染设置］窗口中，选择 Processing［处理］面板，

如图 10-40 所示。

Step2: 在 Diagnostics［诊断］卷展栏下，选中 Enable［启用］复选框，启用可视化效果，如图 10-41 所示。

Step3: 回到 Renderer［渲染器］面板，在 Sampling Quality［采样质量］卷展栏的 Samples per Pixel［每像素采样数］选项组中，修改 Maximum［最大］的值为 1/4，Minimum［最小］的值为 1/16，如图 10-42 所示。

图 10-40

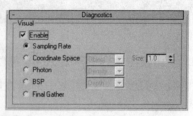

图 10-41

Step4: 在 Render Setup［渲染设置］窗口中，单击 Render［渲染］按钮，渲染 Camera01 视图，结果如图 10-43 所示。

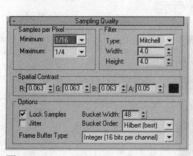

图 10-42

图 10-43

从图 10-43 中可以看到，红色的细线把图形分割成了很多矩形的着色块，白色点的分布代表了最大取样值，而暗色点的分布则代表了最小取样值。

10.6.1.4 修改采样精度

Step1: 在 Sampling Quality［采样质量］卷展栏下的 Samples per Pixel［每像素采样数］选项组中，修改 Maximum［最大］的值为 1，Minimum［最小］

的值为 1/4。

Step2: 在 Render Setup［渲染设置］窗口中，单击 Render［渲染］按钮，渲染 Camera01 视图，结果如图 10-44 所示。

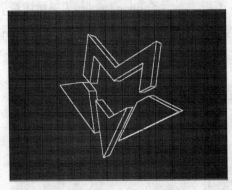

图 10-44

比较图 10-43 和图 10-44 可以发现，随着取样值的提高，白色点更多地集中到了模型的边界处，图像中的线性比刚才要明显很多。

Step3: 在 Sampling Quality［采样质量］卷展栏下的 Samples per Pixel［每像素采样数］选项组中，修改 Maximum［最大］的值为 16，Minimum［最小］的值为 1。

Step4: 在 Render Setup［渲染设置］窗口中，单击 Render［渲染］按钮，渲染 Camera01 视图，结果如图 10-45 所示。

图 10-45

从这几次的渲染效果中可以看到，高采样值总是被分配在模型的边缘处，模型所得到的线性程度越高，所得到的渲染品质也就越高。换言之，只要保证采样的最大值足以获得好的线性效果就可以了。

10.6.1.5 只调整最小采样值

Step1: 在 Sampling Quality［采样质量］卷展栏下的 Samples per Pixel［每像素采样数］选项组中，修改 Minimum［最小］的值为 1/16。

Step2: 在 Render Setup［渲染设置］窗口中，单击 Render［渲染］按钮，渲染 Camera01 视图，结果如图 10-46 所示。

图 10-46

从图 10-46 中可以看到，最小采样值的变化并没有影响到渲染结果。

Step3: 在 Render Setup［渲染设置］窗口中，选择 Processing［处理］面板，并在 Diagnostics［诊断］卷展栏下，取消选中 Enable［启用］复选框。

Step4: 在 Render Setup［渲染设置］窗口中，单击 Render［渲染］按钮，渲染 Camera01 视图，结果如图 10-47 所示。

图 10-47

从图 10-47 中可以看到，即使将最小采样值修改到最小，但仍然不影响渲染结果，这种质量可以应用于最终的渲染效果中。在设置采样精度的过程中，显示采样点可以使我们直接地观察到采样值如何设置才是最合适的。合适的采样设置，可以花费最少的时间得到高质量的渲染结果。

10.6.2 实例练习——折射深度的控制

光线追踪同时包含了反射和折射，不过却可以独立控制它们。折射深度主要是对透明对象起作用，在本节的实例练习中，就来学习一下折射深度的控制方法。折射深度简单地讲就是光线穿过透明物体的次数。超过这个深度后，光线就无法穿过，会用最终色代替。

Step1: 打开本书配套光盘中提供的"refraction.max"文件，如图 10-48 所示，在这个场景中提供了一个沙漏模型，沙漏的主体是玻璃材质。

Step2: 激活 Camera01 视图，在主工具栏中单击 按钮，查看场景默认的渲染效果，结果如图 10-49 所示。

图 10-48　　　　　　　　图 10-49

在当前的渲染结果中可以看到，虽然已经为沙漏模型的主体部分指定了玻璃材质，但是在渲染出来的效果中，它还是完全不透明的。这是因为我们将折射最大值设置为 0 的原因。

Step3: 在主工具栏中单击 按钮，调出 Render Setup［渲染设置］窗口。

Step4: 在 Rendering Algorithms［渲染算法］卷展栏下的 Ray Tracing［光线跟踪］选项组中，修改 Max. Refractions［折射最大值］的值为 1，如图 10-50 所示。

Step5: 在 Render Setup［渲染设置］窗口中，单击 Render［渲染］按钮，渲染当前场景，结果如图 10-51 所示。

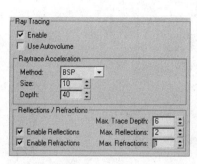

图 10-50

图 10-51

在图 10-51 中可以看到，玻璃的表面颜色发生了变化，这是由第一层玻璃对周围环境的折射所造成的，但还是看不到沙漏中的沙子对象，这是由于玻璃是由内外两层表面组成，如果将 Max. Refraction［折射最大值］的值设置为 1，则光线只能透过外表面的玻璃。这时需要进一步调整相关参数的值。

Step6： 在 Rendering Algorithms［渲染算法］卷展栏下的 Ray Tracing［光线跟踪］选项组中，修改 Max. Refraction［折射最大值］的值为 2。

Step7： 在 Render Setup［渲染设置］窗口中，单击 Render［渲染］按钮，渲染当前场景，结果如图 10-52 所示。

图 10-52

从当前的渲染结果中可以看到沙漏中的沙子对象了，但是背面的玻璃还是不透明的，这是由于背面的玻璃也有两层，因此，需要调大折射的最大值。

Step8： 在 Rendering Algorithms［渲染算法］卷展栏下的 Ray Tracing［光线跟踪］选项组中，修改 Max. Refraction［折射最大值］的值为 4。

Step9： 在 Render Setup［渲染设置］窗口中，单击 Render［渲染］按钮，渲染

当前场景，结果如图 10-53 所示。

图 10-53

从图 10-53 中可以看到，此时不仅可以看到沙漏中的沙子，而且可以透过玻璃看到背面的立柱。

从本节的实例练习中可以得知，设置折射深度是为了使透明对象的渲染得到正确的效果，因此只要计算出了透明物体所使用的折射最大值后，该值就没必要继续增加了，这也是设置折射深度与反射深度最大的不同之处。

10.6.3　实例练习——HDRI贴图的应用

HDRI 贴图又称为高动态贴图，这种贴图与一般的图片格式不同，除了有通常图片的红、绿、蓝 3 个通道外，还有一个特别的亮度通道。通过这个亮度通道，可以为场景创建近似于真实环境中的光线照明效果。在本节的实例练习中，将介绍 HDRI 贴图的应用流程。

10.6.3.1　准备场景

Step1：　打开本书配套光盘中提供的"HDRI.max"文件，如图 10-54 所示。

图 10-54

Step2: 在主工具栏中单击 ![] 按钮，渲染 Camera01 视图，查看默认情况下的渲染效果，如图 10-55 所示。

图 10-55

在图 10-55 中可以看到，场景中没有任何光照效果。

> 提示：要使用 HDRI 贴图的前提是场景中必须有天空光对象。

10.6.3.2 创建天空光对象

Step1: 在 Create［创建］面板中单击 ![] 按钮，进入灯光创建面板。

Step2: 在 Object Type［对象类型］卷展栏下，单击 Skylight［天光］按钮，如图 10-56 所示。

Step3: 在 Top［顶］视图中单击，创建一个 "Sky01" 对象，如图 10-57 所示，然后右击视图结束创建。

图 10-56

图 10-57

10.6.3.3 设置天空光光照效果

Step1: 在主工具栏中单击 ![] 按钮，调出 Render Setup［渲染设置］窗口。

Step2: 在 Render Setup［渲染设置］窗口中，进入 Indirect Illumination［间接照

明] 面板，如图 10-58 所示。

Step3： 在 Final Gather [最终聚集] 卷展栏下的 Basic [基本] 选中组中，选中 Enable Final Gather [启用最终聚集] 复选框。并设置 FG Precision Presets 的级别为 Draft [草图]，如图 10-59 所示。

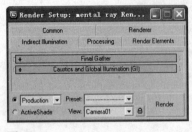

图 10-58

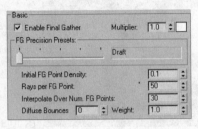

图 10-59

Step4： 在 Caustics and Global Illumination(GI) [焦散和全局照明（GI）] 卷展栏下的 Global Illumination [全局照明] 选项组中，选中 Enable [启用] 复选框，如图 10-60 所示。

Step5： 激活 Camera01 视图，在 Render Setup [渲染设置] 窗口中，单击 Render [渲染] 按钮，查看当前渲染效果，如图 10-61 所示。

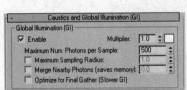

图 10-60

图 10-61

10.6.3.4 修改天空光参数

Step1： 确认 "Sky01" 对象处于被选择状态，在命令面板中单击 按钮，进入 Modify [修改] 面板。

Step2： 在 Skylight Parameters [天光参数] 卷展栏下的 Sky Color [天空颜色]

选项组中，选中 Use Scene Environment［使用场景环境］单选按钮，如
图 10-62 所示。

图 10- 62

10.6.3.5 添加 HDRI 贴图作为环境贴图

Step1：　在菜单栏中选择 Rendering＞Environment［渲染＞环境］命令，调出
　　　　　Environment and Effects［环境与效果］窗口，如图 10-63 所示。

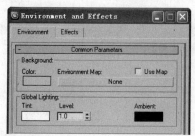

图 10-63

Step2：　在 Common Parameters［公用参数］卷展栏下的 Background［背景］选
　　　　　项组中，单击 Environment Map［环境贴图］贴图通道按钮，打开
　　　　　Material/Map Browser［材质/贴图浏览器］对话框，如图 10-64 所示。

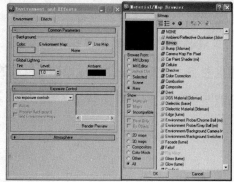

图 10-64

Step3： 在 Material/Map Browser［材质/贴图浏览器］对话框中，选择 Bitmap ［位图］选项，然后单击 OK［确定］按钮，弹出 Select Bitmap Image File ［选择位图文件］对话框。

Step4： 在弹出的 Select Bitmap Image File[选择位图文件]对话框中，选择本书配套光盘中提供的"KC_outside_hi"文件，然后单击[打开]按钮，弹出 HDRI Load Settings［HDRI 加载设置］对话框，如图 10-65 所示。

Step5： 在 HDRI Load Settings［HDRI 加载设置］对话框的 Exposure［曝光］选项组中，修改 Log［自然对数］的 White Point［纯白区域］值为 0，如图 10-66 所示，然后单击 OK［确定］按钮，关闭该对话框。

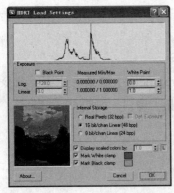

图 10-65

图 10-66

10.6.3.6　修改贴图坐标

Step1： 在主工具栏中单击 按钮，打开 Material Editor［材质编辑器］窗口。

Step2： 在 Environment and Effect［环境与效果］窗口中，将 Environment Map ［环境贴图］贴图通道按钮上的 HDRI 贴图，拖动到 Material Editor［材质编辑器］示例窗中的空白材质样本球上释放。

Step3： 在弹出的提示复制方式的对话框中，保持默认设置不变，然后单击 OK ［确定］按钮，以实例的方式复制该贴图，如图 10-67 所示。

Step4： 在 Coordinates［坐标］卷展栏下，打开 Map Ping［贴图］模式的下拉列表，从中选择 Spherical Environment ［球形环境］选项，如图 10-68 所示。

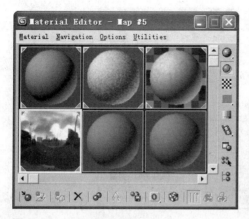

图 10-67

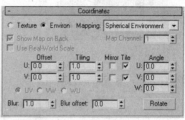

图 10-68

Step5: 修改 U 方向上的 Offset［偏移］值为 0.5，V 方向上的 Offset［偏移］值为 0.7。

Step6: 在主工具栏中单击 ⬚ 按钮，渲染当前视图，结果如图 10-69 所示。

图 10-69

从图 10-69 中可以看到，场景中的天光颜色发生了明显的变化，这个颜色就来自于我们所设置的 HDRI 贴图。

10.6.3.7 调整 HDRI 贴图的动态范围

Step1: 在 Material Editor［材质编辑器］窗口的 Bitmap Parameters［位图参数］卷展栏下，单击 Bitmap［位图］右侧的贴图通道按钮，弹出 Select Bitmap Image File［选择位图文件］对话框，如图 10-70 所示。

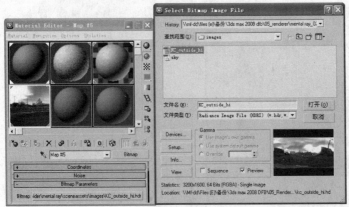

图 10-70

Step2: 在 Select Bitmap Image File 对话框中，选择"KC_outside_hi"文件，然后单击 Setup［设置］按钮，打开 HDRI Load Settings［HDRI 加载设置］对话框。

Step3: 在 Exposure［曝光］选项组中，修改 Log［自然对数］的 White Point［纯白区域］值为-0.2，如图 10-71 所示，然后单击 OK［确定］按钮，关闭该对话框。

Step4: 在 Select Bitmap Image File［选择位图文件］对话框中，单击［打开］按钮，关闭该对话框。

Step5: 在主工具栏中单击 ◎ 按钮，渲染当前视图，结果如图 10-72 所示。

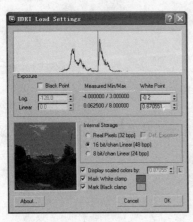

图 10-71

图 10-72

从图 10-72 中可以看到，重新设置了 HDRI 贴图后，场景中的天空光亮度增强了。

10.6.3.8 修改 HDRI 贴图的整体强度

Step1: 在 Material Editor［材质编辑器］窗口中，展开 Output［输出］卷展栏，修改 Output Amount［输出数量］的值为 2.5，如图 10-73 所示。

Step2: 在主工具栏中单击  按钮，渲染当前视图，结果如图 10-74 所示。

图 10-73　　　　图 10-74

　　从图 10-74 中可以看到，天空光的强度得到了明显的改善。将 HDIR 贴图用于环境贴图后，可以得到与环境非常协调的光照效果。在这个过程中可以了解到，要使 HDIR 贴图得到正确的效果，必须在场景添加天空光，并打开 mental ray 渲染器的全局照明效果。除此之外，HDIR 贴图的应用与其他贴图的使用方法完全相同，在操作上是十分方便的。

10.6.4　实例练习——折射焦散

　　折射焦散与反射焦散的原理一样，只有透明物体才会产生这种现象。透明物体会依据自身的折射率使透过自己的光线弯曲，当这些光线聚集并投射到其他对象上时，就产生了聚光效果。下面通过一个实例来学习一下实现折射焦散的过程。

10.6.4.1 设置 MR 材质

Step1: 打开本书配套光盘中提供的"water.max"文件，如图 10-75 所示。

Step2: 在主工具栏中单击 按钮，渲染 Camera01 视图，查看默认的渲染效果，如图 10-76 所示。

Step3: 在主工具栏中单击 按钮，打开 Material Editor［材质编辑器］窗口。

Step4: 在 Material Editor［材质编辑器］窗口的示例窗中，选择"02 -Default"材质样本球，如图 10-77 所示，然后单击 Standard［标准］按钮，打开 Material/Map Browser［材质/贴图浏览器］对话框。

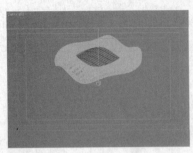

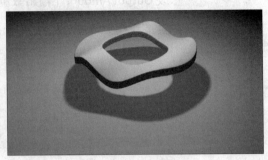

图 10-75　　　　　　　　　　图 10-76

Step5: 在列表框中选择 mental ray 材质，如图 10-78 所示，然后单击 OK［确定］按钮，退出该对话框。

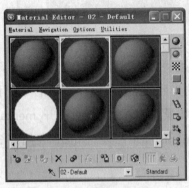

图 10-77　　　　　　　　　　图 10-78

10.6.4.2　加玻璃明暗器

Step1: 在 Material Editor［材质编辑器］窗口中的 Material Shaders［材质着色器］卷展栏下，单击 Surface［曲面］右侧的贴图通道按钮，打开 Material/Map Browser［材质/贴图浏览器］对话框。

Step2: 在列表框中选择 Glass (lume)［玻璃（lume）］材质，如图 10-79 所示，然后单击 OK［确定］按钮，退出该对话框。

Step3: 在 Glass (lume) Parameters［玻璃（lume）参数］卷展栏下，单击［曲面材质］右侧的颜色样本，打开 Color Selector［颜色选择器］对话框。

Step4: 在 Color Selector［颜色选择器］对话框中修改其颜色，具体的 RGB 值如

图 10-80 所示，然后单击 OK［确定］按钮，退出该对话框。

Step5: 单击 Diffuse［漫反射］右侧的颜色样本，打开 Color Selector［颜色选择器］对话框。

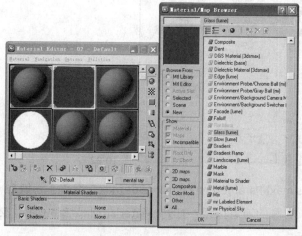

图 10-79

Step6: 在 Color Selector［颜色选择器］对话框中修改漫反射颜色，具体的 RGB 值如图 10-81 所示，然后单击 OK［确定］按钮，退出该对话框。

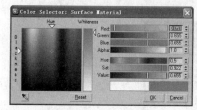

图 10-80

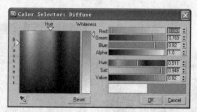

图 10-81

10.6.4.3 修改表面属性

Step1: 在 Material Editor［材质编辑器］窗口中，单击 🔩 按钮，返回材质的根层级。

Step2: 在 Material Shaders［材质着色器］卷展栏下的 Extended Shaders［扩展着色器］选项组中，单击 Bump［凹凸］右侧的贴图通道按钮，打开 Material/Map Browser［材质/贴图浏览器］对话框。

Step3: 在列表框中选择 Bump (3ds max)［凹凸（3ds max）］材质，如图 10-82 所示，然后单击 OK［确定］按钮，退出该对话框。

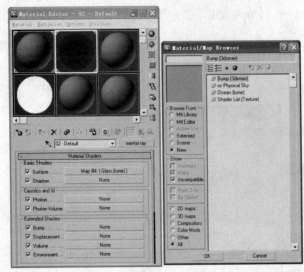

图 10-82

Step4: 在 Bump (3ds max) Parameters［凹凸（3ds max）参数］卷展栏下，单击 Map［贴图］右侧的通道按钮，打开 Material/Map Browser［材质/贴图浏览器］对话框。

Step5: 在列表框中选择 Noise［噪波］ 材质， 如图 10-83 所示，然后单击 OK ［确定］按钮，退出该对话框。

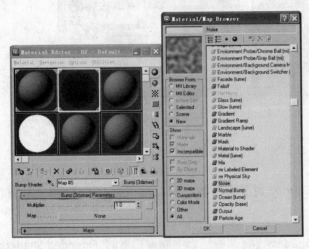

图 10-83

Step6: 在 Noise Parameters［噪波参数］卷展栏下，修改 Size［大小］的值为 14，如图 10-84 所示。

Step7: 在主工具栏中单击 按钮，渲染当前的 Camera01 视图，如图 10-85 所示。

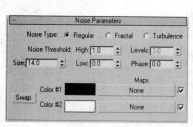

图 10-84

图 10-85

从图 10-85 中可以看到，此时的圆环变成了透明的玻璃材质，但是它所投射的阴影颜色还是默认黑色，与材质效果很不协调。

10.6.4.4 修改阴影属性

Step1： 在 Front ［前］视图中，选择"mr Area Spot01"对象，如图 10-86 所示。

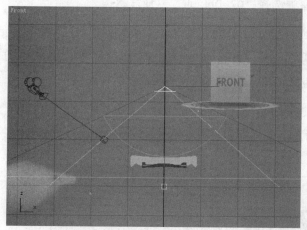

图 10-86

Step2： 在命令面板中单击 ⟋ 按钮，进入 Modify ［修改］面板。

Step3： 在 Shadow Parameters ［阴影参数］卷展栏下，单击颜色样本，打开 Color Selector ［颜色选择器］对话框。

Step4： 在 Color Selector ［颜色选择器］对话框中修改阴影的颜色，具体的 RGB 值如图 10-87 所示，然后单击 OK ［确定］按钮，退出该对话框。

Step5： 激活 Camera01 视图，在主工具栏中单击 ◉ 按钮，查看当前场景的渲染效果，如图 10-88 所示。

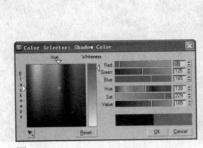

图 10-87

图 10-88

从图 10-88 中可以看到，此时的阴影效果有半透明的感觉了，颜色也与圆环对象一致。

10.6.4.5　添加光子基本明暗器

Step1：　在主工具栏中单击 ⚅ 按钮，打开 Material Editor［材质编辑器］窗口，在示例窗中选择"02 -Default"材质样本球。

Step2：　在 Material Shaders［材质着色器］卷展栏下的 Caustics and GI［焦散和GI］选项组中，单击 Photon［光子］右侧的贴图通道按钮，打开 Material/Map Browser［材质/贴图浏览器］对话框。

Step3：　在列表框中选择 Photon Basic (base)［光子基本（基础）］ 材质，如图 10-89 所示，然后单击 OK［确定］按钮，退出该对话框。

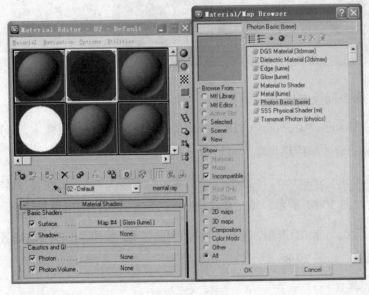

图 10-89

10.6.4.6　修改光子基本明暗器

Step1：　在 Photon Basic (base) Parameters［光子基本（基础）参数］卷展栏下，
单击 Transparency［透明度］右侧的颜色按钮，打开 Color Selector［颜
色选择器］对话框。

Step2：　在 Color Selector［颜色选择器］对话框中修改透明度的颜色，具体的 RGB
值如图 10-90 所示，然后单击 OK［确定］按钮，退出该对话框。

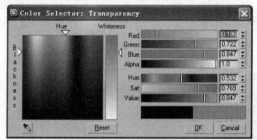

图 10-90

Step3：　单击 Diffuse［漫反射］右侧的颜色样本，打开 Color Selector［颜色选择
器］对话框。

Step4：　在 Color Selector［颜色选择器］对话框中修改漫反射颜色，具体的 RGB
值如图 10-91 所示，然后单击 OK［确定］按钮，退出该对话框。

Step5：　单击 Specular［高光反射］右侧的颜色按钮，打开 Color Selector［颜色
选择器］对话框。

Step6：　在 Color Selector［颜色选择器］对话框中修改高光反射的颜色，具体的
RGB 值如图 10-92 所示，然后单击 OK［确定］按钮，退出该对话框。

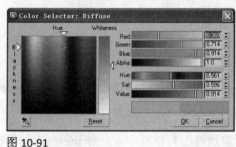

图 10-91　　　　　　　　　　　　　　　　　　　　图 10-92

10.6.4.7　打开焦散效果

Step1：　在 Material Editor［材质编辑器］窗口中，单击 按钮，返回材质的根
层级。

Step2: 在主工具栏中单击 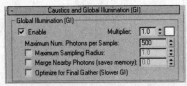 按钮，调出 Render Setup［渲染设置］窗口，进入 Indirect Illumination［间接照明］面板。

Step3: 在 Caustics and Global Illumination(GI)［焦散和全局照明（GI）］卷展栏下的 Global Illumination［全局照明］选项组中，选中 Enable［启用］复选框，如图 10-93 所示。

Step4: 在 Render Setup［渲染设置］窗口中，单击 Render［渲染］按钮，渲染当前视图。

Step5: 这时系统会弹出一个提示场景中没有产生焦散光子的对话框，如图 10-94 所示，单击［取消］按钮，取消当前的渲染任务。

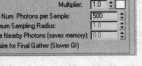

图 10-93

图 10-94

10.6.4.8 修改对象属性

Step1: 在 Camera01 视图中，选择"Tube01"对象，如图 10-95 所示。

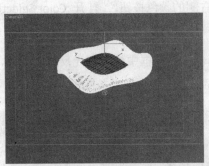

图 10-95

Step2: 右击 Camera01 视图，在弹出的四元菜单中选择 Object Properties［对象属性］命令，弹出 Object Properties［对象属性］对话框。

Step3: 在 Object Properties［对象属性］对话框中，选择 mental ray 面板。

Step4: 在 Caustics and Global Illumination(GI)［焦散和全局照明］选项组中，选中 Generate Caustics［生成焦散］复选框，如图 10-96 所示，然后单击 OK［确定］按钮，关闭该对话框。

Step5: 在主工具栏中单击 按钮，再次渲染 Camera01 视图，结果如图 10-97

所示。

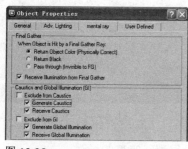

图 10-96

图 10-97

从图 10-97 中可以看到，场景中出现了微弱的焦散效果。

10.6.4.9 细致焦散效果

Step1： 在 Render Setup［渲染设置］窗口的 Caustics and Global Illumination(GI)
［焦散和全局照明（GI）］卷展栏下，修改 Light Properties［灯光属性］
选项组中 Average Caustics Photons per Light［每束光的平均焦散光子］
的值为 50000，如图 10-98 所示。

Step2： 在 Render Setup［渲染设置］窗口中，单击 Render［渲染］按钮，渲染
Camera01 视图，结果如图 10-99 所示。

图 10-98

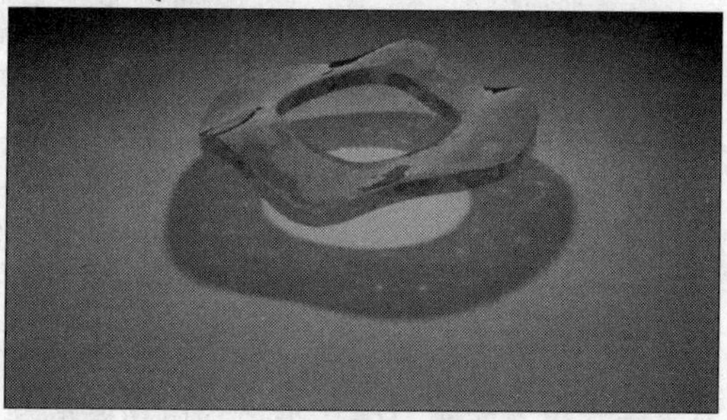

图 10-99

Step3： 在 Caustics and Global Illumination(GI)［焦散和全局照明（GI）］卷展栏
下，修改 Caustics［焦散］选项组中 Multiplier［倍增器］的值为 5，如
图 10-100 所示。

Step4： 在主工具栏中单击 👁 按钮，渲染 Camera01 视图，结果如图 10-101 所
示。

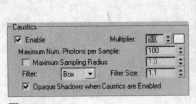

图 10-100   图 10-101

从图 10-101 中可以看到，焦散的效果得到了明显的增强。

Step5：在 Caustics［焦散］选项组中，选中 Maximum Sampling Radius［最大采样半径］复选框，并修改它的值为 0.8，如图 10-102 所示。

Step6：在主工具栏中单击 ⬚ 按钮，渲染 Camera01 视图，结果如图 10-103 所示。

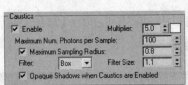

图 10-102   图 10-103

> 注意：Maximum Sampling Radius［最大采样半径］的值越小，焦散效果就越细致。

与反射焦散一样，对于折射焦散来说，也要把握好分寸，不能将效果制作得太夸张。在练习中，为了突出焦散的效果，可以将焦散的强度设置得比较高。但在实际工作中，如果焦散的效果太过夸张，会打乱作品本身的层次，会让场景看上去杂乱无序。另外，就是要让焦散尽量细致，没有细节的焦散一是不真实，二是会让你的作品变成"半成品"，如果是这样，加入焦散反而会成为作品中的败笔。

10.6.5 实例练习——mental ray的置换

置换效果可以表现出模型表面的凹凸质感，这一点与凹凸贴图的作用相似，但与凹凸贴图有本质的区别：使用凹凸贴图来表现模型表面的凹凸效果，只是明暗着色的变化所带来的视觉上的凹凸，模型本身不会发生任何变化；但是使用置换来制作这种凹凸效果，会对模型本身的网格产生影响，从而制作出真实的凹凸效果。

10.6.5.1　添加凹凸纹理

Step1：　打开本书配套光盘中提供的"displacement-f.max"文件，如图 10-104 所示。

Step2：　在主工具栏中单击 按钮，渲染 Camera01 视图，查看默认的渲染效果，如图 10-105 所示。

图 10-104

图 10-105

从图 10-105 中可以看到，球体的表面只是赋予了一个简单的细胞贴图，而表面是非常光滑的。

Step3：　在主工具栏中单击 按钮，打开 Material Editor［材质编辑器］窗口。

Step4：　在 Material Editor［材质编辑器］窗口的示例窗中，选择"ball"材质样本球，如图 10-106 所示。

Step5：　展开 Maps［贴图］卷展栏，拖动 Diffuse Color［漫反射颜色］右侧的贴图通道按钮，到 Bump［凹凸］贴图通道上按钮上释放。

Step6：　在弹出的克隆选项对话框中，选中 Instance［实例］单选按钮，如图 10-107 所示，然后单击 OK［确定］按钮，以实例的方式进行复制。

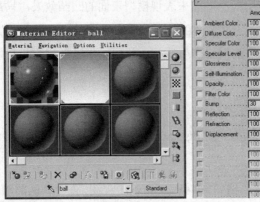

图 10-106   图 10-107

10.6.5.2　默认的凹凸效果

Step1：　在 Material Editor［材质编辑器］窗口的工具栏中，按住 [图标] 按钮，打开其下拉列表。

Step2：　在下拉列表中选择 [图标] 按钮，在视图中显示硬件贴图，结果如图 10-108 所示。

Step3：　在主工具栏中单击 [图标] 按钮，渲染 Camera01 视图，结果如图 10-109 所示。

图 10-108   图 10-109

　　　　从图 10-109 中可以看到，圆球体具有明显的高光效果，但是它的边缘处却很光滑，不符合实际的效果。下面就使用置换功能，为球体制作真实的凹凸效果。

10.6.5.3　使用 mental ray 的置换功能

Step1：　在主工具栏中单击 [图标] 按钮，打开 Material Editor［材质编辑器］窗口。

Step2: 在 Maps［贴图］卷展栏下，右击 Bump［凹凸］贴图通道，在弹出的快捷菜单中选择 Cut［剪切］命令，剪切该通道上的贴图，结果如图 10-110 所示。

Step3: 展开 mental ray Connection［mental ray 连接］卷展栏，在 Extended Shaders［扩展着色器］选项组中，单击 Displacement［置换］右侧的 🔒 按钮，解除置换的锁定，如图 10-111 所示。

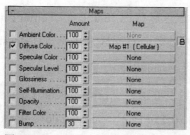

图 10-110

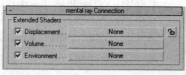

图 10-111

Step4: 单击 Displacement［置换］右侧的贴图通道按钮，打开 Material/Map Browser［材质/贴图浏览器］对话框。

Step5: 在列表框中选择 3D Displacement (3dsmax)［3D 置换（3dsmax）］贴图，如图 10-112 所示，单击 OK［确定］按钮。

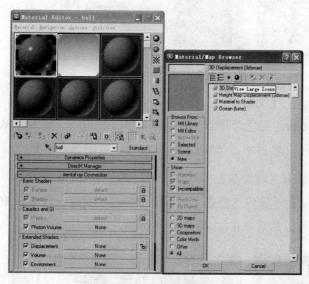

图 10-112

Step6: 在 3D Displacement (3dsmax) Parameters［3D 置换（3dsmax）参数］卷展栏下，右击 Extrusion Map［挤压贴图］右侧的通道按钮，在弹出的快捷菜单中选择 Paste(Copy)命令，将剪切下来的贴图复制到该通道中，如图 10-113 所示。

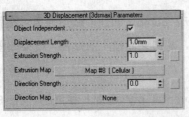

图 10-113

10.6.5.4 调整置换效果的强度

Step1： 在 Material Editor［材质编辑器］窗口的 3D Displacement (3dsmax) Parameters［3D 置换（3dsmax）参数］卷展栏下，单击 Extrusion Map［挤压贴图］右侧的通道按钮，进入细胞贴图层级。

Step2： 在 Cellular Parameters［细胞参数］卷展栏下，单击 Cell Color［细胞颜色］选项组中的颜色样本，如图 10-114 所示，打开 Color Selector［颜色选择器］对话框。

Step3： 在 Color Selector［颜色选择器］对话框中修改细胞的颜色，具体的 RGB 值如图 10-115 所示，然后单击 OK［确定］按钮，退出该对话框。

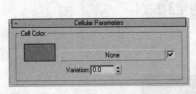

图 10-114

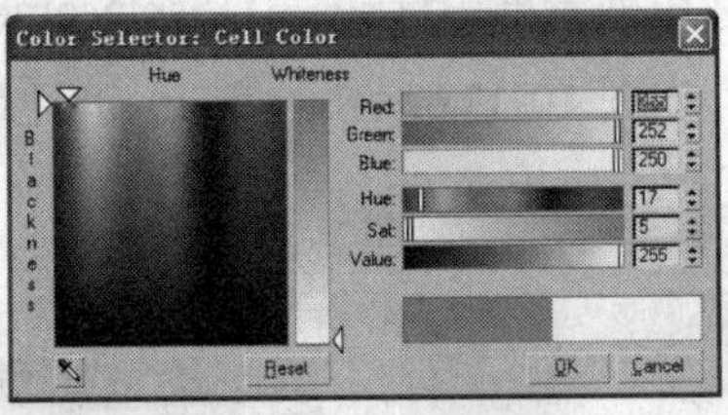

图 10-115

Step4： 在 Division Colors［间歇颜色］选项组中，单击第一个颜色样本，在打开的 Color Selector［颜色选择器］对话框中修改其颜色，具体的 RGB 值如图 10-116 所示，然后单击 OK［确定］按钮，退出该对话框。

Step5： 在 Division Colors［间歇颜色］选项组中，单击第二个颜色样本，在打开的 Color Selector［颜色选择器］对话框中修改其颜色，具体的 RGB 值如图 10-117 所示，然后单击 OK［确定］按钮，退出该对话框。

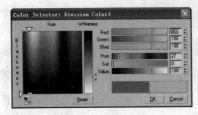

图 10-116

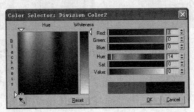

图 10-117

Step6：　在 Material Editor〔材质编辑器〕窗口中，单击 ⬛ 按钮，返回材质的上一层级。

Step7：　在主工具栏中单击 ⬛ 按钮，渲染 Camera01 视图，结果如图 10-118 所示。

图 10-118

在图 10-118 中可以看到，球体的表面有明显的凹凸效果，但是边缘处还是光滑的，不符合真实的效果。

Step8：　在 Material Editor〔材质编辑器〕窗口的 3D Displacement (3dsmax) Parameters〔3D 置换（3dsmax）参数〕卷展栏下，修改 Extrusion Strength〔挤压强度〕的值为 10，如图 10-119 所示。

Step9：　在主工具栏中单击 ⬛ 按钮，再次渲染 Camera01 视图，结果如图 10-120 所示。

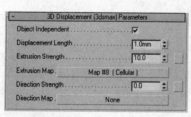

图 10-119

图 10-120

在这次的渲染结果中可以看到，球的模型发生了形体上的变化，得到了明显的置换效果。以上就是 mental ray 置换效果的制作方法，在这个过程中，先是使用凹凸贴图的方法来制作表面的这种凹凸效果，然后再使用 mental ray 的 3D Displacement (3dsmax)〔3D 置换（3dsmax）〕明暗器来制作凹凸效果，两种方法得到的结果形成鲜明的对比。

10.6.6 实例练习——mental ray代理对象

mental ray 的代理对象是在 3ds Max 2009 中新添加的一种对象类型,使用这种代理对象,可以将场景中的一些重复对象使用点对象来代替,节省视图中多边形的计算量,但是在渲染中,代理对象是可以渲染为实体的。下面就来学习其操作方法。

10.6.6.1 创建代理对象

Step1: 打开本书配套光盘中提供的场景文件"MR-p.max",如图 10-121 所示。

图 10-121

Step2: 在 Create[创建] 面板中,打开创建类型的下拉列表,选择 mental ray 选项,如图 10-122 所示。

Step3: 在 Object Type[对象类型] 卷展栏下,单击 mr Proxy[mr 代理对象] 按钮,如图 10-123 所示。

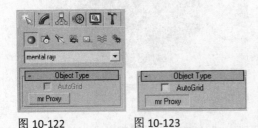

图 10-122   图 10-123

Step4: 在 Perspective[透视] 视图中,创建一个"mrProxy01"对象,如图 10-124 所示。

Step5: 确认"mrProxy01"对象处于被选择状态,在主工具栏中单击 ✥ 按钮,将该对象移至如图 10-125 所示的位置。

图 10-124

图 10-125

10.6.6.2 设置单帧代理

Step1： 确认"mrProxy01"对象处于被选择状态，在命令面板中单击 按钮，进入 Modify［修改］面板。

Step2： 在 Parameters［参数］卷展栏下的 Source Object［源对象］选项组中，单击 None［无］按钮，如图 10-126 所示。

Step3： 在 Perspective［透视］视图中，单击茶壶对象，拾取该对象，这时在 Parameters［参数］卷展栏下，会看到茶壶的名称出现 Source Object［源对象］选项组中的按钮上，如图 10-127 所示。

图 10-126   图 10-127

Step4： 在 Source Object［源对象］选项组中，单击 Write Object to File 按钮，弹出 Write mr Proxy file 对话框。

Step5： 在 Write mr Proxy file 对话框中，设置文件的名称为 001，如图 10-128 所示，然后单击［保存］按钮。

图 10-128

Step6： 在弹出的 mr Proxy Creation 对话框中，保持默认设置不变，如图 10-129 所示。

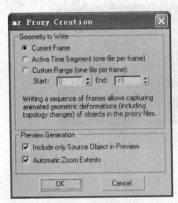

图 10-129

Step7: 单击 OK［确定］按钮，这时会将茶壶当前帧的状态调入到代理对象中，如图 10-130 所示。

Step8: 在 Parameters［参数］卷展栏下的 Display［显示］选项组中，修改 Viewport Verts 的值为 212，如图 10-131 所示。

图 10-130   图 10-131

Step9: 确认"mrProxy01"对象处于被选择状态，在主工具栏中单击 █ 按钮，沿着 Z 轴方向对所选择的对象进行缩放，结果如图 10-132 所示。

Step10: 在主工具栏中单击 ◉ 按钮，渲染当前视图，结果如图 10-133 所示。

图 10-132   图 10-133

从图 10-133 中可以看到，代理对象也被渲染出来了。

10.6.6.3　动态代理

Step1：　确认"mrProxy01"对象处于被选择状态，按下 Delete 键，删除该对象。

Step2：　在 Create[创建]面板的 Object Type[对象类型]卷展栏下，单击 mr Proxy 按钮，如图 10-134 所示。

Step3：　在 Perspective[透视]视图中，创建一个"mrProxy01"对象，如图 10-135 所示。

图 10-134　　　　　图 10-135

Step4：　确认"mrProxy01"对象处于被选择状态，在命令面板中单击  按钮，进入 Modify[修改]面板。

Step5：　在 Parameters[参数]卷展栏下的 Source Object[源对象]选项组中，单击 None[无]按钮，然后在 Perspective[透视]视图中单击茶壶对象，拾取该对象。

Step6：　在 Source Object[源对象]选项组中，单击 Write Object to File 按钮，在弹出的 Write mr Proxy file 对话框中，设置文件的名称为"002"，如图 10-136 所示，然后单击[保存]按钮。

Step7：　在弹出的 mr Proxy Creation 对话框中，选中 Custom Range（One file per frame）单选按钮，并修改 End[结束]的值为 30，如图 10-137 所示，然后单击 OK[确定]按钮，这时可以在 Creating Proxy 窗口中看到写入的过程，如图 10-138 所示。

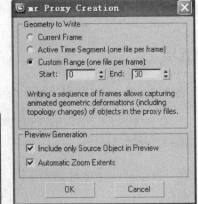

图 10-136   图 10-137

Step8:　在 Parameters[参数]卷展栏下的 Display[显示]选项组中，修改 Viewport Verts 的值为 300，如图 10-139 所示。

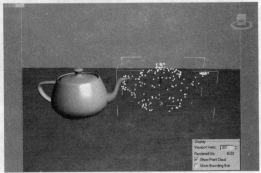

图 10-138   图 10-139

Step9:　在轨迹栏中，移动时间滑块，这时可以在 Perspective［透视］视图中看到，代理对象随着圆对象的运动而产生同样的运动。

要创建一个代理对象，场景中必须存在这个代理对象的源对象。代理对象不仅可以保存对象的形态，还可以将对象的运动信息一起保存下来。

Chapter 11 骨骼系统

11.1 轴面板

Pivot〔轴〕就像对象的自用轴轴心，主要功能有：在旋转和缩放时，对象的轴心点即为相应变化的中心点；作为父对象与子对象链接的中心点，子对象将针对轴心点进行变换操作；决定反向运动的链接坐标中心，专用于 IK 反向运动的变换操作。层次命令面板中 Pivot〔轴〕的界面如图 11-1 所示。

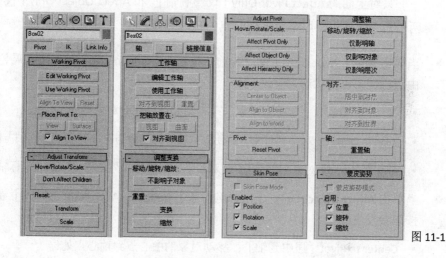

图 11-1

11.1.1 Adjust Pivot〔调整轴〕卷展栏

在 Adjust Pivot〔调整轴〕卷展栏中，可以调整对象轴点的位置和方向。调整对象的轴点不会影响链接到该对象的任何子对象。

■ **Move/Rotate/Scale〔移动/旋转/缩放〕选项组**

❖ **Affect Pivot Only〔仅影响轴〕**：按下时只对被选择对象的轴心点进行修改，这时使用移动和旋转工具能够改变对象轴心点的位置和方向，但不会改变对象的位置，也不会对它的子对象有影响。缩放变换对轴心点是没有影响的。

❖ **Affect Object Only〔仅影响对象〕**：按下时只对被选择对象产生变换影响，并不影响其轴心点和子对象。例如，使用移动和旋转工具可以以轴心点为坐标，调节对象的位置和方向。

❖ Affect Hierarchy Only [仅影响层级]：适用于旋转和缩放变换，对选定父对象和子对象间的链接进行变化。缩放变换影响父子对象之间的距离对（距离缩放），而不对父子对象本身缩放。旋转变换只旋转父子对象之间的链接，父对象的轴心点不旋转，即保持父子对象的方向不变。该选项对骨骼系统是没有效果的。

> 提示：在主工具栏上的 Align [对齐]、Normal Align [法线对齐] 和 Align to View [对齐到视图] 命令受到这 3 个选项的影响，根据选项的不同将有不同的对齐效果。

■ **Alignment [对齐] 选项组**

只对上面的 Affect Pivot Only [仅影响轴] 和 Affect Object Only [仅影响对象] 两个命令起作用，用于对象轴心点的自动对齐。

❖ 当单击 Affect Pivot Only [仅影响轴] 按钮时，Alignment [对齐] 卷展栏中的按钮由灰色变为可用状态。

• Center to Object [居中到对象]：将轴心点移动到对象的中心。

• Align to Object [对齐到对象]：使对象轴心点旋转与对象的变换坐标轴方向对齐。

• Align to World [对齐到世界]：使对象轴心点旋转并与世界坐标系的坐标轴方向对齐。

❖ 当单击 Affect Object Only [仅影响对象] 按钮时，Alignment [对齐] 卷展栏中的按钮会发生改变。

• Center to Pivot [居中到轴]：移动对象的中心点到轴心点处。

• Align to Pivot [对齐到轴心点]：旋转对象本身，使它的变换坐标轴向与轴心点方向对齐。

• Align to World [对齐到世界]：旋转对象本身，使它的变换坐标轴向与世界坐标系的坐标轴方向对齐。

❖ Pivot [轴] 选项组中的 Reset Pivot [重置轴] 按钮用于将对象的轴心点恢复到创建时的初始状态。

[示例 17] 调整轴的方法

Step1：运行 3ds Max 程序。

Step2：在 Create [创建] 面板的 Object Type [对象类型] 卷展栏下，单击 Box [长方体] 按钮，然后在 Perspective [透视] 视图中创建一个长方体，结果如图 11-2 所示。

Step3： 在命令面板中，单击 按钮，进入 Hierarchy［层级］面板，此时，Pivot ［轴］面板默认处于被激活的状态，如图 11-3 所示。

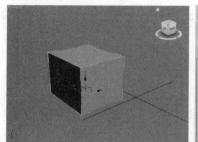

图 11-2 图 11-3

Step4： 在 Adjust Pivot［调整轴］卷展栏下的 Move/Rotate/Scale［移动/旋转/缩放］选项组中，单击 Affect Pivot Only［仅影响轴］按钮，场景中将显示长方体模型的轴，如图 11-4 所示。

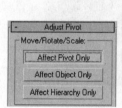

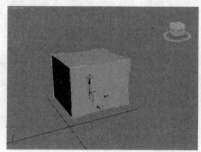

图 11-4

Step5： 使用移动工具，移动长方体模型的轴，结果如图 11-5 所示。

Step6： 再次单击 Affect Pivot Only［仅影响轴］按钮，可以发现，与图 11-2 相比，对象的坐标轴发生了变化，如图 11-6 所示。

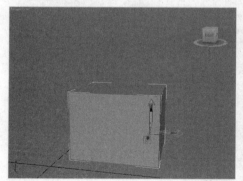

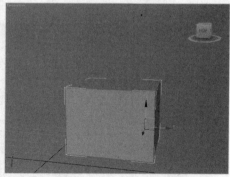

图 11-5 图 11-6

> 提示：同样的道理，使用旋转工具可以调整对象坐标轴的方向。

Step7: 在 Adjust Pivot［调整轴］卷展栏下的 Move/Rotate/Scale［移动/旋转/缩放］选项组中，单击 Affect Object Only［仅影响对象］按钮，如图 11-7 所示。

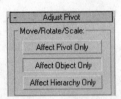
图 11-7

Step8: 使用移动工具移动模型，此时可以发现，只有对象被移动，而轴的位置没有发生改变，如图 11-8 所示。

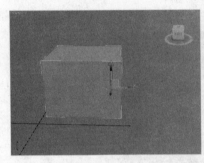

图 11-8

Step9: 在 Adjust Pivot［调整轴］卷展栏下的 Move/Rotate/Scale［移动/旋转/缩放］选项组中，单击 Affect Pivot Only［仅影响轴］按钮。

Step10: 在 Alignment［对齐］选项组中，单击 Center to Object［居中到对象］按钮，此时，可以看到轴心点自动对齐到对象的中心了，如图 11-9 所示。

图 11-9

Step11：再次单击 Affect Pivot Only［仅影响轴］按钮，关闭轴的显示。

11.1.2　Working Pivot［工作轴］卷展栏

在 3ds Max 2009 中，用户可以使用工作轴点来代替对象自身的轴点，这样可以在不改变对象自身轴点的基础上，让对象使用另外一个临时轴点来工作。这样，在对对象进行变换操作时更加灵活。Working Pivot［工作轴］卷展栏的参数界面如图 11-10 所示。

图 11-10

❖ Edit Working Pivot［编辑工作轴］：单击这个按钮，可以在视口中放置工作轴点的位置。

❖ Use Working Pivot［使用工作轴］：单击这个按钮，对象的任何变换操作都将以工作轴为基点进行。

❖ Align To View［对齐到视图］：只有在按下 Edit Working Pivot［编辑工作轴］按钮后，该按钮才为可用状态。单击这个按钮，对象的工作轴会自动与当前活动视图相匹配。

❖ Reset［重置］：只有在按下 Edit Working Pivot［编辑工作轴］按钮后，该按钮才为可用状态。单击这个按钮，对象的工作轴会自动恢复到对象自身的轴点上。

> 提示：在使用 Working Pivot［工作轴］方式的时候，3ds Max 的 Reference Coordinate System［参考坐标系］会自动发生变化，改变为 Working［工作方式］。

■ Place Pivot To［把轴放置在］选项组

只有在按下 Edit Working Pivot［编辑工作轴］按钮后，该选项组中的选项才为可用状态。使用这个选项组中的选项，可以通过鼠标的单击来直接创建轴在视图中的位置。

❖ View [视图]：单击这个按钮，可以在活动视图中单击鼠标创建工作轴点的位置，但这个位置只是限制在活动视图中的 X、Y 平面上，不会改变它的深度。

❖ Surface [曲面]：单击这个按钮，可以将轴点的位置限制在对象的表面上，如果不限制在任何对象的表面，轴点会自动限制在当前视图的 X、Y 平面上。

❖ Align To View [对齐到视图]：选中这个复选框后，在设置轴点的位置时，会自动与当前的视图进行匹配，默认为选中状态。

11.1.3 Adjust Transform [调整变换] 卷展栏

Adjust Transform [调整变换] 卷展栏用来控制父对象在不影响子对象的情况下，单独变换父对象和它的轴心点。

❖ Don't Affect Children [不影响子对象]：单击该按钮时，只对选定的父对象进行变换操作，不会影响到它的子对象。

❖ Transform [变换]：用来使对象的局部坐标系与世界坐标系相匹配，它只应用于选定的对象，对子对象没有影响。

❖ Scale [缩放]：重新设定不等比缩放的缩放值。不等比缩放会对继承这种缩放的子对象产生不希望出现的问题，用户可使用 Scale [缩放] 按钮重新设定它的值加以校正。

[示例 18] 调整变换的方法

Step1: 继续 [示例 17] 的练习，在命令面板中单击 🖎 标签，进入 Create [创建] 面板。

Step2: 在 Object Type [对象类型] 卷展栏下，单击 Box [长方体] 按钮，在场景中再次创建一个长方体，如图 11-11 所示。

图 11-11

Step3: 在主工具栏中，单击 ▦ 按钮，然后用鼠标按住新创建出的长方体对象，此时鼠标指针处会出现一条极细的白色线条。

Step4: 将鼠标指针拖动到第一个长方体上后释放，当该对象出现短暂的高亮显示时，表示已经成功地将新建的长方体链接到第一个长方体上了。

> 注意：链接的次序是将子对象链接到父对象上，因此要注意选择对象的先后顺序。链接成功后，对父对象的操作同时会影响到子对象，如图 11-12 所示。

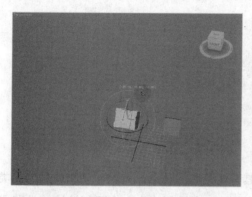
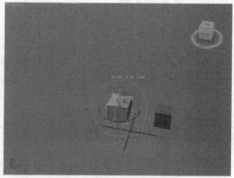

图 11-12

Step5: 在命令面板中，单击 ▦ 按钮，进入 Hierarchy［层级］面板。

Step6: 在 Adjust Transform［调整变换］卷展栏下，单击 Don't Affect Children［不影响子对象］按钮，此时再对父对象进行旋转操作可以发现，子对象并不随着发生变化，如图 11-13 所示。

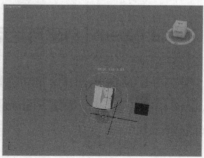

图 11-13

11.1.4 Skin Pose［蒙皮姿势］卷展栏

Skin Pose［蒙皮姿势］卷展栏是在 3ds Max 2008 版时加入的，主要用来控制复制/粘贴角色系统的设定，界面如图 11-14 所示。

图 11-14

❖ Skin Pose Mode［蒙皮姿势模式］：为角色设置蒙皮姿势，允许修改蒙皮姿势。选中时，对模型的修改只影响蒙皮姿势，不会影响动画效果；关闭时，结构返回到当前帧姿势。

❖ Position［位置］：角色的位置。

❖ Rotation［旋转］：角色的旋转。

❖ Scale［缩放］：角色的缩放。

11.2 Biped 系统

Biped［两足动物］模型是具有两条腿的体形：人类、动物或是幻想类角色。两足动物是一个为动画而设计的骨架，它被创建为一个互相链接的骨骼层次。两足动物骨骼具有即时动画的特性。就像人类一样，两足动物被特意设计成直立行走，当然，也可以使用两足动物来创建多条腿的生物。为与人类躯体的关节运动相匹配，两足动物骨骼的关节运动受到了一些限制，例如，膝关节只能沿单轴旋转，且旋转角度有一定的范围限制。另外，两足动物骨骼层次的父对象是两足动物的重心，它默认的名称为 Bipe01。

11.2.1 Create Biped［创建两足动物］卷展栏

要在 3ds Max 中创建两足动物骨架非常简单，在命令面板中选择 Create＞Systems＞Biped［创建＞系统＞Biped］，在任意视图中单击鼠标左键并拖动鼠标，即可创建一个 Biped 骨架。

在创建两足动物骨架的过程中，可以更改两足动物基本结构的默认设置，因为默认设置是针对人类的，所以可以通过增加"颈部链接"或者"尾部链接"来来使骨架具有非人类的形体特性。此时，命令面板上将显示 Create Biped［创建 Biped］卷展栏，如图 11-15 所示。在该卷展栏中，可以设置骨骼的基本参数。

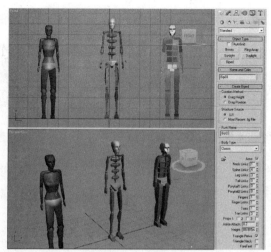

图 11-15

- **Creation Method [创建方式] 选项组**

　　Creation Method［创建方式］选项组界面如图 11-16 所示。

图 11-16

❖ **Drag Height [拖动高度]**：在视口中用鼠标拖曳确定两足动物的高度。

❖ **Drag Position [拖动位置]**：在视口中用鼠标拖曳确定两足动物的位置。

- **Structure Source [结构源] 选项组**

　　Structure Source［结构源］选项组的界面如图 11-17 所示。

图 11-17

❖ **U/I [U/I]**：表示根据面板下的参数创建两足动物。

❖ **Most Recent .fig File [最近的.fig 文件]**：按照上次设置好的文件创建两足动物。

- **Root Name [根名称] 选项组**

　　Root Name［根名称］选项组用于显示或更改当前两足动物的根名称，界面如图 11-18 所示。

图 11-18

■ **Body Type [躯干类型] 选项组**

在下拉列表中设置两足动物在视口中的显示类型，界面如图 11-19 所示。

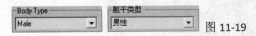 图 11-19

❖ Skeleton [骨骼]：骨骼形体类型提供能自然适应网格蒙皮的真实骨骼。

❖ Male [男性]：男性形体类型基于基本男性比例提供轮廓造型。

❖ Female [女性]：男性形体类型基于基本女性比例提供轮廓造型。

❖ Classic [标准]：与 Character Studio 旧版本中的两足动物对象相同。

■ **Structure [结构] 选项组**

Structure [结构] 选项组界面如图 11-20 所示。

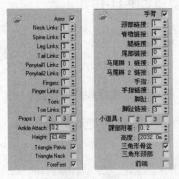 图 11-20

❖ Arms [手臂]：若选中该复选框后，可以为当前两足动物生成手臂。

❖ Neck Links [颈部链接]：设置两足动物颈部的链接块数，取值范围为 1～25。

❖ Spine Links [脊椎链接]：设置两足动物脊椎的链接块数，取值范围为 1～10。

❖ Leg Links [腿链接]：设置两足动物腿部的链接块数，取值范围为 3~4。

❖ Tail Links [尾部链接]：设置两足动物尾部的链接块数，0 表示没有尾部，取值范围为 0～25。

❖ Ponytail 1/2 Links [马尾辫 1/2 链接]：设置马尾辫 1/2 链接块数，取值范围为 0～25。

> 提示：可以利用 Ponytail [马尾辫] 来制作头发动画。把马尾辫链接到角色头部，可以用来制作其他附件动画，例如帽子。在体形模式中，重新定位并使用马尾辫来实现角色下颌、耳朵、鼻子或任何其他随着头部一起移动的部位的动画，例如胡子。另外，马尾辫使用旋转变换来定位。

❖ Fingers［手指］：设置两足动物的手指数量，取值范围为 1～5。

❖ Finger Links［手指链接］：设置两足动物手指的关节数量，取值范围为 1～3。

❖ Toes［脚趾］：设置两足动物的脚趾数量，取值范围为 1～5。

❖ Toes Links［脚趾链接］：设置两足动物脚趾的关节数量，取值范围为 1～3。

❖ Props：l/2/3［小道具:1/2/3］：小道具的主要作用是用来表现链接到两足动物肢体关节上的工具或武器的动画，最多可以打开 3 个小道具。

❖ Ankle Attach［踝部附着］：决定踝部的粘贴点（即踝部位置是在脚跟还是在脚尖），取值范围为 0～1，0 表示踝部位置在脚跟，1 表示踝部位置在脚尖，如图 11-21 所示。

图 11-21

❖ Height［高度］：设置当前两足动物骨架的整体高度。

❖ Triangle Pelvis［三角形骨盆］：当使用 Physique［体格］修改器时，三角形骨盆可以建立从大腿到最低脊椎对象的链接，通常腿部是链接到两足动物骨盆对象上的。三角形骨盆可以为网格变形创建更自然的样条线。

❖ Triangle Neck［三角形颈部］：与 Triangle Pelvis［三角形骨盆］类似，在锁骨建立三角形的链接，产生更加真实的网格变形。

❖ ForeFeet［前端］：可以在旋转手部的时候不影响身体的位置，常用于四足动物。

■ Twist Links［扭曲链接］选项组

Twist Links［扭曲链接］选项中的参数可以为主要肢体的转动创建自然的扭曲，使骨骼对角色的网格模型驱动变得更加平滑、自然，效果如图 11-22 所示。Twist Links［扭曲链接］选项组的界面如图 11-23 所示。

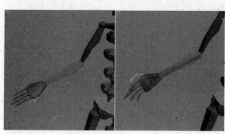

图 11-22　　　　　　　　　　　图 11-23

❖ Twists［扭曲］：当选中该复选框时，表示使用扭曲链接。

❖ Upper Arm［上臂］：设置上臂扭曲链接的数量，默认设置为 0，取值范围为 0～10。

❖ Forearm［前臂］：设置前臂扭曲链接的数量，默认设置为 0，取值范围为 0～10。

❖ Thigh［大腿］：设置大腿扭曲链接的数量，默认设置为 0，取值范围为 0～10。

❖ Calf［小腿］：设置小腿扭曲链接的数量，默认设置为 0，取值范围为 0～10。

❖ Horse Link［脚架链接］：设置脚架链接中扭曲链接的数量，默认设置为 0，取值范围为 0～10。

提示：必须先把 Leg Links［腿链接］的值修改为 4，启用"腿链接"后，如图 11-24 所示，才可以设置 Horse Link［脚架链接］。

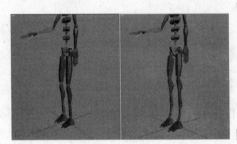

图 11-24

■ **Xtra 选项组**

在创建 Biped 系统时，在 Create Biped［创建 Biped］卷展栏中，新增加了 Xtra 选项组。在这个选项组中，可以为 Biped 系统添加额外的尾部骨骼对象，并可以将它放置在 Biped 的任意位置上，效果如图 11-25 所示。Xtra 选项组的界面如图 11-26 所示。

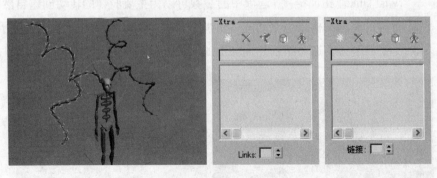

图 11-25   图 11-26

❖ ▨ Create Xtra［创建附加物］：单击该按钮，可以为骨骼系统新建一个尾巴。

❖ ☒ Delete Xtra［删除附加物］：单击该按钮，可以将列表中高亮显示的尾巴对象删除。

❖ ⚒ Create Opposite Xtra［创建对称附加物］：单击这个按钮，可以将列表中高亮显示的 Xtra 对象在 Biped 的另一边镜像复制一份。

❖ ⬙ Synch Selection［同步选择］：按下这个按钮后，在列表中选择任一 Xtra 对象的同时，也会在场景中选中该对象。

❖ 🏃 Select Symmetrical［选择对称］：按下这个按钮后，在列表中选择某一 Xtra 对象，它的对称对象也会被同时选择。

❖ Links［链接］：在这里设置尾巴的节数，默认为 1。

❖ Pick Parent［选择父对象］：选择 Xtra 对象后，按下这个按钮，可以直接在视窗中单击 Biped 系统上的任意骨骼，作为 Xtra 对象的父对象，同时它的名称也会出现在该按钮的左侧。

❖ Reorient to Parent［匹配到父对象］：勾选这个选项后，在为 Xtra 选择父对象时，Xtra 会自动移动到父对象上，否则 Xtra 的位置保持不变，默认为勾选状态。

> 注意：Biped［两足动物］的骨架创建完成后，一旦单击鼠标右键结束了创建状态，就不能在创建面板中继续修改 Biped［两足动物］的结构了。如果在创建完骨架后还需要修改结构，则需要进入 Motion［运动］面板，在 Biped 卷展栏下单击 🏃 按钮，显示 Structure［结构］卷展栏。该卷展栏的界面和参数与创建 Biped［两足动物］时，创建面板的 Create Biped［创建两足动物］卷展栏完全相同。修改 Structure［结构］卷展栏下的选项和参数，也可以改变骨架的形状和结构。下面继续介绍 Biped［两足动物］位于 Motion［运动］面板中其他的卷展栏。

11.2.2　Assign Controller［指定控制器］卷展栏

在运动面板的顶部，单击 Parameters［参数］按钮，可以找到该卷展栏（默认设置）。当在场景中为对象设定了动画以后，默认的动画参数将被指定一个动画控制器，用来存储和管理动画关键点的值。在 Assign Controller［指定控制器］卷展栏中，可以为动画的参数设定多个控制器，改变默认分配的控制器。Assign Controller［指定控制器］卷展栏如图 11-27 所示。

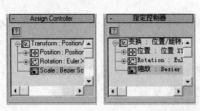

图 11-27

为了给对象动画参数分配一个控制器,在场景中选定对象,打开 Motion [运动] 面板的 Assign Controller [指定控制器] 卷展栏,选择一个默认的控制器,单击分配控制器按钮 ![?] ,弹出如图 11-28 所示的 Assign Position Controller [指定位置控制器] 对话框,该对话框中列出了当前对象可以使用的所有控制器。

图 11-28

11.2.3　Biped Apps [两足动物应用程序] 卷展栏

在 Biped Apps [两足动物应用程序] 卷展栏中,提供了编辑两足动物运动的工具。

❖ Mixer [混合器] :打开 Motion Mixer [运动混合器] ,可以在其中设置动画文件的层,以便定制两足动物运动。

❖ Workbench [工作台] :打开 Animation Workbench [动画工作台] ,可以在其中分析并调整两足动物的运动曲线。

11.2.4　Biped [两足动物] 卷展栏

使用 Biped [两足动物] 卷展栏中的控件,可以使两足动物分别处于"体形"、"足迹"、"运动流"或"混合器"模式,还可以加载和保存 .bip、.stp、.mfe 和.fig

文件。Biped 卷展栏的界面如图 11-29 所示。

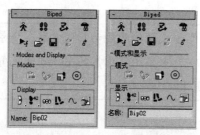

图 11-29

❖   Figure Mode［体形模式］：使用体形模式，可以使两足动物的骨骼适合角色的模型。使用体形模式，不仅可以缩放链接模型的两足动物，而且可以在应用 Physique［体格］修改器后使两足动物"匹配"网格模型，并可以纠正需要更改全局姿势的运动文件中的姿势。

> 提示：在 3ds Max 中，可以对 Biped 的头部进行位置的改变，但前提是要在 Figure Mode［体形模式］下，如图 11-30 所示。当打开体形模式时，两足动物从其动画位置跳转到体形模式姿态，通常为创建两足动物骨架的初始状态。当退出体形模式时会再次返回到动画状态。

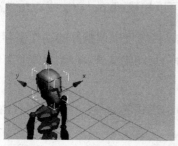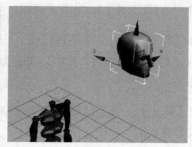

图 11-30

❖   Footstep Mode［足迹模式］：创建和编辑足迹。生成走动、跑动或跳跃足迹模式，编辑空间内的选定足迹，以及使用可用的参数附加足迹。

❖   Motion Flow Mode［运动流模式］：创建脚本并使用可编辑的变换，将.bip 文件组合起来，以便在运动流模式下创建角色动画。

> 提示：创建脚本并编辑变换后，可以使用 Biped［两足动物］卷展栏中的"保存段落"将脚本存储为一个.bip 文件，然后再保存 .mfe 文件。这样做可以继续执行正在进行的"运动流"工作。

❖   Mixer Mode［混合器模式］：激活 Biped［两足动物］卷展栏中当前的所有混合器动画，并显示"混合器"卷展栏。

❖   Biped Playback［Biped 重播］：重播两足动物的动画。通常，在这种重放模式下，可以实现实时重放。如果使用 3ds Max 工具栏中的"播放"按钮，可能不会实现实时重放。

> 提示：在播放时，场景中将仅以线形方式显示两足动物的骨骼，场景中的其他对象都不会被显示出来。在图 11-31 中显示了正常的 Biped 角色骨架，当处于"Biped 播放"时，将显示为图 11-32 的形式。

图 11-31   图 11-32

❖   Load File［加载文件］：单击该按钮，可以加载*.bip、*.fig 或*.stp 文件。

❖   Save File［保存文件］：单击该按钮，可以将场景中调整好的动作保存为*.BIP、*.fig 和*.stp 三种格式的文件。其中，*.bip 为两足动物文件、*.fig 为体形文件、*.stp 为步长文件。

❖   Convert［转化］：将足迹动画转换成自由形式的动画，也可以将自由形式的动画转换成足迹动画。

❖   Move All Mode［移动所有模式］：单击此按钮，可以移动和旋转两足动物及其相关动画。如果此按钮处于活动状态，则两足动物的重心会放大，平移时更容易。

■ **Modes and Display［模式和显示］选项组**

        Modes and Display［模式和显示］选项组默认情况下处于隐藏状态，需单击前面的+号将其展开，如图 11-33 所示。

   图 11-33

对 Mode［模式］选项组的各选项含义说明如下。

❖   Buffer Mode［缓冲区模式］：在 Footstep Mode［足迹模式］下，将场景中的足迹和相关的足迹关键帧复制到缓冲区。

> 提示：只有在场景中选择足迹，单击 Copy Footsteps［复制足迹］按钮后，该按钮才处于激活状态。单击该按钮可以查看和编辑复制的动画。

❖   Rubber Band Mode［橡皮圈模式］：此按钮只能在 Figure Mode［体形模式］下才可以被激活，利用它可以重新定位两足动物的肘部和膝盖，而无须移动两足动物的手部和脚，也可以更改两足动物的重心。一般用来模拟两足动物受风力或推力的影响。

> 提示：如果将重心摆放得过于靠前，角色会不自然地补偿平衡。这样每走一步，腿和身体都会以一种笨拙的方式移动，好像角色前面有一个看不见的重物附加到角色身上一样。在图 11-34 中，表现了重心移到两足动物身后骨架的情形；在图 11-35 中，表现了重心移到两足动物前方骨架的情形。

图 11-34   图 11-35

❖   Scale Stride Mode［缩放步幅模式］：在此模式下，视口中的脚印会随着两足动物步幅的改变而随时改变，这样就可以和新步幅相匹配。默认状态下是开启的，再次单击显示为 ，表示关闭状态。

❖ In Place Mode［原地模式］：单击该按钮，视口中的两足动物显示为原地运动。在该模式下，可以编辑两足动物的关键点，或使用 Physique［体格］修改器调整封套，两足动物的重心将只沿着 Z 轴运动，不在 XY 水平面运动。

❖ In Place X Mode［原地 X 模式］：在该模式下，可以编辑两足动物的关键点，或使用 Physique［体格］修改器调整封套，两足动物的重心将只沿着 X 轴运动，而不在 YZ 平面运动。

❖ In Place Y Mode［原地 Y 模式］：在此模式下，可以编辑两足动物的关键点，或使用 Physique［体格］修改器调整封套，两足动物的重心将只沿着 Y 轴运动，而不在 XZ 平面运动。

　　Display［显示］选项组如图 11-36 所示，下面对其中的各项选项含义进行说明。

 图 11-36

❖ Objects［对象］：该项表示在视口中将两足动物显示为对象方式。

❖ Bones［骨骼］：该项表示在视口中将两组动物显示为骨骼方式。

❖ Bones/Objects［骨骼/对象］：该项表示在视口中将两足动物显示为对象加骨骼的方式。

> 提示：图 11-37 ~ 图 11-39 依次表示的是 Objects［对象］、Bones［骨骼］、Objects/Bones［骨骼/对象］显示方式。

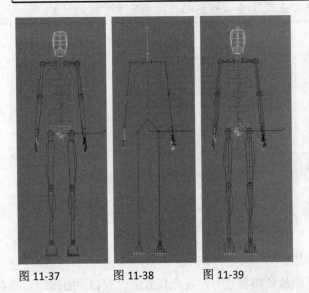

图 11-37　　　　图 11-38　　　　图 11-39

❖ Show Footsteps and Numbers［显示足迹和编号］：在视口中显示两足动物的足迹和足迹的数量。

❖ Show Footsteps［显示足迹］：只显示两足动物的足迹，不显示足迹的数量。

❖ Hide Footsteps［隐藏足迹］：隐藏视口中的足迹和足迹数量。

❖ Twist Links［扭曲链接］：单击该按钮，可以显示两足动物中使用的扭曲链接，反之，则不显示。

❖ Leg States［腿部状态］：单击该按钮，在视口中将显示脚步所处的 Move［移动］、

Slide［滑动］、Plant［踩踏］关键帧状态，如图 11-40 所示。

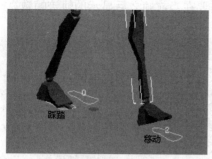

图 11-40

❖ Trajectories［轨迹］：单击该按钮，可以显示选定两足动物肢体的运动轨迹。

❖ Preferences［首选项］：单击该按钮，将打开 Display Preferences［显示首选项］对话框，如图 11-41 所示。该对话框中的参数主要用于设置两足动物的 Trajectories［轨迹］、Footsteps［足迹］，以及播放时两足动物在视口的显示状态。

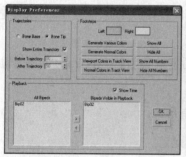
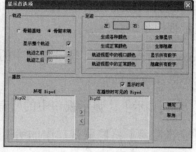

图 11-41

■ Trajectories［轨迹］选项组

❖ Bone Base［骨骼基础］：显示当前选择骨骼顶部的运动轨迹。

❖ Bone Tip［骨骼末端］：显示当前选择骨骼底部的运动轨迹。两种不同的显示结果如图 11-42 所示。

图 11-42

❖ Show Entire Trajectory［显示整个轨迹］：显示所有动画帧轨迹。

❖ Before Trajectory［轨迹之前］：设置需要在当前帧之前显示的轨迹帧数。

❖ After Trajectory［轨迹之后］：设置需要在当前帧之后显示的轨迹帧数。

■ **Footsteps［足迹］选项组**

❖ Left［左］：设置左脚足迹的颜色。单击该选项旁的颜色样例，弹出 Color Selector ［颜色选择器］对话框，这样就可以设置左脚足迹的颜色了。

❖ Right［右］：设置右脚足迹的颜色。单击该选项旁的颜色样例，弹出 Color Selector ［颜色选择器］对话框，这样就可以设置右脚足迹的颜色。

❖ Generate Various Colors［生成各种颜色］：选择此项，则弹出是否要为左脚和右脚足迹使用不同颜色的对话框，单击［是］按钮，就可以为视口中生成的足迹设置各种颜色。当视口中有多个两足动物时，可以使用该选项。

❖ Generate Normal Colors［生成正常颜色］：将右脚足迹颜色更改为蓝色，左脚足迹颜色更改为绿色，这是默认的颜色。此选项一般应用于视口中的所有两足动物。

❖ Viewport Colors in Track View［轨迹视图中的视口颜色］：在 Track View［轨迹视图］中显示视口足迹颜色。

❖ Normal Colors in Track View［轨迹视图中的正常颜色］：在 Track View［轨迹视图］中显示正常的足迹颜色。

❖ Show All［全部显示］：显示视口中的所有足迹。

❖ Hide All［全部隐藏］：隐藏视口中的所有足迹。

❖ Show All Numbers［显示所有数字］：在视口中显示所有足迹数目。

❖ Hide All Numbers［隐藏所有数字］：在视口中隐藏所有足迹数目。

■ **Play Back［播放］选项组**

在 Biped 卷展栏下选择"Biped 重播"时，Play Back［播放］选项组就可以控制能回放的两足动物的数目。

❖ Show Time［显示时间］：若回放时，勾选该项，则可以在视口中显示帧数。

❖ All Biped［所有 Biped］：列出场景中的所有两足动物。在窗口中选择一个两足动物名称并单击右箭头将它移至右边的列表中，那么当回放时，它就是可见的。

❖ Biped Visible in Playback［在播放时可见的 Biped］：表示列出回放过程中可见的两足动物。选择一个两足动物名称并单击左箭头，可以将其从列表中排除。

11.2.5 Track Selection［轨迹选择］卷展栏

Track Selection［轨迹选择］卷展栏提供了操纵两足动物重心（COM）的专门工具。改变重心位置和方向会影响整个两足动物，这是设置两足动物的姿态并对其进行动画的重要组成部分。Track Selection［轨迹选择］卷展栏的界面如图 11-43所示。

图 11-43

❖ Body Horizontal［躯干水平］：单击该按钮，就可以选择两足动物的重心，让两足动物在水平方向上运动。

❖ Body Vertical［躯干垂直］：单击该按钮，就可以选择两足动物的重心，让两足动物在垂直方向上运动。

❖ Body Rotation［躯干旋转］：单击该按钮，就可以选择两足动物的重心，让两足动物做旋转运动。

❖ Lock COM Keying［锁定 COM 关键点］：单击该按钮，就能够同时选择多个 COM轨迹，并且将轨迹存储在内存中。

❖ Symmetrical Tracks［对称］：若选择两足动物任意一侧的骨骼，单击该按钮，可以同时选择此骨骼对称方向上的骨骼。

❖ Opposite［相反］：若选择两足动物任意一侧的骨骼，单击该按钮，将选择此骨骼对称方向上的骨骼。

11.2.6 Quaternion/Euler［四元数/Euler］卷展栏

Quaternion/Euler［四元数/Euler］卷展栏包含在两足动物动画上 Euler 或四元数控制器之间切换的选项。这些选项提供在"曲线编辑器"中控制动画的另一种方式。Quaternion/Euler［四元数/Euler］卷展栏的界面如图 11-44 所示。

图 11-44

❖ Quaternion［四元数］：将选定的两足动物动画转换为四元数旋转。

❖ Euler［Euler］：将选定的两足动物动画转换为 Euler 旋转。

❖ Axis Order［轴顺序］：此项用来设置计算 Euler 旋转曲线时的顺序。仅在 Euler 处于活动状态时才可用。默认设置为 XYZ。

11.2.7 Twist Poses［扭曲姿势］卷展栏

Twist Poses［扭曲姿势］卷展栏下的参数主要用于创建并编辑两足动物肢体的扭曲姿态。Twist Poses［扭曲姿势］卷展栏的界面如图 11-45 所示。

图 11-45

❖ ⬅ Previous Key / ➡ Next Key［上一个关键点/下一个关键点］：用于选择列表中的上一个或下一个扭曲姿态。

❖ Twist［扭曲］：用于设置当前选择肢体的扭曲链接的扭曲旋转数量（以度为单位）。注意改变 Twist［扭曲］值，把当前肢体的方向自动重设为活动的扭曲姿态。

❖ Bias［偏移］：用于沿扭曲链接设置旋转分布。设置为 1 表示将扭曲偏向顶部链接集中，设置为 0 表示将使扭曲偏向底部链接集中。默认设置是 0.5，这时的旋转将均匀地分布在链接中。

❖ Add［添加］：根据当前设置的肢体的方向创建一个新的扭曲姿态。

❖ Set［设置］：使用当前 Twist［扭曲］和 Bias［偏移］的设置值来更新活动扭曲姿态。

❖ Delete［删除］：删除当前列表中的扭曲姿态。

❖ Default［默认］：用系统默认的 5 个预设姿态替换所有具有 3 种自由度的肢体的扭曲姿态。

11.2.8 Bend Links［弯曲链接］卷展栏

Bend Links［弯曲链接］卷展栏下的参数主要用来使 Biped 下相互链接的骨骼模拟自然的弯曲，这就极大地方便了模拟骨骼的运动，其界面如图 11-46 所示。

图 11-46

❖ Bend Links Mode［弯曲链接模式］：该模式用于在不选择所有链接的情况下，对单一选择的链接进行弯曲，并且可以将弯曲影响施加到其他链接上。

❖ Twist Links Mode［扭曲链接模式］：此模式与 Bend Links Mode［弯曲链接模式］很相似，该模式可以将沿局部 X 轴的旋转应用于选定的链接和增量，该增量在其余整个链中均等地递增，在其他两个轴的链接中，同样也可以保持上述的关系。

❖ Twist Individual Mode［扭曲个别模式］：此模式与 Bend Links Mode［弯曲链接模式］很相似，该模式允许选定的链链接沿局部 X 轴进行旋转，而不会影响其父链接或子链接。因此，该链可以保持不变，而单个链接将被调整。

❖ Smooth Twist Mode［平滑扭曲模式］：该模式考虑沿链的第一个和最后一个链接的局部 X 轴的方向旋转，以便分布其他链接的旋转，这将导致每个链链接之间的平滑旋转。

❖ Zero Twist［零扭曲］：单击该按钮，则可以根据选择链的父链接的当前方向，沿局部 X 轴将每个链链接的旋转重置为 0，但不会更改链的当前形状。

❖ Zero All［所有归零］：该项表示根据选择链的父链接的当前方向，沿所有轴将每个链链接的旋转重置为 0。这将调整链的当前形状，使其与两足动物平行。

❖ Smoothing Bias［平滑偏移］：该项用来设置旋转分布，取值范围为 0～1。值为 0 表示将偏向链的第一个链接，而值为 1 表示将偏向链的最后一个链接。

11.2.9　Key Info［关键点信息］卷展栏

Key Info［关键点信息］卷展栏的界面如图 11-47 所示。

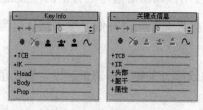

图 11-47

❖ ◀ Previous Key / ▶ Next Key［上一个关键点/下一个关键点］：向前或向后查找选定两足动物骨骼部位的上一关键点或下一关键点，中间的字段显示关键点编号，右边的时间用来精确指定关键帧。

❖ Set Key［设置关键点］：设置 Biped［两足动物］的动画关键点，能在不更新运动的情况下试验不同的两足动物姿势，直到做出理想的动作姿势为止。

❖ Delete Key［删除关键点］：删除选中骨骼当前帧的关键帧。

❖ Set Planted Key［设置踩踏关键点］：设置两足动物和地面接触的关键帧，可以理解为对骨骼进行了 IK 的限制。这时下面的 IK 选项组下的 IK Blend［IK 混合］值为 1，并选取了 Join To Previous Key［连接到上一个 IK 关键点］的两足动物关键点。

❖ Set Sliding Key［设置滑动关键点］：设置两足动物的滑动关键帧，可以理解为移动了 IK 限制的脚步。这时下面的 IK 选项组下的 IK Blend［IK 混合］值仍为 1，但取消了对 Join To Previous Key［连接到上一个 IK 关键点］的勾选。

❖ Set Free Key［设置自由关键点］：设置两足动物的自由关键帧。这时下面的 IK 组选项下的 IK Blend［IK 混合］值为 0，Join To Previous Key［连接到上一个 IK 关键点］为未勾选状态。

❖ Trajectories［轨迹］：显示或隐藏选择骨骼的运动轨迹。

■ TCB［TCB］选项组

TCB 选项组下的参数主要是用来调整已经存在的关键点中的缓和曲线与轨迹的，其界面如图 11-48 所示。

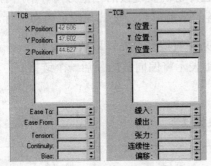

图 11-48

❖ X/Y/Z Position［X/Y/Z 位置］：表示使用微调器对选定的骨骼的位置进行重新设置。

❖ Ease To［缓入］：用于当动画曲线接近关键帧时降低速度。默认值为 0，即不放慢速度，提高该值可降低速度。

❖ Ease From［缓出］：用于当动画曲线离开关键帧时降低速度。默认值为 0，即不放慢速度，提高该值可降低速度。

❖ Tension［张力］：控制动画曲线的弯曲程度。提高该值将产生直线，它的功能和 Ease To［缓入］、Ease From［缓出］相似，使动画曲线在接近和离开关键帧时会轻微降低速度；降低该值将产生曲线，它的功能和 Ease To［缓入］、Ease From［缓出］相反，使动画曲线在接近和离开关键帧时会轻微提高速度。

❖ Continuity［连续性］：控制关键帧处动画曲线的切线属性。默认状态下，动画曲线在关键帧处为平滑的动画曲线。提高和降低该值都将产生不连续的动画曲线，会导致动画突变。高连续性值在关键点两侧会产生下凹的拐点，低连续性值会产生线性动画曲线。

❖ Bias［偏移］：控制动画曲线偏离关键点的方向。提高和降低该值则会产生靠近关键帧的较直的曲线和离开关键帧的非常弯曲的曲线。

■ IK［IK］选项组

IK 选项组下的参数主要是用来确定"正向运动学"和"反向运动学"是如何进行混合的，以便添加一个中间的位置，其界面如图 11-49 所示。

图 11-49

❖ IK Blend［IK 混合］：确定正向运动学和反向运动学是如何进行混和并创建插值。

> 提示：FK［正向运动学］好比是使用手臂来移动手，而 IK［反向运动学］好比是使用手来移动手臂。当两足动物的手臂或腿（手和脚）关键点为当前关键点时，IK Blend［IK 混合］会被激活。

❖ Ankle Tension［脚踝张力］：用于调整膝关节和踝关节的优先级顺序。值为 0 时，膝关节先动；值为 1 时，踝关节先动。

❖ Select Pivot［选择轴］：用于选择两足动物的手和脚要进行旋转的坐标轴点。坐标轴点在线框方式下可以被显示出来。选择轴点后，关闭 Select Pivot［选择轴］按钮即可旋转手或脚。

❖ Join to Prev IK Key［连接到上一个 IK 关键点］：若选中此复选框，则可以把两足动物放到前一个关键帧的坐标空间中；取消选中时，可以把两足动物的脚放到一个新的参考位置。

❖ Body［躯干］：将两足动物肢体放置到两足动物坐标系空间。

❖ Object［对象］：将两足动物肢体放置到选定的 IK 对象坐标系空间。

❖ Select IK Object［选择 IK 对象］：如果 IK 混合值为 1，单击此按钮可在视口中选择两足动物的手或脚要追随的对象，那么选定对象的名称则会显示在按钮旁边。

■ Head［头部］选项组

Head［头部］选项组主要是为角色要注视的目标定义目标对象，其界面如图 11-50 所示。

图 11-50

❖ Target Blend［目标混合］：确定现有两足动物的头部动画和目标的混合程度。若
设置值为 1.0，头部将直接注视目标物体；若设置值为 0.5，将使头部混合其一半
的现有动画注视的目标物体；若设置值为 0.0，将使头部忽略目标物体，维持其现
有动画。

❖ Select Look At Target［选择注视目标］：单击此按钮，为头部朝向指定一个目标对
象。

■ Body［主体］选项组

　　Body［主体］选项组中的参数主要用于设置两足动物的重心，Character Studio
根据重力加速度和脚步间的时间，通过计算两足动物在空中的运动轨迹，自动计
算出两足角色触地时的膝盖弯曲程度，并自动调节两足动物的平衡。界面如图
11-51 所示。

图 11-51

❖ Balance Factor［平衡因子］：设置两足动物沿着从重心到头部的连线上的权重的
分布。

> 提示：例如，创建一个角色从坐姿转换到行走运动，可以在 0（角色受椅子
> 支撑，用于坐关键点）和 1（角色骨盆移动以维持平衡，用于站关键点）之
> 间来改变两足动物的平衡。

❖ Dynamics Blend［动力学混合］：用于选择"形体垂直"轨迹(重心垂直轨迹)，并
控制在悬空阶段、奔跑或跳跃运动中的重力。该参数对足迹重叠的行走运动没有
影响。

❖ Ballistic Tension［弹道张力］：用于选择"形体垂直"轨迹(COM)，并控制两足动
物着陆，或从跳跃或奔跑中起步时的弹力或张力，变化是微妙的。行走循环不会
激活此值。两足动物需悬空，然后"抬起"和"接触"垂直关键点会显示"弹道
张力"值。

■ Prop［属性］选项组

　　Prop［属性］选项组中的参数的作用是在当前帧为世界坐标、身体、右手和

左手的位置和旋转的坐标空间设置中充当参考。界面如图 11-52 所示。

图 11-52

❖ Position Space [位置空间]：此项主要将道具的位置空间设置到世界坐标、身体、右手或左手上面。

❖ Rotation Space [旋转空间]：此项主要将道具的旋转空间设置到世界坐标、身体、右手或左手上面。

11.2.10　Keyframing Tools [关键帧工具] 卷展栏

Keyframing Tools [关键帧工具] 卷展栏上的工具主要用来清除两足动物或已选择部位上的动画，为两足动物动画制作镜像，促使颈部在形体空间内转动，而不是在父空间内转动。另外，还可以弯曲选定水平关键点周围的水平重心轨迹。Keyframing Tools [关键帧工具] 卷展栏的界面如图 11-53 所示。

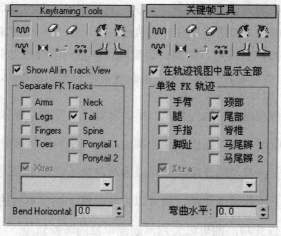

图 11-53

❖ Enable Subanims [启用子动画]：用于启用两足动物子动画。

❖ Manipulate Subanims [操纵子动画]：用于修改两足动物子动画。

❖ Clear Selected Tracks [清除选定轨迹]：用于清除当前选择的两足动物骨骼对象轨迹上所有的关键帧。

❖ Clear All Animation [清除所有动画]：将当前两足动物所有的动画关键帧删除。

❖ Mirror [镜像]：用于为当前的整个两足动物动画制作镜像的运动，原两足动物的运动将改变成镜像方向的运动。

❖ Set Parents Node［设置父对象模式］：单击该按钮，对一个肢体设置关键帧后，对其所有的父对象也设置了关键帧。此按钮在勾选了下面的"单独 FK 轨迹"选项组下的肢体对象后才可以被使用。

❖ Set Mulpitle Keys［设置多个关键点］：使用过滤器选择关键点或将转动增量应用于选择的关键点时，使用此选项可以更改"轨迹视图"中的周期运动关键点。单击该按钮，弹出 Biped Multiple Keys［Biped 多个关键点］对话框。

❖ Anchor Right Arm/Left Arm/Right Leg/Right Leg［锚定右臂/左臂/右腿/左腿］：用于临时固定左右手和腿的位置和方向。

> 提示：锚定的另一种方法就是使用"关键点信息"卷展栏上的"设置踩踏关键点"。使用"设置踩踏关键点"时，将肢体定位到上一个 IK 关键点。

❖ Show All in Track View［在轨迹视图中显示全部］：勾选此项时，表示显示轨迹视图"设置关键帧"中选项的所有曲线。

■ Separate FK Tracks［单独 FK 轨迹］组

默认设置下，Character Studio 将手指、手、前臂、上臂关键点保存在"锁骨"轨迹中，脚趾、脚和小腿关键点保存在"大腿"轨迹中。大部分情况下，关键点优化存储的方法都很成功。如果需要额外的轨迹，可以在"单独 FK 轨迹"选项组下指定两足动物身体部位的轨迹。例如，如果制作手指到手伸展动画，那么打开"手臂"；如果删除手臂关键点，它将不会影响到手指到手关键点。

❖ Arms［手臂］：勾选该项时，可以为手指、手、前臂和上臂建立单独的转换轨迹。

❖ Legs［腿］：勾选该项时，可以创建单独的脚趾、脚和小腿的转换轨迹。

❖ Ponytail 1［马尾辫 1］：若勾选此项，则可以为马尾辫 1 创建单独的转换轨迹。

❖ Ponytail 2［马尾辫 2］：若勾选此项，则可以为马尾辫 2 创建单独的转换轨迹。

❖ Neck［颈部］：若勾选此项，则可以为颈部创建单独的转换轨迹。

❖ Tail［尾部］：若勾选此项，则可以为尾部创建单独的转换轨迹。

❖ Spine［脊椎］：若勾选此项，则可以为脊椎创建单独的转换轨迹。

❖ Bend Horizontal［弯曲水平］：围绕一个选择的水平关键帧弯曲水平重心轨迹，它和移动关键帧是有区别的。

11.2.11　Copy / Paste［复制/粘贴］卷展栏

Copy / Paste［复制/粘贴］卷展栏上的参数允许对两足动物某个部位的"姿态"、"姿势"或"轨迹"信息进行复制，然后将它们粘贴到两足动物的另一部位，或将一个两足动物的这些信息复制粘贴给另外一个两足动物。界面如图 11-54 所示。

图 11-54

❖　Create Collection［创建集合］：创建一个新的集合。

❖　Load Collections［加载集合］：加载一个 *.cpy 文件。

❖　Save Collection［保存集合］：将当前所有复制的两足动物姿势、姿态和轨迹信息保存为 *.cpy 文件。

❖　Delete Collections［删除集合］：从场景中删除当前的集合。

❖　Delete All Collections［删除所有集合］：从场景中删除所有的集合。

❖　Max Load Preferences［Max 加载首选项］：弹出 Max File Loading［加载 Max 文件］对话框，如图 11-55 所示，在这里可以对加载后的 3ds Max 文件进行设置。

图 11-55

❖　Keep Existing Collections［保留现有收藏］：勾选此项，表示在加载文件时覆盖复制/粘贴缓冲区里的内容。默认为取消勾选。

❖　Load Collections［加载收藏］：勾选此项，表示将文件加载到复制/粘贴缓冲区里。默认为勾选。

■　**Posture［姿态模式］选项组**

Posture［姿态模式］的效果如图 11-56 所示。Posture［姿态模式］选项组中的参数主要用于复制和粘贴两足动物的身体部位的信息，界面如图 11-57 所示。

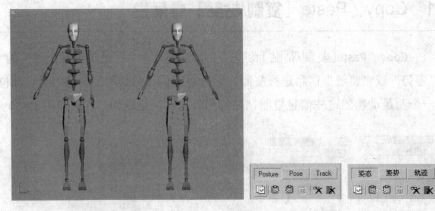

图 11-56   图 11-57

❖ Copy Posture ［复制姿态］：复制选择的两足动物骨骼姿势，并将其保存在一个新的姿态缓冲区中。

❖ Paste Posture ［粘贴姿态］：将当前缓冲区的姿态粘贴给两足动物。

❖ Paste Posture Opposite ［粘贴相反姿态］：将当前缓冲区的姿态粘贴到与选中的两足动物骨骼相对称的骨骼上。

❖ Delete Selected ［删除选定］：删除当前缓冲区的姿态。

❖ Delete All ［删除所有］：将缓冲区中所有的姿态删除。

■ **Pose ［姿势模式］选项组**

Pose ［姿势模式］效果如图 11-58 所示。Pose[姿势模式]选项组中的参数主要用于复制和粘贴整个两足动物的信息。Pose ［姿势模式］选项组的界面如图 11-59 所示。

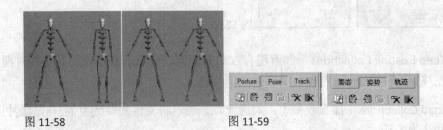

图 11-58   图 11-59

❖ Copy Pose ［复制姿势］：复制当前两足动物的姿势，并将其保存在新的姿势缓冲区中。

❖ Paste Pose ［粘贴姿势］：将当前缓冲区的姿势粘贴到选择的两足动物上。

❖ Paste Pose Opposite［粘贴相反姿势］：将当前缓冲区的姿势粘贴到选中的两足动物骨骼相对称的骨骼上。

■ Track［轨迹模式］选项组

Track［轨迹模式］效果如图 11-60 所示。Track［轨迹模式］选项组中的参数主要用于复制和粘贴选择的两足动物身体部位的轨迹信息。界面如图 11-61 所示。

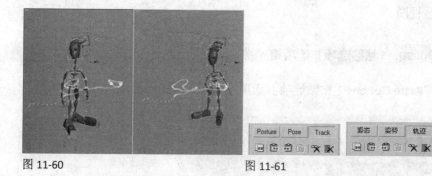

图 11-60   图 11-61

❖ Copy Track［复制轨迹］：复制选定两足动物对象的轨迹，并创建一个新的轨迹缓冲区。

❖ Paste Track［粘贴轨迹］：将当前缓冲区中的一个或多个轨迹粘贴到选择的两足动物骨骼中。

❖ Paste Track Opposite［粘贴相反轨迹］：将当前缓冲区中的一个或多个轨迹粘贴到所选择骨骼相对称的骨骼中。

■ Copied Postures/Poses/Tracks［复制的姿态/姿势/轨迹］选项组

姿势/姿态/轨迹中复制的信息都将显示在下面的缩略缓冲视图中，这样就可以更加直观地了解复制的信息，如图 11-62 所示。

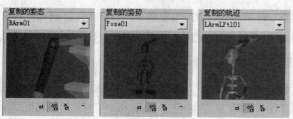

图 11-62

❖ Thumbnail buffer view［缩略图缓冲区视图］：对于"姿势"和"轨迹"模式，显示在活动复制缓冲区中两足动物部位的图解视图。对于"姿态"模式，显示一个整体两足动物的图解视图。它可以帮助用户预览粘贴活动缓冲区后的效果。

❖ Capture Snapshot from viewport［从视口中捕捉快照］：单击该命令按钮，缩略图缓冲区视图将显示两足动物激活的 2D 或 3D 视口的快照。

❖ Capture Snapshot Automatically［自动捕捉快照］：单击该命令按钮，缩略图缓冲区视图将显示两足动物相互独立身体部位的前视图快照。

❖ No Snapshot［无快照］：单击该命令按钮，缩略图缓冲区视图不显示快照。

❖ Show/Hide Snapshot［显示/隐藏快照］：该命令按钮用来切换是否显示缩略图缓冲区视图。

■ **Paste Options［粘贴选项］选项组**

Paste Options［粘贴选项］选项组如图 11-63 所示。

图 11-63

❖ Paste Horizontal/Vertical/Rotation［粘贴水平/垂直/旋转］：打开该项后，在下次执行粘贴操作时会粘贴 COM 的躯干水平、躯干垂直或躯干旋转数据。

❖ By Velocity［由速度］：勾选此项，表示将基于场景的上一个 COM 轨迹决定当前活动的 COM 轨迹的值。但只有在// 按钮处于活动状态时才可以启用该选项。

❖ Auto-Key TCB / IK Values［自动关键点 TCB/IK 值］：该组下的选项只有在启用了 Auto-Key［自动关键点］选项时才会处于激活状态。

❖ Default［默认值］：选择后，当在"关键点信息"卷展栏下设置关键点时，缓入和缓出值将为 0，张力、连续性和偏移值将为 25。这些设置与复制的内容或粘贴的位置无关。

❖ Copied［复制］：选择后，表示将 TCB/IK 值设置为与复制的数据相匹配的值。若复制的姿态或姿势不在关键点上，则 TCB/IK 值将基于从前面的关键点到后面的关键点之间的插值来进行设置。

❖ Interpolated［插补］：选择后，表示将 TCB 值设置为进行粘贴的动画插值。若正在粘贴现有关键点，则将保持现在的 TCB 值。沿着相同的行，在粘贴时还将保持现有的 IK 值。如果不存在关键点，则会在前后关键点之间的时间内，为当前位置设置 IK 值。

11.2.12 Layers［层］卷展栏

使用"层"卷展栏中的参数可以在原两足动物动画上添加动画层。这是对角色动画进行全局更改的有效方法。例如，向一个跑步循环添加一个层，在任何一帧旋转脊椎，把循环跑变成蹲伏跑。原有的两足动物的动画保持完好，并且可以切换回原来动画层查看。界面如图 11-64 所示。

图 11-64

❖ Previous Layer［上一层］：移动到上一个层。

❖ Next Layer［下一层］：移动到下一个层。

❖ Level［级别］：显示当前层级名称。

❖ Active［活动］：打开或关闭选择的层。

❖ Name Field［为层命名］：为当前选择的层命名一个新名。

❖ Create Layer［创建层］：创建新层。

❖ Delete Layer［删除层］：删除当前层。

❖ Collapse［塌陷］：将所有层的动画塌陷。

❖ Snap Set Key［捕捉和设置关键点］：将当前层选择骨骼的位置以原始层的骨骼位置创建一个关键点。

❖ Activate Only Me［只激活我］：只观看当前选择层的动画。

❖ Activate All［全部激活］：观看全部层的动画。

❖ Visible Before［之前可视］：设置前层的序号，设置层将显示为彩色线条图。

❖ Visible After［之后可视］：设置后层的序号，设置层将显示为彩色线条图。

❖ Key Highlight［高亮显示关键点］：若勾选该项，线条在关键帧处会高亮显示，方便观察动画。

■ Retargeting [正在重定位] 选项组

Retargeting [正在重定位] 选项组中，可以在层间设置两足动物的动画，同时保持基础层的 IK 约束；也可以选择使用场景中其他的两足动物，作为两足动物重新定位的手部和足部的参考。

❖ Biped's Base Layer [Biped 的基础层]：勾选该选项，表示将所选两足动物的原始层上的 IK 约束作为重新定位参考。

❖ Reference Biped [参考 Biped]：勾选该选项，表示在 Select Reference Biped [选择参考 Biped] 按钮旁边的两足动物的名称将作为重新定位参考。

❖ Select Reference Biped [选择参考 Biped]：选择一个两足动物作为当前选择两足动物的重新定位参考。

❖ Retarget Left Arm [重定位左臂]：单击该按钮，两足动物的左臂将使用基础层的 IK 约束。

❖ Retarget Right Arm [重定位右臂]：单击该按钮，两足动物的右臂将使用基础层的 IK 约束。

❖ Retarget Left Leg [重定位左腿]：单击该按钮，两足动物的左腿将使用基础层的 IK 约束。

❖ Retarget Right Leg [重定位右腿]：单击该按钮，两足动物的右腿将使用基础层的 IK 约束。

❖ Update [更新]：根据重新定位的方法（基础层或参考两足动物）、活动的重新定位身体部位和"仅 IK"选项，为每个设置的关键点计算选定两足动物的手部和腿部位置。

❖ IK Only [仅 IK]：若勾选此项，表示仅在那些受 IK 控制的帧间才重新定位两足动物受约束的手部和足部。

11.2.13 Motion Capture [运动捕捉] 卷展栏

运动捕捉是从执行各种操作的活动角色获得运动数据的方法。通过放置在角色关节和末端处的传感器捕捉（检索）运动数据。3ds Max 并不提供运动捕捉功能，但它能够接受运动捕捉数据，可将该数据导入两足动物，并原样使用，或与采用运动流或运动混合器的其他运动相结合。Motion Capture [运动捕捉] 效果如图 11-65 所示。该卷展栏的界面如图 11-66 所示。

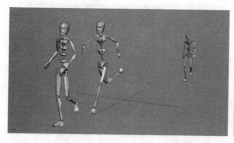

图 11-65   图 11-66

在运动面板中，"运动捕获"卷展栏上的工具通常用来处理原始运动捕获数据。用户可以使用"加载运动捕获文件"来加载标准的 BIP 文件。如果要循环运动，就可能需要这样做。该卷展栏包含具有以下用途的工具：

• 进行运动捕获文件的批处理转换。

• 转换运动捕获缓冲区中存储的运动捕获文件。

• 将一帧运动捕获数据从内存粘贴到选定的两足动物肢体上。

• 以线型轮廓图显示原始运动捕获数据。

• 显示原始运动捕获轨迹。

❖ Load Motion Capture File［加载运动捕捉文件］：加载已经存在的运动捕捉文件，可加载的文件类型包括*.blp、*.csm、*.bvh 三种格式。

❖ Convert From Buffer［从缓冲区转化］：当对导入的运动捕捉数据文件的处理不满意时，可以对最后加载的运动捕获数据进行重新过滤。

❖ Paste From Buffer［从缓冲区粘贴］：导入一个运动捕捉文件后，可能会因为损失了关键帧而丢失了某些细微的运动细节，这时可以将缓冲区中保存的原始运动捕获数据粘贴到两足动物的选中部位的当前帧位置上，以恢复丢失的关键帧。

❖ Show Buffer［显示缓冲区］：将原始运动捕获数据在视口中以红色线框的方式显示出来，如图 11-67 所示。该命令主要用来对比过滤后的运动捕获数据和未过滤的运动捕获数据的区别，方便观察和调整运动捕获数据。

❖ Show Buffer Trajectory［显示缓冲区轨迹］：表示在视口中用黄色线框的方式显示当前选择的两足动物的运动轨迹，如图 11-68 所示。

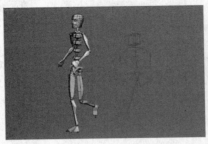

图 11-67   图 11-68

❖   Batch File Conversion［批处理文件转化］：把一个或多个 *.csm 或 *.bvh 运动捕获文件转换为过滤后的 *.bip 文件，单击该按钮打开 Motion Capture Batch File Conversion［运动捕捉批处理文件转化］对话框，如图 11-69 所示。

图 11-69

- Source File Selection［选择源文件］：选择要转换的运动捕获文件。

- Destination Directory［目标目录］：指定过滤后文件的保存目录。

- Specify Conversion Parameters Once［一次指定转化参数］：对所有的文件指定转换参数。

- Specify Conversion Parameters For Each File［指定每个文件的转化参数］：单独为每一个文件指定转换参数。

❖   Talent Figure［特征体形模式］：在加载了一个原始标记文件后，单击此按钮可以缩放两足动物，调节完后可再次单击以关闭它。

❖   Save Talent Figure Structure［保存特征体形结构］：在 Talent Figure［特征体形］模式下改变了两足角色的体形结构后，可以在此处对更改后的两足体形进行保存。

❖   Adjust Talent Pose［调整特征姿势］：在加载一个原始标记文件后，单击此按钮可相对于标记修正两足动物的位置。

❖   Save Talent Pose Adjustment［保存特征姿势调整］：用于对调整后的特征姿势进行保存。

❖   Load Marker Name File［加载标记名称文件］：用于加载标记名称文件 *.mnm，将运动捕获文件 *.bvh 或 *.csm 中的输入标记名称映射到 Character Studio 标记命名转换中。

❖   Show Markers［显示标记］：用于在视口中显示两足动物标记，如图 11-70 所示。单击该按钮打开 Maker Display［标记显示］对话框。

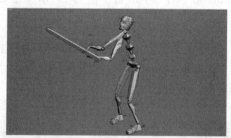

图 11-70

- Show Recognized Markers［显示识别的标记］：若勾选此选项，表示在视口中将显示两足动物的显示标记。

- on selected objects［在选定的对象上］：若勾选此选项，表示在视口中只显示当前选择骨骼的显示标记。

- on all objects［在所有对象上］：若勾选此选项，表示在视口中显示两足动物的所有骨骼的显示标记。

- Show Prop Markers［显示属性标记］：在视口中显示两足动物道具骨骼的标记。

- Show Unrecognized Markers［显示不识别的标记］：在视口中显示 Character Studio 不能识别的标记。

11.2.14　Dynamics & Adaptation［动力学和调整］卷展栏

　　Dynamics & Adaptation［动力学和调整］卷展栏中的选项可以用来修改足迹关键点的重力强度、动力学属性、两足动物可用的变换轨迹数，以及防止关键点调整。　Dynamics & Adaptation［动力学和调整］卷展栏的界面如图 11-71 所示。

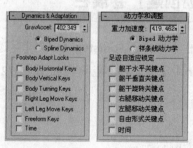

图 11-71

❖ GravAccel［重力加速度］：此参数用于模拟地球表面上的牛顿重力，默认值一般是精确模拟了地球表面的牛顿重力。举例来说，当两足动物处于跳跃状态时，将此值设为 0.01，两足动物仍然跳跃，但几乎不离开地面。

❖ Biped Dynamics［Biped 动力学］：表示根据 Biped 动力学创建新的重心关键点。所有新建的重心关键点的 Dynamics Blend［动力学混合］值为 1，水平重心关键点的 Balance Factor［平衡因子］值为 1。

❖ Spline Dynamics［样条线动力学］：此项表示完全由样条线插值建立新的重心关键点，所有新建的垂直重心关键点的 Dynamics Blend[动力学混合］值为 0，水平重心关键点的 Balance Factor［平衡因子］值为 0。

■ Foot Adapt Locks［足迹自适应锁定］选项组

❖ Foot step Horizontal Keys［躯干水平关键点］：若在空间中编辑脚步时，勾选此选项，则可以防止身体水平关键帧被改变。

❖ Body Vertical Keys［躯干垂直关键点］：若在空间中编辑脚步时，勾选此选项，则可以防止身体垂直关键帧被改变。

❖ Body Turning Keys［躯干旋转关键点］：若在空间中编辑脚步时，勾选此选项，则可以防止身体旋转关键帧被改变。

❖ Right Leg Move Keys［右腿移动关键点］：若在空间中编辑脚步时，勾选此选项，则可以防止右腿移动关键帧被改变。

❖ Left Leg Move Keys［左腿移动关键点］：若在空间中编辑脚步时，勾选此选项，则可以防止左腿移动关键帧被改变。

❖ Free form Keys［自由形式关键点］：若勾选此选项，则可以防止脚步动画中的一个自由动画阶段被改变。

❖ Time［时间］：假如脚步周期在 Track View［轨迹视图］中被改变，那么打开 Time［时间］，可以防止上身关键帧被改变。

11.2.15 Footstep Creation［足迹创建］卷展栏

只有在 Biped［两足动物］卷展栏下选择了 Footstep Mode［足迹模式］后，才会显示该卷展栏，Footstep Creation［足迹创建］卷展栏如图 11-72 所示。

图 11-72

❖ ⬛ Create Footsteps(append)［创建足迹（附加）］：创建足迹后，单击该按钮，可继续创建附加的足迹。

❖ 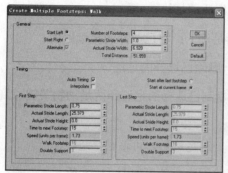 Create Footsteps (insert at current frame)［创建足迹（在当前帧上插入）］：单击该按钮后，单击鼠标，可在当前帧上创建足迹。

❖ 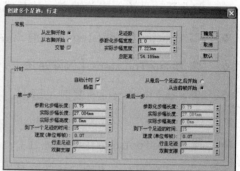 Create Multiple Footsteps［创建多个足迹］：选定行走、跑动或跳跃模式后，可创建出一系列足迹。对于每种足迹参数的不同调整设置，可在单击该按钮后弹出的 Create Mutiple Footsteps:Walk［创建多个足迹：行走］对话框中进行设置。Create Mutiple Footsteps:Walk 对话框如图 11-73 所示。

图 11-73

❖ 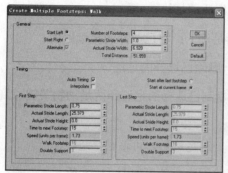 Walk［行走］：设置两足动物为行走状态，行走状态下的计时参数为行走足迹和双脚支撑。

❖ 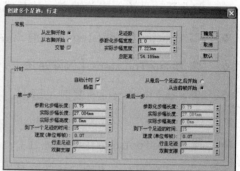 Run［跑动］：设置两足动物为跑动状态，跑动状态下的计时参数为 Run Footstep［跑动足迹］和 Airborne［悬空］。

❖ Jump［跳跃］：设置两足动物为跳跃状态，跳跃状态下的计时参数为 2 Feet Down［两脚着地］和 Airborne［悬空］。

❖ Walk Footstep［行走足迹］：设置行走时地面上新足迹的帧数。

❖ Double Support［双脚支撑］：设置行走时两脚同时着地的帧数。

❖ Run Footstep［跑动足迹］：设置跑动时地面上新足迹的帧数。

❖ Airborne［悬空］：设置跑动或跳跃时在空中的帧数。

❖ 2 Feet Down［两脚着地］：设置跳跃时两脚着地的帧数。

11.2.16　Footstep Operations［足迹操作］卷展栏

Footstep Operations［足迹操作］卷展栏的界面如图 11-74 所示。

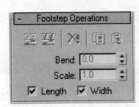 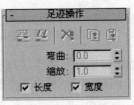

图 11-74

❖ 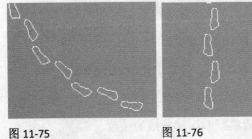 Create Keys for Inactive Footsteps［为非活动足迹创建关键点］：为不含关键点的非活动足迹创建关键点，使其成为活动足迹。

❖ Deactivate Footsteps［取消激活足迹］：将已选择的足迹停用。

❖ Delete Footsteps［删除足迹］：删除已选择的足迹。

❖ Copy Footsteps［复制足迹］：复制已选择的足迹和两足动物关键点到足迹缓冲区。

❖ Paste Footsteps［粘贴足迹］：复制足迹后，可粘贴足迹。

❖ Bend［弯曲］：设置足迹路径的弯曲程度，效果如图 11-75 所示。

❖ Scale［缩放］：设置已选择足迹的缩放程度。

❖ Length［长度］：勾选此选项时，缩放微调器将更改所选中足迹的步幅长度。

❖ Width［宽度］：勾选此选项时，缩放微调器将更改所选中足迹的步幅宽度。

> 提示：在图 11-76 中，显示了不同的 Length［长度］对足迹的影响；在图 11-77 中，显示了不同的 Width［宽度］对足迹的影响。

图 11-75   图 11-76   图 11-77

11.3 实例练习——创建 Biped 系统

Biped 即两足动物，两足动物是一个为动画而设计的骨架，它被创建为一个互相链接的骨骼层次。两足动物骨骼具有即时动画的特性。就像人类一样，两足动物被特意设计成直立行走，当然，也可以使用两足动物来创建多条腿的生物。在本节实例练习中，先来看一下 Biped 的骨骼是如何建立的。

11.3.1　创建Biped对象

Step1:　在 Creat［创建］面板中，单击 按钮，进入 Creating Systems［创建系统］面板，如图 11-78 所示。

Step2:　在 Object Type［对象类型］卷展栏下，单击 Biped 按钮，如图 11-79 所示。

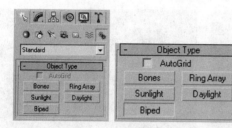

图 11-78　　　　图 11-79

Step3:　在 Perspective［透视］视图中，单击并拖动鼠标，创建"Bipe01"对象，如图 11-80 所示。

Step4:　在命令面板中单击 按钮，进入 Motion［运动］面板。

Step5:　在主工具栏中单击 按钮，然后在 Perspective［透视］视图中，选择任意一根骨骼，如图 11-81 所示。

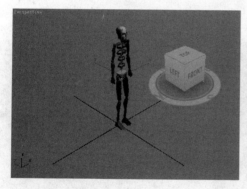

图 11-80

图 11-81

Step6:　在 Biped 卷展栏下，单击 按钮，如图 11-82 所示，打开体形模式。

图 11-82

11.3.2 修改骨骼的参数

Step1: 展开 Structure［结构］卷展栏，修改 Fingers［手指］的值为 5，修改 Finger Links［手指链接］的值为 3，如图 11-83 所示。

Step2: 在 Structure［结构］卷展栏下，修改 Toes［脚趾］的值为 5，如图 11-84 所示。

图 11-83

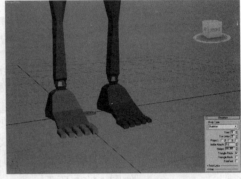
图 11-84

Step3: 修改 Ponytail1 Links［马尾辫 1］和 Ponytail2 Links［马尾辫 2］的值为 10，如图 11-85 所示。

Step4: 在主工具栏中单击 🔄 按钮，将马尾辫对象移动到如图 11-86 所示的位置。

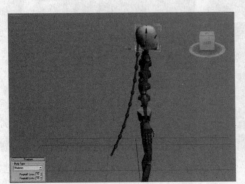
图 11-85

图 11-86

> 提示：在体形模式下，可以利用旋转和移动工具调整骨骼的位置，具体的操作方法请参考本书配套光盘中提供的视频教程。另外，修改 Spine Links［脊椎链接］的值，同样也可以调整脊椎的形态。

Step5: 修改 Ponytail1 Links［马尾辫 1］和 Ponytail2 Links［马尾辫 2］的值为 0。

11.3.3 扭曲链接

Step1: 在键盘上按下 F3 键，以线框模式显示对象。

Step2: 在 Perspective［透视］视图中，选择对象上的盆骨对象，如图 11-87 所示。

Step3: 在 Structure［结构］卷展栏下，单击 Twist Links［扭曲链接］左侧的 按钮，打开该选项组，并选中 Twists［扭曲］复选框，如图 11-88 所示。

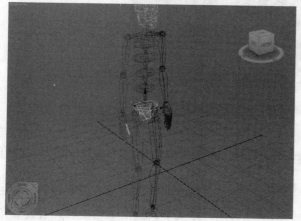

图 11-87

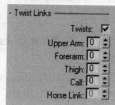

图 11-88

Step4: 在 Twist Links［扭曲链接］选项组中，修改 Forearm［前臂］的值为 3，随后可以在 Perspective［透视］视图中看到，在前臂上创建了 3 根方形的骨骼，如图 11-89 所示。

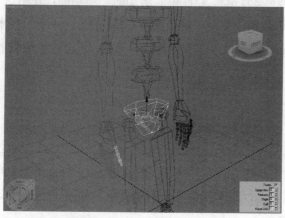

图 11-89

> 提示：这是为了在旋转手的时候产生更好的效果，具体的讲解请参考本书配套光盘中提供的视频教程。

Step5： 在 Twist Links［扭曲链接］选中组中，选中 Props［小道具］右侧的 3 个复选框，这时视图中会出现 3 根柱子模型，如图 11-90 所示。

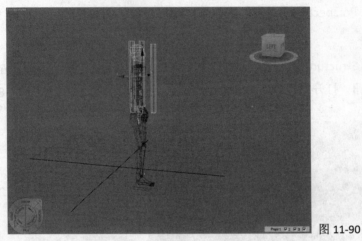

图 11-90

Step6： 在 Twist Links［扭曲链接］选项组中，修改 Height［高度］的值为 75。

一个基本的 Biped 就创建完成了，Biped 骨骼为与人类躯体的关节运动相匹配，对关节处设置了一些限制，例如，膝关节只能沿单轴旋转，且旋转角度有一定的范围限制。另外，还可以在骨骼中添加马尾辫来模拟人类的发辫或者是非人类的其他特征，还可以为骨骼添加附件，制作角色所携带的工具等。

11.4 实例练习——动画镜像工具

Biped 的动画镜像工具是 3ds Max 2009 中新增加的一项功能，使用这一功能，可以对 Biped 系统的动画进行镜像复制，同理维持 COM 的方向不变。在本节的实例练习中，就来看一下 Biped 动画镜像工具的应用。另外，还会对摄像机的摇移等动画设置进行介绍。

11.4.1 动画镜像工具

Step1： 在命令面板中单击 ❋ 标签，然后在 Object Type［对象类型］卷展栏下单击 Biped 按钮，在视图中创建一个两足角色，如图 11-91 所示。

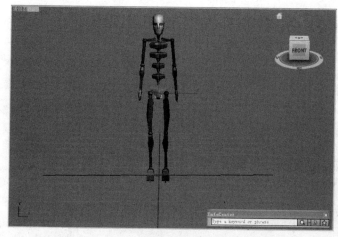

图 11-91

Step2: 在命令面板中单击 按钮,然后在 Biped 卷展栏下单击打开文件按钮,再在弹出的 Open [打开] 对话框中双击"转弯跑.BIP"文件,将其打开。

Step3: 拖动时间滑块,模型有一段转弯跑的动作。

Step4: 在动画播放控制栏中单击 按钮,打开 Time Configuration [时间配置] 对话框,然后在 Animation [动画] 选项组中,将 End Time [结束时间] 设置为50,单击 OK [确定] 按钮,退出该对话框。

Step5: 拖动时间滑块可以看到,在设置的时间内,模型完成转弯跑的动作。

Step6: 在视图中选择模型手臂的骨骼,然后在 Keyframing Tools [关键点工具] 卷展栏下单击 按钮,再单击 按钮。

Step7: 拖动时间滑块,可以发现,此时模型转弯跑的方向与原来的方向相反。

Step8: 在 Keyframing Tools [关键点工具] 卷展栏下,单击 按钮,回到原来的状态。

Step9: 选择骨骼模型,在 Track Selection [轨迹选择] 卷展栏下单击 按钮,在场景中复制出一个模型。

Step10: 选择一个骨骼模型,然后在 Keyframing Tools [关键点工具] 卷展栏下,单击 按钮。

Step11: 拖动时间滑块,查看效果。图 11-92 所示的是在第 40 帧时的效果。

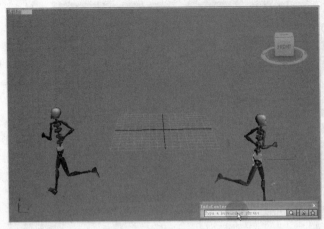
图 11-92

11.4.2 添加摄像机效果

Step1： 将视图切换为四视图模式，在菜单栏中选择 Create＞Cameras＞Free Camera [创建＞摄像机＞自由摄像机] 命令，然后在场景中创建一个摄像机，并调整其位置和方向，如图 11-93 所示。

Step2： 在 Front [前] 视图中，右击 Front [前] 视图标签，在弹出的视图菜单中选择 Views＞Camera [视图＞Camera01] 命令，将视图切换为 Camera01 视图。

Step3： 调整摄像机的位置，当前视图的显示结果如图 11-94 所示。

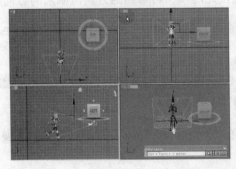
图 11-93   图 11-94

Step4： 在命令面板中单击 🎥 按钮，然后在 Object Type [对象类型] 卷展栏下，单击 Line [线] 按钮。

Step5： 在 Top [顶] 视图中，为摄像机创建一条运动曲线，如图 11-95 所示。

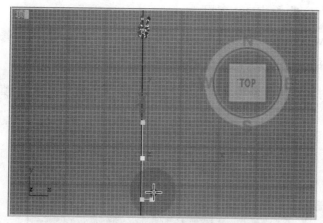

图 11-95

Step6: 选择摄像机对象，然后在菜单栏中选择 Animation＞Constraints＞Path Constraint［动画＞约束＞路径约束］命令，然后在 Top［顶］视图中单击创建的路径。

Step7: 在 Left［左］视图中将路径的位置向上移动一点，如图 11-96 所示。

Step8: 在关键点控制框中单击 Auto Key［自动关键点］按钮，将其打开。

Step9: 在 Path Parameters［路径参数］卷展栏下，修改 Path Options［路径选项］选项组中 % Along Path［沿路径］的值为 58.2，如图 11-97 所示。

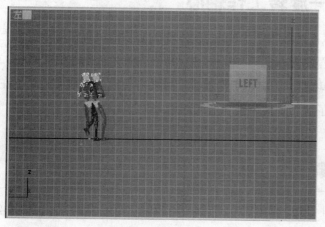

图 11-96

图 11-97

11.4.3 摄像机交互动画

Step1: 在视图中选择摄像机对象，然后在菜单栏中选择 Animation＞Walkthrough Assistant［动画＞Walkthrough Assistant］命令，打开

Walkthrough Assistant 窗口。

Step2: 在 View Controls 卷展栏下调整 Turn Head 滑块的位置,然后修改 Head Tilt Angle 的值为-0.186,如图 11-98 所示。

Step3: 拖动时间滑块,查看动画效果。图 11-99 所示的是在第 27 帧时的效果。

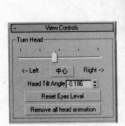

图 11-98　　　　　　图 11-99

通过这个练习可以了解到,Biped 系统的动画镜像工具和摄像机的 Walkthrough Assistant 两个新增功能的使用方法。这两个新增功能的使用,能够使我们在制作特定效果时更加方便、快捷。

11.5　实例练习——旋转工作轴心

在 3ds Max 以前的版本中,Biped 的工作轴心只能放置在质点位置上,这使得在创建动画的过程中会遇到一些麻烦,例如,在设置角色倒地的动画中。3ds Max 2009 提供了一个新功能——旋转工作轴心,可以方便地解决这个问题。在本节的实例练习中,就来了解一下这个新功能的应用方法。

11.5.1　创建骨骼对象

Step1: 在 Creat [创建] 面板中,单击 按钮,进入 Creating Systems [创建系统] 面板。

Step2: 在 Object Type [对象类型] 卷展栏下,单击 Biped 按钮。

Step3: 在 Perspective [透视] 视图中,单击并拖动鼠标,创建"Bipe01"对象,如图 11-100 所示。

Step4: 在主工具栏中单击 按钮,然后在 Perspective [透视] 视图中,选择任意一根骨骼。

Step5：　在命令面板中单击  按钮，进入 Motion［运动］面板。

Step6：　在 Track Selection［轨迹选择］卷展栏下，单击 🔒 按钮，然后依次单击 ↔、↻、↕ 按钮，锁定对"Bipe01"对象的移动和旋转，如图 11-101 所示。

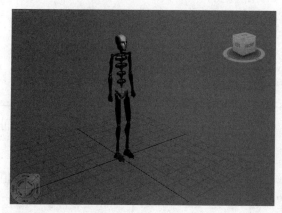

图 11-100　　　　　　　　　　　　　　　　　　图 11-101

11.5.2　倒下动作

Step1：　在主工具栏中坐标系统的下拉列表中，选择 Working 选项。

Step2：　在主工具栏中，按住 按钮，打开其下拉列表，从中选择 按钮。

Step3：　确认轨迹栏中的时间滑块放置在第 0 帧的位置，然后在 Key Info［关键点信息］卷展栏中，单击 按钮，设置关键帧。

Step4：　在轨迹栏中，将时间滑块拖动至第 20 帧的位置，然后在主工具栏中 Reference Coordinate System-World 的下拉列表中，选择 Working 选项。

Step5：　在主工具栏中，按住 按钮，打开其下拉列表，从中选择 按钮。

Step6：　在 Perspective［透视］视图中，将对象沿着 X 轴旋转 50°，如图 11-102 所示。

Step7：　在 Key Info［关键点信息］卷展栏中，单击 按钮，设置关键点。

Step8：　在轨迹栏中，将时间滑块拖动至第 20 帧的位置，然后在 Perspective［透视］视图中，将对象沿着 X 轴旋转 40°，如图 11-103 所示。

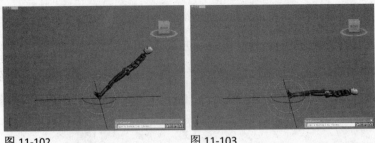

图 11-102　　　　　　　　　　　　图 11-103

Step9: 在 Key Info［关键点信息］卷展栏中，单击 按钮，设置关键点。

11.5.3　时间配置

Step1: 在时间控件栏中，单击 按钮，打开 Time Configuration［时间配置］对话框。

Step2: 在 Animation［动画］选项组中，修改 End Time［结束时间］的值为 50，并在 Frame Rate［帧速率］选项组中，选中 Film［影片］单选按钮，如图 11-104 所示，然后单击 OK［确定］按钮，关闭该对话框。

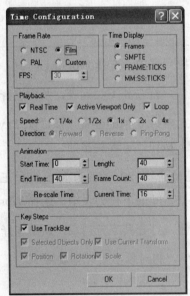

图 11-104

Step3: 在轨迹栏中，框选所有关键点，然后将它们向后拖动 4 帧，结果如图 11-105 所示。

图 11-105

Step4：　在轨迹栏中将时间滑块放置到第 0 帧的位置，然后在动画控件组中单击 Auto Key 按钮，设置自动关键点。

Step5：　在 Key Info［关键点信息］卷展栏中，单击 ✦ 按钮，设置关键点。

Step6：　在轨迹栏中将时间滑块放置到第 4 帧的位置，然后在 Key Info［关键点信息］卷展栏中，单击 ✦ 按钮，设置关键点。

Step7：　在 Track Selection［轨迹选择］卷展栏下，单击 🔒 按钮，解除锁定，然后单击 ↕ 按钮。

11.5.4　设置第0帧动画

Step1：　在轨迹栏中将时间滑块放置到第 0 帧的位置，在 Perspective［透视］视图中选择"Bipe01 L Foot"对象，然后在 Key Info［关键点信息］卷展栏中单击 ✦ 按钮，设置滑动关键点。

Step2：　在 Perspective［透视］视图中选择"Bipe01 R Foot"对象，然后在 Key Info［关键点信息］卷展栏中单击 ✦ 按钮，设置滑动关键点。

Step3：　在 Perspective［透视］视图中，选择"Bipe01 Pelvis"对象，如图 11-106 所示。

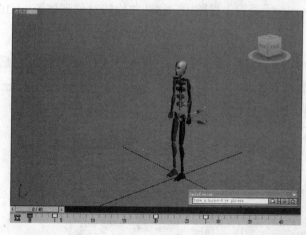

图 11-106

Step4：　在 Key Info［关键点信息］卷展栏中，单击 ∧ 按钮，显示已选定的对象的轨迹，如图 11-107 所示。

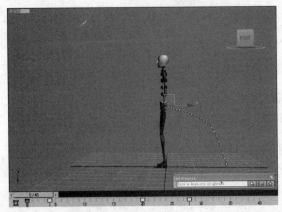

图 11-107

11.5.5 设置动画

Step1：在轨迹栏中将时间滑块放置到第 4 帧的位置，在 Track Selection［轨迹选择］卷展栏下，单击 ⬍ 按钮。

Step2：在 Perspective［透视］视图中，选择"Bipe01 L Foot"对象，然后在 Key Info［关键点信息］卷展栏中单击 🔳 按钮，设置滑动关键点。

Step3：在 Perspective［透视］视图中，选择"Bipe01 R Foot"对象，然后在 Key Info［关键点信息］卷展栏中单击 🔳 按钮，设置滑动关键点。

Step4：在 Perspective［透视］视图中，移动并旋转对象到如图 11-108 所示的状态。

Step5：在 Perspective［透视］视图中选择"Bipe01 L Foot"对象，然后在 Key Info［关键点信息］卷展栏中打开 IK 选项组，再单击 Select Pivot［选择轴心点］按钮，如图 11-109 所示。

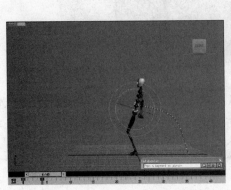

图 11-108

图 11-109

Step6: 在 Perspective［透视］视图中，单击"Bipe01 L Foot"对象的后跟的中心点，将旋转轴心修改为脚的后跟部。

Step7: 利用同样的方法，修改右脚的旋转轴心。

11.5.6 设置第10帧的动画

Step1: 在轨迹栏中将时间滑块放置到第 10 帧的位置，然后在 Perspective［透视］视图中选择"Bipe01 L Foot"对象，再在 Key Info［关键点信息］卷展栏中单击 按钮，设置滑动关键点。

Step2: 在 Perspective［透视］视图中选择"Bipe01 R Foot"对象，然后在 Key Info［关键点信息］卷展栏中单击 按钮，设置滑动关键点。

Step3: 在轨迹栏中将时间滑块放置到第 15 帧的位置，在 Perspective［透视］视图中，选择"Bipe01 L Foot"对象。

Step4: 在主工具栏中单击 按钮，将所选择的对象沿着 Z 轴方向旋转 20°。

Step5: 使用同样的方法，设置右脚的动作，如图 11-110 所示。

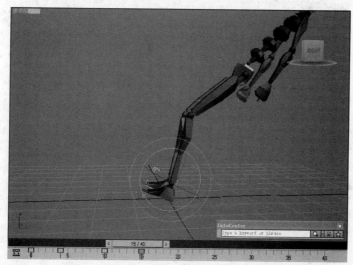

图 11-110

Step6: 在轨迹栏中将时间滑块放置到第 28 帧的位置，使用同样的方法，在 Perspective［透视］视图中，设置两只脚的状态，如图 11-111 所示。

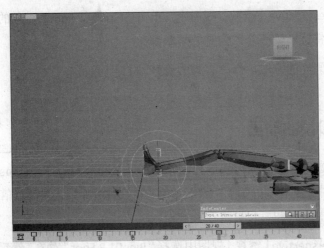

图 11-111

Step7: 使用同样的方法，细化倒下动作，具体设置方法请参考本书配套光盘中提供的视频教程。

Step8: 在调节好各个部位倒下的动作后，单击 [Auto Key] 按钮，关闭自动关键点。

观察完成后的动画效果可以看到，Biped 在倒下的过程中是以脚后跟为轴心进行旋转的，这一功能可以使角色动画的设置过程更加简便。